미적분과 벡터해석 기초

with Python

제 3 판

| 심성아 · 윤기헌 지음 |

KM 경문사

목차

이 책은 대학 수학의 기초 공통과정으로서 고등학교에서 배운 대수와 함수, 미적분 등에 바탕을 두고 전공심화 수학과 데이터과학, 자연과학, 공학으로 접근하기 위한 수학적 기반과 사고체계를 확립하는 내용으로 구성되었습니다. 한 학기 과정으로, 벡터와 행렬의 개념과 활용을 소개한 후 함수의 개념과 연산, 변환, 초월함수 소개, 일변수함수의 미분·적분의 기본 개념과 활용을 다룹니다. 그리고 벡터와 다변수함수의 미분·적분에 대한 기본개념과 활용을 살펴봅니다. 특히 내용의 주제마다 관련된 실습으로 파이썬(Python) 코딩 활용 예제를 시행합니다.

파이썬을 손쉽게 설치 및 사용할 수 있는 방법은 아나콘다(anaconda)를 이용하여 것입니다. 아나콘다 공식 사이트(https://www.anaconda.com/download)[1]에서 운영체제에 맞는 설치 파일을 내려 받은 후 실행시키면 설치가 시작됩니다. 설치가 끝나면 주피터 노트북(Jupyter Notebook)이라는 프로그램을 찾아서 실행시키고, 이 화면에서 우측 상단의 New를 클릭해서 Python3를 선택하면 파이썬 프로그램을 작성할 수 있는 새 파일이 생성됩니다.

또는 프로그램을 설치하지 않고 간단히 온라인 주피터 노트북 사이트를 이용할 수도 있습니다. SageMathCloud(https://cocalc.com)[2]의 Online Jupyter notebook(https://cocalc.com/doc/jupyter-notebook.html)[3]에서 Python과 SageMath를 실행할 수 있습니다.

이 책은 학생들이 스스로 학습할 수 있도록 쉽게 기술하려고 노력했으며, 가능한 많은 예제를 수록하였습니다. 또 연습문제를 다양한 난이도로 충분하게 제공하였으며, 소단원 별 연습문제 대부분에 대한 해답을 책의 마지막에 부분에 수록하였습니다.

이 책이 학생들에게 수학적 사고력과 활용 능력을 키워 다양한 분야에서 창의적으로 문제를 해결하는 데 도움이 되기를 바랍니다.

---

[1] https://www.anaconda.com/download

[2] https://cocalc.com

[3] https://cocalc.com/doc/jupyter-notebook.html

제 1 장
기초 선형대수

선형대수(linear algebra)는 벡터 공간, 벡터, 선형 변환, 연립 선형 방정식 등을 연구하는 대수학의 한 분야로, 간단히 벡터와 행렬을 다루는 수학의 한 분야라고 할 수 있다. 여기에서 **선형(linear)** 이라는 단어는 일차식이나 일차함수와 같이 그래프가 **직선(line)** 으로 나타나는 관계를 다룬다는 뜻이다. 이러한 관계는 벡터와 행렬로 표현할 수 있다. 선형대수는 수학이론으로서뿐만 아니라, 물리학, 양자역학, 공학, 경제학, 사회과학 등 많은 분야에서 널리 사용되는 중요한 도구이다.

이 장에서는 스칼라, 벡터, 행렬, 텐서 등 데이터의 여러 형식과 그에 대한 기본적 연산을 먼저 소개하고, 벡터에 대한 세부적인 개념들과 벡터공간에 대하여 살펴본다. 그리고 행렬에 대한 세부적인 개념을 소개하고, 행렬과 일차변환의 관계, 행렬의 고유벡터, 행렬의 활용을 알아본다.

1.1 데이터의 형식과 기본 연산

자연과학에서 바람, 압력, 열 등의 현상이나 경제학에서 생산, 소비, 금융 등의 다양한 현상을 측정하여 양(quantity)으로 나타낸 데이터들을 다룬다. 이러한 데이터를 수학적인 형식으로 표현하고, 수학적인 연산을 이용함으로써 복잡한 계산과 연구가 가능하다.

1.1.1 데이터의 형식: 스칼라, 벡터, 텐서

자연의 여러 데이터 중에서 온도, 깊이, 길이, 질량 등과 같은 양은 하나의 실수로 표현할 수 있다. 한편으로 속도, 가속도, 힘 등과 같이 여러 개의 성분으로 나타내야 하는 양도 있는데, 이러한 양을 기준점과 좌표축을 잡아서 표현하면 크기와 방향을 가지게 된다. 이때, 하나의 실수값을 **스칼라(scalar)** 라고 하고, 여러 개의 성분으로 나타내는 양을 **벡터(vector)** 라고 부른다. 벡터는 몇 개의 **성분(entry, component, element)** 이 가로 또는 세로로 배열된 형태로 표현된다. 벡터의 각 성분은 하나의 실수나 함수, 또는 더 일반적인 대상이 될 수 있다. 그런 대상을 문자 x_i, y_i 등으로 표현하여 벡터를 나타낸다. 벡터 자체를 문자로 표현할 때는 흔히 굵은 소문자 **x**,

y, a, b 등을 사용한다. 가로로 배열된 벡터를 **행벡터(row vector)** 라고 부르고, 세로로 배열된 벡터를 **열벡터(column vector)** 라고 부른다.

Table 1.1: 스칼라와 벡터 표현

스칼라	벡터
$x = 1, y = 2022$	$\mathbf{x} = \begin{bmatrix} x_1 & x_2 & \cdots & x_n \end{bmatrix}$ 또는 $\mathbf{y} = \begin{bmatrix} y_1 \\ y_2 \\ \vdots \\ y_m \end{bmatrix}$

다음으로, 여러 성분을 가로와 세로로 줄을 맞추어 2차원의 직사각형 모양으로 배열한 것을 **행렬(matrix)** 이라고 한다. 행렬을 문자로 표현할 때는 흔히 알파벳 대문자를 사용한다. 예를 들어

$$A = \begin{bmatrix} 2 & 1 & 3 \\ 1 & 0 & 0 \\ 0 & 4 & 1 \end{bmatrix}, \quad B = \begin{bmatrix} 1 & 0 & -1 \\ 2 & -3 & 5 \end{bmatrix}, \quad C = \begin{bmatrix} x^2 & e^{-x} \\ e^x & 2x \end{bmatrix}$$

와 같이 행렬을 나타낼 수 있다. 일반적으로 행렬의 성분을 이중 아래첨자를 사용하여

$$A = \begin{bmatrix} a_{11} & a_{12} & \cdots & a_{1n} \\ a_{21} & a_{22} & \cdots & a_{2n} \\ \vdots & \vdots & \vdots & \vdots \\ a_{m1} & a_{m2} & \cdots & a_{mn} \end{bmatrix}$$

와 같이 표현하며, a_{ij} 에서 앞첨자 i 는 그 성분이 속한 행의 번호이고, 뒷첨자 j 는 그 성분이 속한 열의 번호이다. 그리고 A 는 $m \times n$ (m by n) 행렬이라고 한다. 즉, A 는 m 개의 행과 n 개의 열로 이루어진 행렬이라는 뜻이다. 이때 $m \times n$ 을 **행렬의 모양(shape of a matrix)** 또는 **행렬의 크기(size of a matrix)** 라고 부른다.

위의 행렬 A 를 다음과 같이 표현하기도 한다.

$$A = [a_{ij}]_{m \times n}$$

앞의 Table 1.1 의 행벡터 $\mathbf{x}$ 는 $1 \times n$ 행렬, 열벡터 $\mathbf{y}$ 는 $m \times 1$ 행렬이라고 할 수 있다. $m = n$ 일 때는 **정사각행렬(square matrix)** 이라고 한다. 정사각행렬에서 $a_{11}, a_{22}, \cdots, a_{nn}$ 이 놓인 대각선을 **주대각선(main diagonal)** 이라고 한다.

벡터는 성분을 1차원으로 배열한 것이고, 행렬은 성분을 2차원으로 배열한 것이다. 이제 성분을 3차원으로 배열한 모양을 생각해보자. 예를 들어 3×4 모양의 행렬 2개를 앞뒤 방향으로 배열한다면 다음 그림과 같이 배열된 총 24 개의 상자 각각에 성분을 하나씩 넣은 형태가 된다.

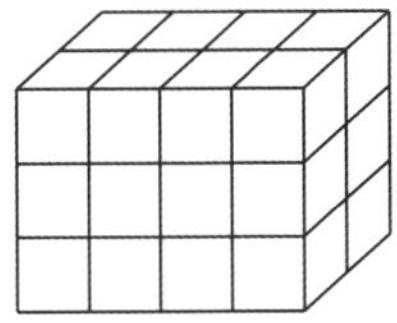

T

이와 같은 방법을 일반적으로 확장하여 성분을 n차원으로 배열한 것을 n차원 **텐서(tensor)** 라고 부른다. 예를 들어, 3차원 텐서는

$$T = \left[a_{ijk}\right]_{l \times m \times n}$$

으로 나타낼 수 있으며, 그 모양은 $l \times m \times n$ 이라고 한다. 일반적인 n차원 텐서는

$$S = \left[a_{i_1 i_2 \cdots i_n}\right]_{m_1 \times m_2 \times \cdots \times m_n}$$

으로 나타낼 수 있다. 따라서 스칼라는 0차원 텐서, 벡터는 1차원 텐서, 행렬은 2차원 텐서이다. 딥러닝에서는 이러한 텐서를 이용하여 연산을 수행함으로써 모델을 학습시킨다.

참고 1.1

텐서의 개념은 가우스(Carl Friedrich Gauss)가 미분기하를 선형대수적인 방법으로 연구하는 과정에서 시작되었으며, 수학적인 엄밀한 정의는 훨씬 복잡하다. 아주 간단히 말하면, 좌표축의 선택에 따라서 변하지 않는 선형변환이나 물리법칙을 기술하기 위하여 도입된 개념이라고 할 수 있다. 아인슈타인의 일반상대성이론을 설명하기 위하여 텐서가 필수적이며 대수학, 미분기하학의 여러 분야에서 중요하게 활용된다. (참고: 위키백과: 텐서[1])

Python 예제 1.1

벡터, 행렬, 텐서를 나타내기 위하여, 여기에서는 NumPy(Numerical Python) 라이브러리의 array 함수를 사용하겠습니다. 다음의 코드를 Online Jupyter Notebooks[2]에 입력하여 실행해 볼 수 있습니다.
array의 성분의 번호는 0부터 시작함을 유의하여 벡터, 행렬, 텐서의 성분을 불러오는 방법을 연습해봅시다. 그리고 텐서와 관련된 여러가지 함수를 사용해 봅시다.

[1] https://en.wikipedia.org/wiki/Tensor

```
len(x)  # 성분의 갯수(array 의 길이)를 알려줌
x.shape # 텐서 x의 모양을 알려줌
x.ndim  # 텐서 x의 차원을 알려줌
```

```
import numpy as np
x = np.array([[1,2,3],[2,3,4]])
print(x)
print(x[0,0])
print(x[1,0])
print(x[1,2])
print(len(x))
print(x.shape)
print(x.ndim)
```

```
[[1 2 3]
 [2 3 4]]
1
2
4
2
(2, 3)
2
```

```
import numpy as np
A = np.array([[1,2,3],[4,5,6],[7,8,9]])
print(A)
print(A[0,0])
print(A[0,1])
print(A[2,1])
print(A.shape)
print(A.ndim)
```

[2]https://cocalc.com/doc/jupyter-notebook.html

```
[[1 2 3]
 [4 5 6]
 [7 8 9]]
1
2
8
(3, 3)
2
```

```
import numpy as np
T = np.array([[[1,2,3],[4,5,6],[7,8,9]],
              [[10,11,12],[13,14,15],[16,17,18]]])
print(T)
print(T[0,0,0])
print(T[0,0,1])
print(T[1,2,1])
print(T.shape)
print(T.ndim)
```

```
[[[ 1  2  3]
  [ 4  5  6]
  [ 7  8  9]]

 [[10 11 12]
  [13 14 15]
  [16 17 18]]]
1
2
17
(2, 3, 3)
3
```

1.1.2 행렬과 벡터의 합, 스칼라 곱

앞에서 성분들을 배열한 데이터의 형식으로 정의한 행렬과 벡터가 실제로 여러 과학 분야에 유용하며, 특히 컴퓨터에 적합한 이유는 이들을 쉽게 연산할 수 있기 때문이다. 행렬에 실수 즉 스칼라를 곱하거나, 행렬끼리 더하거나 하는 연산들을 살펴보자. 벡터는 행렬의 일종이므로, 벡터의 연산은 행렬의 연산을 그대로 적용하면 된다. 행렬의 연산을 정의하기 위하여 먼저 **같은 행렬(equal matrices)** 이라는 개념이 필요하다.

정의 1.1

두 행렬 A와 B의 모양이 같고, 같은 위치의 성분이 모두 같을 때, 즉 $A = [a_{ij}]_{m\times n}$, $B = [b_{ij}]_{m\times n}$ 이고, 모든 $i = 1, 2, \cdots, m$과 $j = 1, 2, \cdots, n$에 대하여 $a_{ij} = b_{ij}$가 성립할 때, A와 B는 **같은 행렬** 이라고 하며, $A = B$로 나타낸다. 이 조건이 성립하지 않으면 두 행렬은 서로 다르다고 한다. 당연히 모양이 다른 행렬은 서로 다르다.

예제 1.1

두 행렬 $A = \begin{bmatrix} a & 1 \\ 0 & b \end{bmatrix}$, $B = \begin{bmatrix} 2 & c \\ d & 3 \end{bmatrix}$에 대하여 $A = B$가 성립하기 위한 실수 a, b, c, d의 값을 말하시오.

풀이 – 예제 1.1

두 행렬 A, B의 크기는 2×2로 같으므로, 같은 위치의 성분이 모두 같으면 된다. 따라서 $a = 2, b = 3, c = 1, d = 0$이다.

Python 예제 1.2

두 행렬이 같은 지 알아봅시다. 두 행렬을 직접 입력해서 비교해도 되겠지만, 여기에서는 성분 0, 1만을 가지는 2×3 크기의 행렬 2개를 무작위로(random) 생성하여 비교해보겠습니다. 먼저, NumPy 라이브러리의

```
array_equal(A, B) # 두 행렬 A와 B가 같은지를 판정하는 함수
```

함수를 사용하면 결과를 즉시 알아볼 수 있습니다. 다음으로, 두 행렬에서 같은 위치의 성분을 차례로 비교하여 다른 경우가 있으면 멈추고, '두 행렬이 같지 않다' 고 답을 하고, 그렇지않고 모든 성분이 같으면 '두 행렬이 같다' 고 답을 해주는 코드를 만들어 실행시켜 봅시다.

```
import numpy as np
A = np.random.randint(100, size=(2,3))
B = np.random.randint(100, size=(2,3))
print("A=", A)
print("B=", B)
np.array_equal(A,B)
```

```
A= [[39 53 17]
 [91 60 38]]
B= [[16 70 15]
 [48 25 42]]
```

```
False
```

```
import numpy as np
A = np.random.randint(2, size=(2,3))
B = np.random.randint(2, size=(2,3))
print("A=",A, "\n")
print("B=", B, "\n")

flag = True

for i in range(2):
    for j in range(3):
        if(A[i,j] !=B[i,j]):
            print("A[",i,",",j,"]=",A[i,j],
                  "!=","B[",i,",",j,"]=",B[i,j], "\n")
            flag =False
            break
    if(flag==False):
        break

if(flag):
    print("Marices A and B are equal.")
else:
    print("Thus Matrices A and B are not equal.")
```

```
A= [[0 1 0]
 [1 0 0]]

B= [[0 1 0]
 [0 0 0]]

A[ 1 , 0 ]= 1 != B[ 1 , 0 ]= 0

Thus Matrices A and B are not equal.
```

이제 두 **행렬의 합(sum of matrices)** 을 정의하자.

정의 1.2 행렬의 합

같은 크기의 두 행렬 $A=[a_{ij}]$와 $B=[b_{ij}]$의 **합(sum)** 은 $A+B$로 나타내며, 행렬 A와 행렬 B에서 같은 위치에 있는 성분끼리 더한 것을 그 위치에 쓴 행렬이다. 즉, $A+B=[a_{ij}+b_{i,j}]$ 이다. 크기가 다른 행렬끼리는 더할 수 없다.

예제 1.2

다음 질문에 답하시오.

(1) 두 행렬 $A=\begin{bmatrix} 2 & -1 & 1 \\ -1 & 3 & 4 \end{bmatrix}, B=\begin{bmatrix} -1 & 2 & -3 \\ 2 & 0 & -1 \end{bmatrix}$ 에 대하여 $A+B$를 구하시오.

(2) 두 벡터 $\mathbf{x}=[\ 3 \quad 1 \quad -2 \quad 4\ ], \mathbf{y}=[\ -1 \quad -3 \quad 5 \quad 1\ ]$에 대하여 $\mathbf{x}+\mathbf{y}$를 구하시오.

풀이 – 예제 1.2

(1) $A+B=\begin{bmatrix} 2+(-1) & (-1)+2 & 1+(-3) \\ (-1)+2 & 3+0 & 4+(-1) \end{bmatrix}=\begin{bmatrix} 1 & 1 & -2 \\ 1 & 3 & 3 \end{bmatrix}.$

(2) $\mathbf{x}+\mathbf{y}=[\ 3+(-1) \quad 1+(-3) \quad (-2)+5 \quad 4+1\ ]=[\ 2 \quad -2 \quad 3 \quad 5\ ].$

다음으로 한 행렬에 어떤 실수를 곱하는 **스칼라곱(scalar multiple of a matrix)** 을 정의하자.

정의 1.3 스칼라곱

행렬 $A=[a_{ij}]$에 **스칼라(실수)** c를 곱(multiple)한 cA는 행렬 A의 모든 성분에 c를 곱하여 만든 행렬이다. 즉, $cA=[c\,a_{ij}]$ 이다.

참고 1.2

실수의 연산과 마찬가지로, $(-1)A = -A$, $(-c)A = -cA$ 로 쓰며, $A + (-B) = A - B$ 로 나타내어 벡터의 뺄셈을 정의한다.

예제 1.3

두 행렬 $A = \begin{bmatrix} -3 & 2 \\ 1 & 0 \end{bmatrix}$, $B = \begin{bmatrix} 1 & 5 \\ 0 & -2 \end{bmatrix}$ 에 대하여 다음을 구하시오.
(1) $-A$ (2) $2A$ (3) $A - B$ (4) $B - 2A$

풀이 – 예제 1.3

(1) $-A = \begin{bmatrix} 3 & -2 \\ -1 & 0 \end{bmatrix}$

(2) $2A = \begin{bmatrix} -6 & 4 \\ 2 & 0 \end{bmatrix}$

(3) $A - B = \begin{bmatrix} (-3) - 1 & 2 - 5 \\ 1 - 0 & 0 - (-2) \end{bmatrix} = \begin{bmatrix} -4 & -3 \\ 1 & 2 \end{bmatrix}$

(4) $B - 2A = \begin{bmatrix} 1 - (-6) & 5 - 4 \\ 0 - 2 & (-2) - 0 \end{bmatrix} = \begin{bmatrix} 7 & 1 \\ -2 & -2 \end{bmatrix}$.

1.1.3 행렬의 합과 스칼라 곱에 대한 연산 법칙

지금까지 살펴본 행렬의 기본적 연산인 합과 스칼라곱은 단순히 행렬의 각 성분 별로 계산하도록 정의되었다. 그러나 뒤의 절에서 다루게 될 행렬의 곱과 같은 연산은 이와는 다른 방법으로 정의된다.

아래에서 A, B, C 는 같은 크기($m \times n$)의 행렬이다. 그리고 기호 $\mathbb{O}_{m\times n}$ 은 크기가 $m \times n$ 인 **영행렬(zero matix)**, 즉 모든 성분이 0인 행렬을 뜻하며, 행렬 덧셈의 항등원이 됨을 쉽게 확인할 수 있다. 이를 비롯하여 행렬의 합에 대하여 다음과 같은 연산 법칙이 성립한다. (혼동이 없을 경우 $\mathbb{O}_{m\times n}$ 을 간단히 $\mathbb{O}$ 으로 나타낸다.)

- $A + B = B + A$ (덧셈의 교환법칙)
- $(A + B) + C = A + (B + C)$, 간단히 $A + B + C$ 로 나타냄. (덧셈의 결합법칙)
- $A + \mathbb{O} = A$ (덧셈의 항등원)

- $A+(-A)=\mathbb{O}$ (덧셈의 역원)

그리고 행렬의 스칼라곱에 대하여 다음과 같은 연산 법칙이 성립한다. 여기에서 c, k는 스칼라(실수)를 나타낸다.

- $c(A+B)=cA+cB$ (스칼라곱의 분배법칙)
- $(c+k)A=cA+kA$ (스칼라에 대한 벡터의 분배법칙)
- $c(kA)=(ck)A$, 간단히 ckA로 나타냄.(스칼라곱의 결합법칙)
- $1A=A$ (스칼라곱의 항등원)

Python 예제 1.3

행렬의 합과 스칼라곱을 구해봅시다. NumPy 라이브러리의 array 함수와 내장된 기본 연산 $+, -, *$를 사용하겠습니다. 그리고 아래에서 사용된 '\n' 이라는 표현은 실행결과 뒤에 한 줄을 띄우기 위한 명령입니다.

```
import numpy as np
A = np.array([[1,2,3],[4,5,6],[7,8,9]])
B = np.array([[9,8,7],[6,5,4],[3,2,1]])
print(A+B)
print(A-B)
print(2*A)
print(-A)
```

```
[[10 10 10]
 [10 10 10]
 [10 10 10]]
[[-8 -6 -4]
 [-2  0  2]
 [ 4  6  8]]
[[ 2  4  6]
 [ 8 10 12]
 [14 16 18]]
[[-1 -2 -3]
 [-4 -5 -6]
 [-7 -8 -9]]
```

1.1.4 연습문제

$A = \begin{bmatrix} 7 & -3 & 4 \\ -5 & 2 & 1 \end{bmatrix}, B = \begin{bmatrix} 2 & 0 & -1 \\ 3 & -5 & -2 \end{bmatrix}, C = \begin{bmatrix} 0 & 1 & -4 \\ -2 & 1 & 0 \end{bmatrix}, D = \begin{bmatrix} 1 & -4 \\ -7 & 4 \\ 0 & 3 \end{bmatrix}, E = \begin{bmatrix} -9 & 3 \\ 5 & 2 \\ -4 & 1 \end{bmatrix}, \mathbf{u} = \begin{bmatrix} 2.5 \\ 1 \\ -0.5 \end{bmatrix}, \mathbf{v} = \begin{bmatrix} 1 \\ 3 \\ -1 \end{bmatrix}, \mathbf{w} = \begin{bmatrix} -4 \\ -1 \\ 0 \end{bmatrix}$ 에 대하여 다음 물음에 답하시오.

1번. 행렬 A의 크기와 행렬 D의 크기를 말하시오.

2번. 행렬 A의 2행 1열의 성분을 말하시오.

3번. 행렬 $A+2B+3C$의 1행 2열의 성분을 구하시오.

4번. 행렬 $D+2E-2D-E$를 구하시오.

5번. 벡터 $2\mathbf{u}-\mathbf{v}-\mathbf{w}$를 구하시오.

[6-7] 텐서 $T = [a_{lkij}]_{3\times2\times4\times5}$ 에 대하여 다음 물음에 답하시오

6번. 텐서 T의 차원과 성분의 개수를 말하시오.

7번. 텐서 $T = [a_{lkij}]_{3\times2\times4\times5}$ 에 대하여 텐서 T의 성분이 $a_{lkij} = l+k+i+j$로 주어졌다고 할 때, 모든 성분의 합을 구하시오.

1.2 벡터와 벡터 공간

앞의 절에서 **벡터** 를 '여러 개의 성분이 가로 또는 세로로 배열된 것' 으로 정의하고, 1행 또는 1열짜리 행렬으로 보았다. 이러한 정의는 주로 컴퓨터 과학 분야에서 사용된다. 같은 개념을 수학이나 물리학에서는 보통 성분을 먼저 이야기하지 않고, 다음과 같이 정의한다.

1.2.1 벡터

정의 1.4

크기(magnitude)와 방향(direction)을 가지는 양을 **벡터(vector)** 라고 한다. 주어진 공간의 점 P에서 시작하여 점 Q에서 끝나는 벡터를 기호 $\overrightarrow{PQ}$로 나타내고, 점 P를 **시점(initial point)**, 점 Q를 **종점(terminal point)** 이라고 한다. 이 **벡터의 크기** 는 기호 $\|\overrightarrow{PQ}\|$로 나타내며, 주어진 공간에서의 점 P와 점 Q 사이의 거리를 뜻한다.

- 크기가 1인 벡터를 단위벡터(unit vector), 크기가 0인 벡터를 영벡터라 한다.

크기가 1인 벡터를 **단위벡터(unit vector)** 라고 부른다. 크기가 0인 벡터를 **영벡터(zero vector)** 라고 부르고, $\mathbb{0}$으로 나타낸다. (영벡터의 모양을 나타낼 필요가 있을 때 $\mathbb{0}_{1\times n}$ 또는 $\mathbb{0}_{n\times 1}$로 표현한다.)

정의 1.5

두 벡터가 놓인 위치에 상관없이, 크기와 방향이 같으면 **같은 벡터** 라고 한다.

참고 1.3

- 한 벡터를 평행이동한 것은 모두 같은 벡터이다.

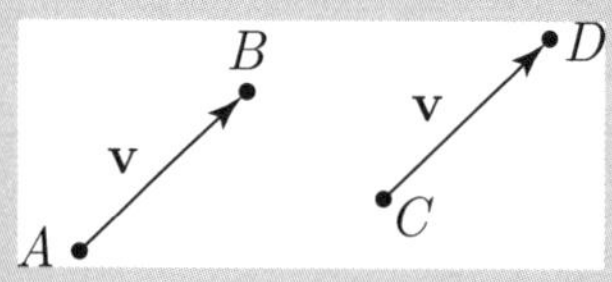

- 크기가 같고 방향이 반대인 벡터를 − 부호를 붙여 나타낸다. 즉, $-\overrightarrow{PQ} = \overrightarrow{QP}$ 이다.

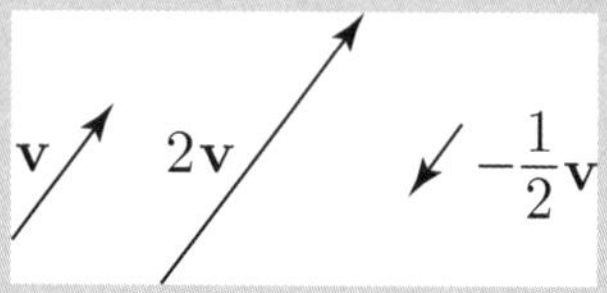

- 벡터 $\mathbf{v}$에 스칼라(실수) k를 곱하여 벡터의 크기를 $\|k\mathbf{v}\| = |k|\,\|\mathbf{v}\|$로 변화시는데, 양의 실수를 곱하면 같은 방향, 음의 실수를 곱하면 반대 방향이 되도록 약속한다.
- $\mathbf{v}$가 영벡터가 아닐 때, $\frac{1}{\|\mathbf{v}\|}\mathbf{v} = \frac{\mathbf{v}}{\|\mathbf{v}\|}$는 $\mathbf{v}$ 방향의 단위벡터이다.
- 두 벡터가 평행일 필요충분조건은 한 벡터가 다른 벡터의 스칼라 곱인 것이다. 즉 $\mathbf{v} \parallel \mathbf{w} \iff \mathbf{v} = k\mathbf{w}$ (k는 실수).

정의 1.6

두 벡터 $\mathbf{v}$와 $\mathbf{w}$에 대하여 **벡터의 합(sum of vectors)** $\mathbf{v}+\mathbf{w}$는 $\mathbf{v}$의 종점에 $\mathbf{w}$의 시점을 일치시켰을 때, $\mathbf{v}$의 시점을 시점으로, $\mathbf{w}$의 종점을 종점으로 하는 벡터를 뜻한다. 따라서 $\overrightarrow{AB} + \overrightarrow{BC} = \overrightarrow{AC}$ 이다.

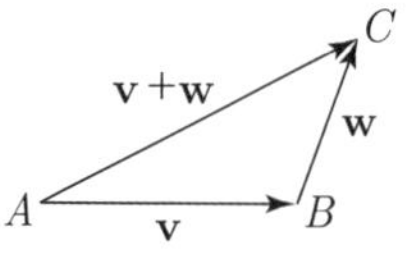

평행이동한 벡터는 모두 같음을 이용하면 $\mathbf{v}+\mathbf{w} = \mathbf{w}+\mathbf{v}$가 항상 성립함을 알 수 있다.

그리고 **v**와 **w**의 시점을 일치시켜서 나타내면 $\mathbf{v}+\mathbf{w}$ 는 같은 시점에서 출발하는 평행사변형의 대각선 벡터이다. 또, $\mathbf{v}-\mathbf{w} = \mathbf{v}+(-\mathbf{w})$ 로 생각하면 $\mathbf{v}-\mathbf{w}$ 는 삼각형의 한 변으로서 **w**의 종점에서 **v**의 종점으로 가는 방향의 벡터이다.

Python 예제 1.4

사용할 라이브러리는 배열을 위한 numpy와 벡터 그림을 위한 matplot.pyplot이다. 화살표가 있는 벡터를 그리는 함수는

```
matplotlib.pyplot.quiver(*args, data=None, **kw)
```

이고 시점 (X,Y), 방향성분 (U,V) 인 벡터를 색 C 로 그리려면

```
quiver(X, Y, U, V, C, **kw)
```

와 같이 사용하면 된다.

```
X, Y, U, V = zip(*array)
```

은 array에서 순서대로 X, Y, U, V의 값을 줌을 의미한다.
https://matplotlib.org/3.1.1/api/_as_gen/matplotlib.pyplot.quiver.html 참고

```
import numpy as np
import matplotlib.pyplot as plt

def drawV(vec1):
    array = np.array([[0, 0, vec1[0], vec1[1]]])
    X, Y, U, V = zip(*array)
    plt.figure(figsize=(2,2))
    plt.ylabel('Y-axis')
    plt.xlabel('X-axis')
    ax = plt.gca()
    ax.quiver(X, Y, U, V,color='b', angles='xy',
              scale_units='xy', scale=1)
    ax.set_xlim([-0.5, 2])
    ax.set_ylim([-0.5, 2])
```

(continues on next page)

(continued from previous page)

```
    plt.draw()
    plt.show()
drawV([1,1])
```

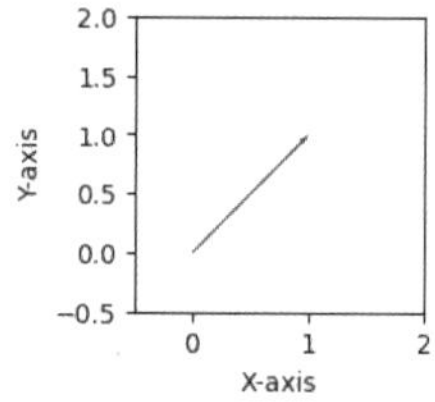


```
import numpy as np
import matplotlib.pyplot as plt

def drawSum(x, y):
    xPlusy = (x[0]+y[0],x[1]+y[1])
    array = np.array([[0, 0, x[0], x[1]],
                      [x[0], x[1], y[0], y[1]],
                      [0, 0, xPlusy[0], xPlusy[1]]])
    X, Y, U, V = zip(*array)
    plt.figure(figsize=(2,2))
    plt.ylabel('Y-axis')
    plt.xlabel('X-axis')
    ax = plt.gca()
    ax.quiver(X, Y, U, V, angles='xy',
              scale_units='xy',color=['r','b','g'],scale=1)
    ax.set_xlim([-0.5, 4])
    ax.set_ylim([-0.5, 2.5])
    plt.draw()
    plt.show()
drawSum([2,0],[1,2])
```

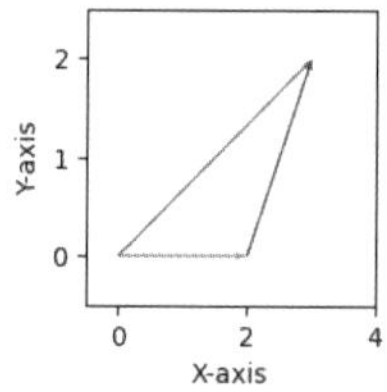

이제 3차원 유클리드 공간 $\mathbb{R}^3$ 에서 직교좌표계를 이용하여 벡터를 표현하는 방법을 생각해 보자. 한 벡터 $\mathbf{v}$를 공간의 어디에 놓아도 모두 같은 벡터이므로, 모든 벡터의 시점을 정해진 한

점(보통은 원점 **O**)에 두기로 약속하면 벡터 $\mathbf{v}$를 나타낼 때, 그 종점 P를 찾아 $\mathbf{v} = \overrightarrow{OP}$로 나타내면 된다. 이때 P의 좌표가 (a, b, c)이면 벡터 $[a, b, c]$를 $\mathbf{v}$의 **위치벡터(position vector)** 라고 부르고 $\mathbf{v} = [a, b, c]$로 나타낸다. 이렇게 $\mathbb{R}^3$의 모든 벡터를 원점 O를 기준으로 하는 위치벡터로 나타냄으로써 수학이나 물리학에서 크기와 방향을 가지는 양으로서의 벡터의 연산을 다음과 같이 성분이 주어진 벡터의 연산으로 시행할 수 있다.

정리 1.1

$\mathbb{R}^3$의 두 벡터 $\mathbf{v} = [v_1, v_2, v_3]$, $\mathbf{w} = [w_1, w_2, w_3]$와 실수 k에 대하여

$$\mathbf{v} + \mathbf{w} = [v_1 + w_1,\ v_2 + w_2,\ v_3 + w_3], \qquad k\mathbf{v} = [kv_1,\ kv_2,\ kv_3]$$

가 성립한다.

증명 1.1

직교좌표공간 $\mathbb{R}^3$에서 $\mathbf{v} + \mathbf{w}$의 위치벡터는 $\mathbf{v}$의 위치벡터의 종점을 $\mathbf{w}$의 위치벡터만큼 평행이동한 것이므로 $\mathbf{v} + \mathbf{w} = [v_1 + w_1,\ v_2 + w_2,\ v_3 + w_3]$ 이다.
그리고 $k\mathbf{v}$는 $\mathbf{v}$ 방향이나 $-\mathbf{v}$ 방향으로 벡터의 크기를 $|k|$배 하는 것이므로, $\mathbb{R}^3$에서 $k\mathbf{v}$의 위치벡터는 $\mathbf{v}$의 위치벡터의 각 성분에 k를 곱한 것이다.

Python 예제 1.5

3차원 공간의 벡터는 python을 이용해 다음과 같이 그릴 수 있다.

```
from mpl_toolkits.mplot3d import Axes3D

import matplotlib.pyplot as plt
import numpy as np

fig = plt.figure(figsize=(2,2))
#ax = fig.gca(projection='3d')
ax = plt.axes(projection='3d')
ax.set_xlim([-5, 5])
ax.set_ylim([-5, 5])
ax.set_zlim([-5, 5])
ax.quiver(0,0,0, 2,3,1)
```

(continues on next page)

(continued from previous page)

```
plt.draw()
plt.show()
```

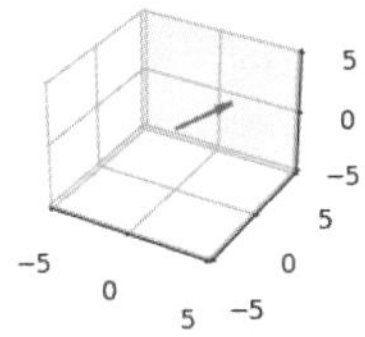

참고 1.4 일반적 차원에서의 벡터합과 스칼라곱

$\mathbb{R}^n$의 벡터는 n개의 수로 이루어진 순서쌍 $(x_1, x_2, \cdots, x_n)$으로 표현되고 이러한 벡터의 합은

- $(x_1, x_2, \cdots, x_n) + (y_1, y_2, \cdots, y_n) = (x_1 + y_1, x_2 + y_2, \cdots, x_n + y_n)$
- $k(x_1, x_2, \cdots, x_n) = (kx_1, kx_2, \cdots, kx_n)$

으로 정의된다.

참고 1.5

$\mathbb{R}^3$의 벡터 $[x, y, z]$의 크기는 원점 O에서 점 (x, y, z) 까지의 거리이므로 다음이 성립한다.

$$\|[x, y, z]\| = \sqrt{x^2 + y^2 + z^2}$$

$\mathbb{R}^3$의 벡터 $\mathbf{v} = [x, y, z]$와 x축, y축, z축의 양의 방향이 이루는 각도를 각각 α, β, γ라고 하면

$$x = \|\mathbf{v}\| \cos\alpha, \quad y = \|\mathbf{v}\| \cos\beta, \quad z = \|\mathbf{v}\| \cos\gamma$$

이고, $\cos^2\alpha + \cos^2\beta + \cos^2\gamma = 1$가 성립한다.

1.2.2 벡터의 내적(inner product)

정의 1.7 벡터의 내적

두 벡터 $\mathbf{v} = (x_1, x_2, \cdots, x_n)$와 $\mathbf{w} = (y_1, y_2, \cdots, y_n)$의 내적은

$$\mathbf{v} \cdot \mathbf{w} = \sum_{k=1}^{n} x_k y_k$$

으로 정의된다.

- $n = 2$인 경우, $(a, b) \cdot (x, y) = ax + by$
- $n = 3$인 경우, $(a, b, c) \cdot (x, y, z) = ax + by + cz$

Python 예제 1.6

python에서 두 벡터 v, w의 내적은 numpy에서는

```
inner(v, w)
dot(v, w)
```

sympy에서는

```
v.dot(w)
```

를 이용해 계산할 수 있다.

```
import numpy as np
a=np.array([1,2,3])
b=np.array([2,4,6])
np.inner(a,b)
```

```
28
```

```
from sympy import *
a=Matrix([1,2,3])
b=Matrix([2,4,6])
a.dot(b)
```

28

참고 1.6 벡터의 내적이 만족하는 성질들

(1) $\mathbf{v}\cdot\mathbf{w}=\mathbf{w}\cdot\mathbf{v}$

(2) $\mathbf{v}\cdot(\mathbf{w}_1+\mathbf{w}_2)=\mathbf{v}\cdot\mathbf{w}_1+\mathbf{v}\cdot\mathbf{w}_2$

(3) $k(\mathbf{v}\cdot\mathbf{w})=(k\mathbf{v})\cdot\mathbf{w}=\mathbf{v}\cdot(k\mathbf{w})$ (k는 실수)

(4) $\mathbf{v}\cdot\mathbf{v}=\|\mathbf{v}\|^2$

(5) $\mathbb{O}\cdot\mathbf{v}=0$

1.2.3 Cauchy-Schwarz 부등식

정리 1.2 Cauchy Schwarz 부등식

임의의 두 벡터 $\mathbf{v}, \mathbf{w}$에 대하여

$$|\mathbf{v}\cdot\mathbf{w}|\le\|\mathbf{v}\|\|\mathbf{w}\|$$

가 성립한다. 등호는 $\mathbf{v}\parallel\mathbf{w}$일때만 성립한다.

증명 1.2

임의의 실수 t에 대하여

$$(\mathbf{v}+t\mathbf{w})\cdot(\mathbf{v}+t\mathbf{w})=\|\mathbf{v}\|^2+2t\mathbf{v}\cdot\mathbf{w}+t^2\|\mathbf{w}\|^2\ge 0$$

이 성립하므로, t에 대한 이차함수의 판별식에 대하여

$$D/4=(\mathbf{v}\cdot\mathbf{w})^2-\|\mathbf{v}\|^2\|\mathbf{w}\|^2\le 0$$

이다. 따라서 $|\mathbf{v}\cdot\mathbf{w}|\le\|\mathbf{v}\|\|\mathbf{w}\|$가 성립한다.
등식이 성립하려면 판별식이 0 이어야 하고 이 경우 $\mathbf{v}+t_0\mathbf{w}=0$이 되는 실수 t_0가 존재한다. 따라서 두 벡터는 서로 평행하다.

정의 1.8 벡터의 사잇각

영벡터가 아닌 모든 벡터 $\mathbf{v}, \mathbf{w}$에 대하여

$$-1\le\frac{\mathbf{v}\cdot\mathbf{w}}{\|\mathbf{v}\|\,\|\mathbf{w}\|}\le 1$$

이 성립하므로, $\frac{\mathbf{v}\cdot\mathbf{w}}{\|\mathbf{v}\|\,\|\mathbf{w}\|}=\cos\theta$인 유일한 $0\le\theta\le\pi$가 존재한다. 이 θ를 $\mathbf{v}$와 $\mathbf{w}$의 사잇각이라

한다. 그리고 이때

$$\mathbf{v}\cdot\mathbf{w} = \|\mathbf{v}\|\|\mathbf{w}\|\cos\theta$$

가 성립한다. 또한 $\mathbf{v}\cdot\mathbf{w} = 0$ 이면 $\mathbf{v}\perp\mathbf{w}$ (서로 수직)임을 알 수 있다.

1.2.4 벡터의 정사영(projection)

정의 1.9 벡터의 정사영

두 벡터 $\mathbf{v}, \mathbf{w}$와 두 벡터의 사잇각 θ에 대하여 실수값 $\|\mathbf{v}\|\cos\theta$를 $\mathbf{v}$의 $\mathbf{w}$방향 성분이라 한다. 그리고

$$\mathrm{Proj}_{\mathbf{w}}(\mathbf{v}) := (\|\mathbf{v}\|\cos\theta)\,\frac{\mathbf{w}}{\|\mathbf{w}\|} = \frac{\mathbf{v}\cdot\mathbf{w}}{\mathbf{w}\cdot\mathbf{w}}\,\mathbf{w} \tag{1.1}$$

를 벡터 $\mathbf{v}$의 $\mathbf{w}$위로의 **정사영(projection)** 이라고 한다.

벡터 $\frac{\mathbf{w}}{\|\mathbf{w}\|} = \frac{1}{\|\mathbf{w}\|}\mathbf{w}$는 벡터 $\mathbf{w}$ 방향의 단위벡터이므로, $\|\mathrm{Proj}_{\mathbf{w}}(\mathbf{v})\| = \|\mathbf{v}\|\cos\theta$ 이다. 그리고 벡터 $\mathbf{v}-\mathrm{Proj}_{\mathbf{w}}(\mathbf{v})$와 정사영 $\mathrm{Proj}_{\mathbf{w}}(\mathbf{v})$는 서로 수직임을 알 수 있다. 따라서 벡터 $\mathbf{w}$를 기준으로 삼아 벡터 $\mathbf{v}$를 서로 수직인 두 성분벡터

$$\mathbf{v} = \mathrm{Proj}_{\mathbf{w}}(\mathbf{v}) + (\mathbf{v}-\mathrm{Proj}_{\mathbf{w}}(\mathbf{v}))$$

로 분해할 수 있다. 이때 정사영 $\mathrm{Proj}_{\mathbf{w}}(\mathbf{v})$를 $\mathbf{v}$의 $\mathbf{w}$방향 성분벡터라고 하고, 벡터 $\mathbf{v}-\mathrm{Proj}_{\mathbf{w}}(\mathbf{v})$를 $\mathbf{v}$의 $\mathbf{w}$에 **수직인 성분벡터(orthogonal component)** 라고 한다.

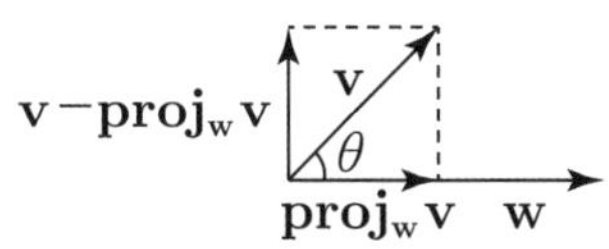

$\mathbb{R}^3$에서 x축, y축, z축의 양의 방향의 단위벡터를 각각 $\mathbf{i} = [1,0,0]$, $\mathbf{j} = [0,1,0]$, $\mathbf{k} = [0,0,1]$로 나타내기로 하자. 이 세 벡터를 이용하여 임의의 벡터 $\mathbf{v} = [x,y,z]$를 $\mathbf{v} = x\,\mathbf{i} + y\,\mathbf{j} + z\,\mathbf{k}$로 표현할 수 있다.

예제 1.4

두 벡터 $\mathbf{v} = \mathbf{i}+\mathbf{j}+\mathbf{k}$, $\mathbf{w} = 2\mathbf{i}+2\mathbf{j}+0\mathbf{k}$에 대하여

(1) $\mathrm{Proj}_{\mathbf{w}}(\mathbf{v})$를 구하시오.

(2) $\mathbf{v}$의 성분 중 $\mathbf{w}$에 수직인 성분벡터를 구하시오.

풀이 – 예제 1.4

(1) $\text{Proj}_{\mathbf{w}}(\mathbf{v}) = \frac{\mathbf{v}\cdot\mathbf{w}}{\mathbf{w}\cdot\mathbf{w}}\mathbf{w} = \frac{2+2+0}{4+4}(2\mathbf{i}+2\mathbf{j}+0\mathbf{k}) = \mathbf{i}+\mathbf{j}+0\mathbf{k} = \mathbf{i}+\mathbf{j}.$
(2) $\mathbf{v} - \text{Proj}_{\mathbf{w}}(\mathbf{v}) = (\mathbf{i}+\mathbf{j}+\mathbf{k}) - (\mathbf{i}+\mathbf{j}) = \mathbf{k}.$

```
import numpy as np
v=np.array([1,1,1])
w=np.array([2,2,0])
proj=(np.dot(v, w)/np.dot(w,w)) * w
print('정사영=',proj)
print('수직 성분 벡터=', v-proj)
```

```
정사영= [1. 1. 0.]
수직 성분 벡터= [0. 0. 1.]
```

```
from mpl_toolkits.mplot3d import Axes3D

import matplotlib.pyplot as plt
import numpy as np

def decomp(v, w):
    proj = (np.dot(v, w)/np.dot(w,w)) * np.array(w)
    vert = np.array(v)-proj
    array=np.array([[0, 0, 0, v[0],v[1], v[2]],
                   [0,0,0, w[0],w[1],w[2]],
                   [0,0,0,proj[0],proj[1],proj[2]],
                   [0,0,0, vert[0],vert[1], vert[2]],
                   [proj[0],proj[1],proj[2], v[0]-proj[0],
                    v[1]-proj[1],v[2]-proj[2]],
                   [vert[0],vert[1],vert[2], v[0]-vert[0],
                    v[1]-vert[1],v[2]-vert[2]]])
    print("Proj_w(v)=", proj)
    print("Vertical component=", vert)
    X, Y, Z, U, V, W = zip(*array)
    fig = plt.figure(figsize=(3,3))
    ax=plt.axes(projection='3d')
    ax.set_xlim([-1, 3])
```

(continues on next page)

(continued from previous page)

```
    ax.set_ylim([-1, 3])
    ax.set_zlim([-1, 3])
    ax.quiver(X,Y,Z, U,V,W, color=['r', 'g', 'b', 'b','g','g'])
    plt.draw()
    plt.show()
decomp([1,2,3], [2,1,1])
```

```
Proj_w(v)= [2.33333333 1.16666667 1.16666667]
Vertical component= [-1.33333333  0.83333333  1.83333333]
```

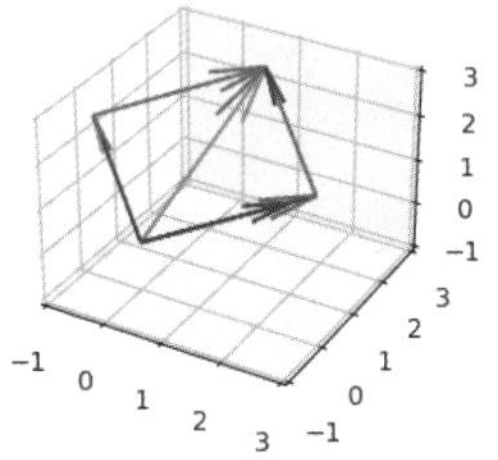

1.2.5 벡터의 선형(일차)결합

$\mathbb{R}^n$ 의 몇 개의 벡터들 $\mathbf{v}_1, \mathbf{v}_2, \cdots, \mathbf{v}_m$ 에 대하여 이들의 선형결합 또는 일차결합(linear combination)이란

$$c_1\mathbf{v}_1 + c_2\mathbf{v}_2 + \cdots + c_m\mathbf{v}_m \qquad (c_1,\ c_2,\ \cdots,\ c_m \text{ 은 스칼라})$$

꼴로 표현된 벡터를 말한다.

정의 1.10 일차독립

$\mathbb{R}^n$ 의 벡터들 $\mathbf{v}_1, \mathbf{v}_2, \cdots, \mathbf{v}_m$ 에 대하여 만일 방정식 $c_1\mathbf{v}_1 + c_2\mathbf{v}_2 + \cdots + c_m\mathbf{v}_m = \mathbf{0}$ 을 만족시키는 스칼라 계수가 $c_1 = c_2 = \cdots = c_m = 0$ 뿐이면 벡터들 $\mathbf{v}_1, \mathbf{v}_2, \cdots, \mathbf{v}_m$ 은 서로 **일차독립(linearly independent)** 이라고 한다. 그렇지 않은 경우에는 벡터들 $\mathbf{v}_1, \mathbf{v}_2, \cdots, \mathbf{v}_m$ 은 서로 **일차종속(linearly dependent)** 이라고 한다.

예제 1.5

다음과 같이 주어진 $\mathbb{R}^3$ 의 벡터들이 서로 일차독립인지, 일차종속인지 판정하시오.

(1) $\mathbf{a} = [1, 0, -1], \mathbf{b} = [1, 1, 0], \mathbf{c} = [1, 0, 1]$

(2) $\mathbf{u} = [1, 1, 1], \mathbf{v} = [1, 0, 1], \mathbf{w} = [0, 2, 0]$

풀이 – 예제 1.5

(1) 이 문제는 $c_1\mathbf{a} + c_2\mathbf{b} + c_3\mathbf{c} = 0$을 만족하는 자명하지 않은 해가 존재하는지에 대한 질문이다. 이를 연립일차방정식으로 바꾸면

$$\begin{cases} c_1 + c_2 + c_3 = 0 \\ c_2 = 0 \\ -c_1 + c_3 = 0 \end{cases}$$

이고, 이를 만족하는 해는 $(c_1, c_2, c_3) = (0, 0, 0)$인 경우 뿐이므로 이 벡터는 서로 일차독립이다.
같은 방법을 (2)에 적용하면 연립방정식

$$\begin{cases} c_1 + c_2 = 0 \\ c_1 + 2c_3 = 0 \\ c_1 + c_2 = 0 \end{cases}$$

으로부터 $c_2 = -c_1$, $c_3 = -\frac{c_1}{2}$ 만족하면 되므로 자명하지 않은 해가 존재한다. 따라서 일차종속이다.

예제 1.6

$\mathbb{R}^4$의 벡터들 $\mathbf{u} = [1, 3, 0, -1]$, $\mathbf{v} = [5, -1, 4, -9]$, $\mathbf{w} = [-1, 5, -2, 3]$이 서로 일차독립인지, 일차종속인지 판정하시오.

풀이 – 예제 1.6

$c_1\mathbf{u}+c_2\mathbf{v}+c_3\mathbf{w} = \mathbf{0}$, 즉 $c_1[1,3,0,-1]+c_2[5,-1,4,-9]+c_3[-1,5,-2,3] = [0,0,0,0]$이 성립하기 위해서는 $[c_1+5c_2-c_3,\ 3c_1-c_2+5c_3,\ 4c_2-2c_3,\ -c_1-9c_2+3c_3] = [0,0,0,0]$으로부터 일차연립방정식

$$\begin{array}{rrrcl} c_1 & +5c_2 & -c_3 & = & 0 \\ 3c_1 & -c_2 & +5c_3 & = & 0 \\ & 4c_2 & -2c_3 & = & 0 \\ -c_1 & -9c_2 & +3c_3 & = & 0 \end{array}$$

의 해를 구하면 $c_1 = -3c_2$, $c_3 = 2c_2$이다. 따라서 해가 무수히 많으며, 그 중 0이 아닌 값들로 예를 들어 $c_2 = 1$, $c_1 = -3$, $c_3 = 2$일 때도 성립한다. 따라서 $\mathbf{u}, \mathbf{v}, \mathbf{w}$는 서로

일차종속이다.

1.2.6 벡터공간

우리는 앞에서 같은 모양인 $m \times n$ 행렬로 이루어진 집합에 대하여 덧셈과 스칼라곱의 연산 법칙들이 성립함을 살펴보았다. $\mathbb{R}^n$ 의 벡터들을 $1 \times n$ 또는 $n \times 1$ 모양의 행렬로 볼 수 있으므로, $\mathbb{R}^n$ 의 벡터 $\mathbf{u}, \mathbf{v}, \mathbf{w}$ 와 스칼라 c, k 에 대하여 다음의 법칙들이 성립한다.

- $\mathbf{v} + \mathbf{w} = \mathbf{w} + \mathbf{v}$ (덧셈의 교환법칙)
- $(\mathbf{u} + \mathbf{v}) + \mathbf{w} = \mathbf{u} + (\mathbf{v} + \mathbf{w})$, 간단히 $\mathbf{u} + \mathbf{v} + \mathbf{w}$ 로 나타냄. (덧셈의 결합법칙)
- $\mathbf{v} + \mathbb{0} = \mathbf{v}$ (덧셈의 항등원)
- $\mathbf{v} + (-\mathbf{v}) = \mathbb{0}$ (뎃셈의 역원)
- $c(\mathbf{v} + \mathbf{w}) = c\mathbf{v} + c\mathbf{w}$ (스칼라곱의 분배법칙)
- $(c + k)\mathbf{v} = c\mathbf{v} + k\mathbf{v}$ (스칼라에 대한 벡터의 분배법칙)
- $c(k\mathbf{v}) = (ck)\mathbf{v}$ 이고 이를 간단히 $ck\mathbf{v}$ 로 나타냄. (스칼라곱의 결합법칙)
- $1\mathbf{v} = \mathbf{v}$(스칼라곱의 항등원)

일반적으로, 어떤 집합 V 의 원소들에 대하여 두 가지 연산으로 덧셈과 스칼라곱이 정의되어 있고, 임의의 두 원소 $\mathbf{v}, \mathbf{w}$ 의 일차결합 $c\mathbf{v} + k\mathbf{w}(c, k$ 는 스칼라)이 다시 V 의 원소이며, 두 가지 연산이 위의 법칙 8가지를 모두 만족하는 경우, 집합 V 를 **벡터공간(vector space)** 이라고 하고, 그 원소 각각을 **벡터(vector)** 라고 부른다. 따라서 $\mathbb{R}^n$ 은 벡터공간이며, 실수 성분을 가지는 모든 $m \times n$ 행렬들의 집합도 벡터공간이다.

예제 1.7

실수 계수를 가지는 모든 2차 이하의 다항식들의 집합

$$P_2(\mathbb{R}) = \{a + bx + cx^2 \mid a, b, c \in \mathbb{R}\}$$

이 벡터공간임을 설명하시오.

풀이 – 예제 1.7

일반적인 다항식의 합과 스칼라곱을 사용하면, 두 2차 이하 다항식의 일차결합은 다시 2차 이하의 다항식이 된다. 그리고 $P_2(\mathbb{R})$ 의 세 벡터 $\mathbf{u} = a_1 + b_1x + c_1x^2, \mathbf{v} = a_2 + b_2x +$

c_2x^2, $\mathbf{w} = a_3 + b_3x + c_3x^2$ 와 스칼라 d, k 에 대하여 위의 법칙들이 성립함을 하나하나 확인할 수 있다. 먼저, $\mathbf{v}+\mathbf{w} = (a_2+a_3)+(b_2+b_3)x+(c_2+c_3)x^2 = \mathbf{w}+\mathbf{v}$ 가 성립한다. 그 다음의 법칙들이 성립하는 것도 비슷하게 보이면 된다.

이와 같이 벡터공간은 다양한 대상에 대한 일반적인 개념인데, 이 책에서는 벡터공간으로서 주로 $\mathbb{R}^n$ 과 그 부분집합을 다룬다.

1.2.7 벡터공간의 기저와 차원

정의 1.11 벡터공간의 차원, 기저, 생성공간

벡터공간 V 에서 서로 일차독립이 되도록 할 수 있는 벡터들의 최대 개수를 V 의 **차원(dimension)** 이라고 부르고, 기호 $\dim V$ 로 나타낸다. 그리고 서로 일차독립인 벡터들의 최대 집합을 V 의 **기저(basis)** 라고 부른다.
벡터공간 V 의 몇 개의 원소 $\mathbf{v}_1, \mathbf{v}_2, \cdots, \mathbf{v}_m$ 에 대하여 이들의 모든 일차결합의 집합, 즉 $\{c_1\mathbf{v}_1 + c_2\mathbf{v}_2 + \cdots + c_m\mathbf{v}_m \mid c_1, c_2, \cdots, c_m$ 은 스칼라$\}$ 를 이 벡터들의 **생성공간(span)** 라고 부르며, 기호 $\mathrm{span}\{\mathbf{v}_1, \mathbf{v}_2, \cdots, \mathbf{v}_m\}$ 으로 나타낸다.

참고 1.7

- 생성공간 $S = \mathrm{span}\{\mathbf{v}_1, \mathbf{v}_2, \cdots, \mathbf{v}_m\}$ 자체도 벡터공간이 됨을 쉽게 확인할 수 있다. 이때 벡터 $\mathbf{v}_1, \mathbf{v}_2, \cdots, \mathbf{v}_m$ 이 벡터공간 S 를 생성한다고 말한다. 여기에서 V 의 원소들의 생성공간과 같이 자체적으로 벡터공간이 되는 부분집합을 **부분공간(subspace)** 이라고 부른다
- 벡터공간 V 의 부분집합 $\mathcal{B} = \{\mathbf{v}_1, \mathbf{v}_2, \cdots, \mathbf{v}_m\}$ 이 V 의 기저가 될 필요충분조건은 $\mathcal{B}$ 가 일차독립이고 $\mathrm{span}\mathcal{B} = V$ 이면 된다.

위 정의로부터 기저에 속한 벡터의 개수가 $\dim V$ 이다. 예를 들어, 벡터공간 $\mathbb{R}^3$ 에서 벡터들의 집합 $\mathcal{B} = \{[1,0,0], [0,1,0], [0,0,1]\}$ 은 기저가 된다. 이 세 벡터는 서로 일차독립이며, 여기에 어떤 벡터를 추가하더라도 더 이상 서로 일차독립이 아니기 때문이다. 그리고 이 사실로부터 $\dim(\mathbb{R}^3) = 3$ 임을 확인할 수 있다. 벡터공간 $\mathbb{R}^3$ 에서 집합 $\{[1,0,0], [0,1,0], [0,0,1]\}$ 을 특별히 **표준정규직교기저(standard orthonormal basis)** 라고 부른다. 여기에서 '정규직교(orthonormal)'는 벡터들의 크기가 1이며, 모두 서로 수직이라는 뜻이다. 벡터공간 $\mathbb{R}^2$ 에서는 집합 $\{[1,0], [0,1]\}$ 이 **표준정규직교기저(standard orthonormal basis)** 이다.

예제 1.8

다음 물음에 답하시오.

(1) 세 벡터 $\mathbf{a} = [1, 0, -1]$, $\mathbf{b} = [1, 1, 0]$, $\mathbf{c} = [1, 0, 1]$에 대하여 집합 $\{\mathbf{a}, \mathbf{b}, \mathbf{c}\}$는 벡터공간 $\mathbb{R}^3$의 기저인가?

(2) 세 벡터 $\mathbf{u} = [1, 1, 1]$, $\mathbf{v} = [1, 0, 1]$, $\mathbf{w} = [0, 2, 0]$의 생성공간 $\mathrm{span}\{\mathbf{u}, \mathbf{v}, \mathbf{w}\}$의 한 기저를 찾고, 생성공간의 차원을 말하시오.

풀이 - 예제 1.8

(1) 벡터공간 $\mathbb{R}^3$의 차원은 3임을 알고 있으므로, $\mathbb{R}^3$에서 서로 일차독립인 벡터의 최대 개수는 3이다. 주어진 세 벡터 $\mathbf{a}, \mathbf{b}, \mathbf{c}$는 서로 일차독립이므로, 집합 $\mathbf{a}, \mathbf{b}, \mathbf{c}$는 서로 일차독립인 벡터들의 최대 집합이다. 따라서 집합 $\mathbf{a}, \mathbf{b}, \mathbf{c}$는 벡터공간 $\mathbb{R}^3$의 기저이다.

(2) 세 벡터 $\mathbf{u}, \mathbf{v}, \mathbf{w}$의 생성공간을 S로 나타내자. $\mathbf{w} = 2\mathbf{u} - 2\mathbf{v}$이므로 세 벡터 $\mathbf{u}, \mathbf{v}, \mathbf{w}$의 임의의 일차결합을 $c_1\mathbf{u}+c_2\mathbf{v}+c_3\mathbf{w} = c_1\mathbf{u}+c_2\mathbf{v}+c_3(2\mathbf{u} - 2\mathbf{v}) = (c_1+2c_3)\mathbf{u}+(c_2-2c_3)\mathbf{v}$로 나타낼 수 있다. 또, 역으로 두 벡터 $\mathbf{u}, \mathbf{v}$의 임의의 일차결합은 $c\mathbf{u}+k\mathbf{v} = c\mathbf{u}+k\mathbf{v}+0\mathbf{w}$로 S의 원소이다. 따라서 두 벡터 $\mathbf{u}, \mathbf{v}$는 벡터공간 S를 생성한다.

그리고 두 벡터 $\mathbf{u}, \mathbf{v}$는 서로 일차독립임을 다음과 같이 보일 수 있다.

$c\mathbf{u} + k\mathbf{v} = \mathbf{0}$, 즉 $c[1, 1, 1] + k[1, 0, 1] = [0, 0, 0]$을 만족하는 스칼라 c, k를 구해보면, $[c + k,\ c,\ c + k] = [0, 0, 0]$으로부터 연립방정식

$$\begin{aligned} c \ +k &= 0 \\ c \qquad &= 0 \\ c \ +k &= 0 \end{aligned}$$

의 해를 구하면 $c = k = 0$뿐이다. 따라서 $\mathbf{u}, \mathbf{v}$는 서로 일차독립이다.

그러므로 집합 $\{\mathbf{u}, \mathbf{v}\}$는 벡터공간 S의 한 기저이며, $\dim S = 2$이다.

1.2.8 연습문제

1번. 평면위의 네 점 $O(0,0)$, $P(1,1)$, $Q(2,0)$, $R(1,-1)$과 벡터 $\mathbf{u} = \overrightarrow{OP}$, $\mathbf{v} = \overrightarrow{OQ}$, $\mathbf{w} = \overrightarrow{OR}$에 대하여 다음 벡터들을 그리시오.

(1) $-2\mathbf{u}$ (2) $\mathbf{u} + \mathbf{v} + \mathbf{w}$ (3) $\mathbf{u} - \frac{1}{2}\mathbf{v} + 2\mathbf{w}$

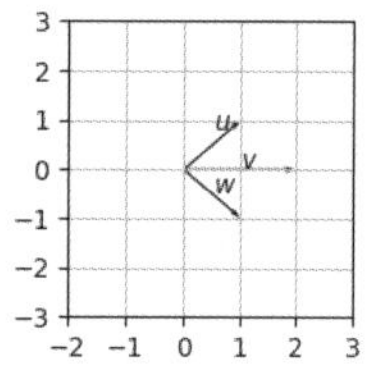

2번. 벡터 $\mathbf{v} = [3, -4, 12]$ 방향의 단위벡터를 구하시오.

3번. 벡터 $\mathbf{v} = [2, 1, -1]$과 x축, y축, z축의 양의 방향이 이루는 각도를 각각 α, β, γ 라고 할 때, $\cos\alpha, \cos\beta, \cos\gamma$를 구하고, $\cos^2\alpha + \cos^2\beta + \cos^2\gamma = 1$ 이 성립함을 확인하시오.

[4-6] 두 벡터 $\mathbf{v} = [1, -1, 0]$, $\mathbf{w} = [2, 0, 1]$에 대하여 다음 물음에 답하시오.

4번. $\mathbf{v}$와 $\mathbf{w}$의 사잇각 θ에 대하여 $\cos\theta$를 구하시오.

5번. $\mathbf{v}$의 $\mathbf{w}$ 방향 성분을 구하시오.

6번. $\mathbf{v}$의 $\mathbf{w}$ 위로의 정사영 $\text{Proj}_{\mathbf{w}}(\mathbf{v})$를 구하시오.

7번. $\mathbf{v}$의 성분 중 $\mathbf{w}$에 수직인 성분벡터를 구하시오.

[8-9] 세 벡터 $\mathbf{u} = [0, -1, 1]$, $\mathbf{v} = [1, 2, 1]$, $\mathbf{w} = [2, 7, -1]$에 대하여 다음 물음에 답하시오.

8번. $\mathbf{u}, \mathbf{v}, \mathbf{w}$가 서로 일차독립인지, 일차종속인지 판정하시오.

9번. $\mathbf{u}, \mathbf{v}, \mathbf{w}$의 생성공간 span$\mathbf{u}, \mathbf{v}, \mathbf{w}$의 한 기저를 찾고, 생성공간의 차원을 말하시오

1.3 행렬과 일차연립방정식

앞에서 행렬의 합과 스칼라곱에 대한 연산법칙을 살펴보았다. 이제 행렬을 다루는 여러 가지 방법과 행렬의 성질을 살펴보고자 한다. 먼저 행렬끼리 곱하는 연산을 다음과 정의한다.

1.3.1 행렬곱(matrix multiplication)

정의 1.12

$m \times n$ 행렬 $A = [a_{ij}]$와 $n \times p$ 행렬 $B = [b_{jk}]$에 대하여 **행렬곱(matrix multiplication)** AB는 $m \times p$ 행렬로서, $i = 1, 2, \cdots, m$과 $k = 1, 2, \cdots, p$에 대하여

$$c_{ik} = \sum_{j=1}^{n} a_{ij}b_{jk} = a_{i1}b_{1k} + a_{i2}b_{2k} + \cdots + a_{in}b_{nk}$$

를 성분으로 하여 $AB = [c_{ik}]$로 정의된다.

행렬곱 AB가 정의될 조건은 앞의 행렬 A의 열의 개수와 뒤의 행렬 B의 행의 개수가 일치해야 한다는 것이다. 예를 들어, 4×3 행렬 $A=[a_{ij}]$와 3×2 행렬 $B=[b_{jk}]$에 대하여 행렬곱 AB는 다음과 같이 계산한다.

$$\begin{bmatrix} a_{11} & a_{12} & a_{13} \\ a_{21} & a_{22} & a_{23} \\ a_{31} & a_{32} & a_{33} \\ a_{41} & a_{42} & a_{43} \end{bmatrix} \begin{bmatrix} b_{11} & b_{12} \\ b_{21} & b_{22} \\ b_{31} & b_{32} \end{bmatrix} = \begin{bmatrix} c_{11} & c_{12} \\ c_{21} & c_{22} \\ c_{31} & c_{32} \\ c_{41} & c_{42} \end{bmatrix}$$

행렬의 곱셈에 대한 정의는 뒤의 1.4절에서 살펴보게 될 일차변환(linear transformations)을 행렬로 나타내어 합성을 하거나 여러 가지 조합을 하기에 적합하다.

예제 1.9

$A=\begin{bmatrix} 2 & -1 & 1 \\ 1 & 3 & -4 \\ -3 & 0 & 5 \end{bmatrix}, B=\begin{bmatrix} 6 & 0 & 2 & 1 \\ -1 & 2 & 1 & 3 \\ 1 & 4 & -1 & -2 \end{bmatrix}$ 일 때, AB를 구하시오.

풀이 – 예제 1.9

$$AB=\begin{bmatrix} 2 & -1 & 1 \\ 1 & 3 & -4 \\ -3 & 0 & 5 \end{bmatrix}\begin{bmatrix} 6 & 0 & 2 & 1 \\ -1 & 2 & 1 & 3 \\ 1 & 4 & -1 & -2 \end{bmatrix}=\begin{bmatrix} 14 & 2 & 2 & -3 \\ -1 & -10 & 9 & 18 \\ -13 & 20 & -11 & -13 \end{bmatrix}$$

참고 1.8

위의 행렬 B, A의 크기가 각각 $3\times 4, 3\times 3$이므로 BA는 정의되지 않는다.

예제 1.10

행벡터 또는 열벡터가 포함된 행렬곱도 마찬가지로 계산한다. 다음의 행렬곱을 계산하시오.

$$\begin{bmatrix} 1 & -1 \\ 2 & 3 \end{bmatrix}\begin{bmatrix} 2 \\ 1 \end{bmatrix}=\begin{bmatrix} 1 \\ 7 \end{bmatrix}$$

$$\begin{bmatrix} 2 & 1 \end{bmatrix}\begin{bmatrix} 1 & -1 \\ 2 & 3 \end{bmatrix} = \begin{bmatrix} 4 & 1 \end{bmatrix}$$

$$\begin{bmatrix} 2 \\ -1 \end{bmatrix}\begin{bmatrix} 1 & 3 \end{bmatrix} = \begin{bmatrix} 2 & 6 \\ -1 & -3 \end{bmatrix}$$

$$\begin{bmatrix} 1 & 3 \end{bmatrix}\begin{bmatrix} 2 \\ -1 \end{bmatrix} = \begin{bmatrix} -1 \end{bmatrix}$$

참고 1.9

행렬 A, B에 대하여 AB와 BA가 둘 다 정의되더라도, 일반적으로 $AB \neq BA$이다.

예제 1.11

AB와 BA가 같지 않은 2×2 정사각행렬 A, B의 예를 찾으시오.

풀이 – 예제 1.11

$$A = \begin{bmatrix} 1 & 0 \\ 2 & 3 \end{bmatrix}, \qquad B = \begin{bmatrix} -2 & 1 \\ 1 & 0 \end{bmatrix}$$

라 두면

$$AB = \begin{bmatrix} 1 & 0 \\ 2 & 3 \end{bmatrix}\begin{bmatrix} -2 & 1 \\ 1 & 0 \end{bmatrix} = \begin{bmatrix} -2 & 1 \\ -1 & 2 \end{bmatrix}$$

이고

$$BA = \begin{bmatrix} -2 & 1 \\ 1 & 0 \end{bmatrix}\begin{bmatrix} 1 & 0 \\ 2 & 3 \end{bmatrix} = \begin{bmatrix} 0 & 3 \\ 1 & 0 \end{bmatrix}$$

이므로 $AB \neq BA$이다.

예제 1.12

같은 크기의 정사각행렬 C, D 둘 다 영행렬이 아니어도 $CD = \mathbb{O}$일 수 있다. 이러한 2×2 행렬을 찾아 보시오.

풀이 – 예제 1.12

$$C = \begin{bmatrix} 1 & 1 \\ 2 & 2 \end{bmatrix}, \qquad D = \begin{bmatrix} -1 & 1 \\ 1 & -1 \end{bmatrix}$$

라 두면

$$CD = \begin{bmatrix} 1 & 1 \\ 2 & 2 \end{bmatrix} \begin{bmatrix} -1 & 1 \\ 1 & -1 \end{bmatrix} = \begin{bmatrix} 0 & 0 \\ 0 & 0 \end{bmatrix},$$

이다. 한편

$$DC = \begin{bmatrix} -1 & 1 \\ 1 & -1 \end{bmatrix} \begin{bmatrix} 1 & 1 \\ 2 & 2 \end{bmatrix} = \begin{bmatrix} 1 & 1 \\ -1 & -1 \end{bmatrix}$$

이므로 $CD \neq DC$ 이다.

따라서 행렬의 곱셈에 대해서는 교환법칙이 성립하지 않는다. 행렬의 곱셈에 대하여 성립하는 기본적인 법칙들은 다음과 같다.

- $A(BC) = (AB)C$, 간단히 ABC로 나타냄.(행렬곱의 결합법칙)
- $(A+B)C = AC + BC$ (행렬곱의 오른쪽 분배법칙)
- $C(A+B) = CA + CB$ (행렬곱의 왼쪽 분배법칙)
- $(kA)B = A(kB)$, 간단히 kAB로 나타냄. (행렬곱과 스칼라곱의 결합법칙)

Python 예제 1.7

(Python 에서 행렬곱 연산과 관련된 함수들)

- array 에서나 matrix에서 행렬곱을 구하려면 A@B를 사용하면 됨. 또는 np.dot(A,B)를 사용해도 됨
- matrix에서는 A*B로 사용해도 됨. 그러나 array에서 A*B는 같은 위치에 있는 성분의 곱임

- 행렬 A의 i 번째 행은 A[i-1,:], j 번째 열은 A[:, j-1]로 구할 수 있음
- 두 array가 같은지를 확인하는 함수는 array_equal(A, B) 또는 allclose(A, B) 임
- sum(A)는 array A의 모든 성분 원소의 합을 계산함

```
import numpy as np
X = [[2,3,-1],[0,1,1],[-1,0,3]]
Y = [[1,-1,2],[2,0,1],[0,1,-3]]
mX = np.matrix(X)
mY = np.matrix(Y)
mX * mY
```

```
matrix([[  8,  -3,  10],
        [  2,   1,  -2],
        [ -1,   4, -11]])
```

```
import numpy as np
def matrixMult (A, B):
    rows_A = len(A)
    cols_A = len(A[0])
    rows_B = len(B)
    cols_B = len(B[0])
    if cols_A != rows_B:
        print("두 행렬을 곱할 수 없습니다.")
        return
    C = [[0 for row in range(cols_B)]for col in range(rows_A)]
    for i in range(rows_A):
        for k in range(cols_B):
            for j in range(cols_A):
                C[i][k] +=A[i][j]*B[j][k]
    return np.matrix(C)

X = [[2,3,-1],[0,1,1],[-1,0,3]]
Y = [[1,-1,2],[2,0,1],[0,1,-3]]
matrixMult(X, Y)
```

```
matrix([[  8,  -3,  10],
        [  2,   1,  -2],
        [ -1,   4, -11]])
```

```
import numpy as np

def matmul(A, B):
    X=np.zeros((len(A), len(B[0])))
    if (len(A[0])==len(B)):
        for i in range(len(A)):
            for j in range(len(B[0])):
                X[i,j]=A[i,:]@B[:,j]
        return X
    else:
        print("wrong input")

E= np.array([[2,3,-1],[0,1,1],[-1,0,3]])
F= np.array([[1,-1,2],[2,0,1],[0,1,-3]])
matmul(E,F)
```

```
array([[  8.,  -3.,  10.],
       [  2.,   1.,  -2.],
       [ -1.,   4., -11.]])
```

```
import numpy as np

A= np.array([[1,2,3], [4,5,6], [7,8,9]])
B= np.array([[1,1,1],[2,2,2], [3,3,3]])
A@B
```

```
array([[14, 14, 14],
       [32, 32, 32],
       [50, 50, 50]])
```

```
A*B == A@B
```

```
array([[False, False, False],
       [False, False, False],
       [False, False, False]])
```

```
A[0,:]
```

```
array([1, 2, 3])
```

```
A[0,:]@B[:,0]
```

```
14
```

```
np.dot(A,B)
```

```
array([[14, 14, 14],
       [32, 32, 32],
       [50, 50, 50]])
```

```
C=np.matrix([[1,2,3], [4,5,6], [7,8,9]])
D= np.matrix([[1,1,1],[2,2,2], [3,3,3]])
C@D
```

```
matrix([[14, 14, 14],
        [32, 32, 32],
        [50, 50, 50]])
```

```
C@D == C*D
```

```
matrix([[ True,  True,  True],
        [ True,  True,  True],
        [ True,  True,  True]])
```

```
np.dot(C,D)
```

```
matrix([[14, 14, 14],
        [32, 32, 32],
        [50, 50, 50]])
```

```
np.array_equal(A@B, B@A)
```

```
False
```

```
np.array_equal(2*(3*A), 2*3*A)
```

```
True
```

```
np.allclose((A+B)@A, A@A + B@A)
```

```
True
```

예제 1.13

어떤 공장에서 일년동안 스탠드형과 벽걸이형 두 가지 모델의 에어컨을 생산하였다. 아래의 행렬 A는 각 모델 한 대를 생산하기 위한 재료비, 인건비, 기타비용(단위 10 만원)을 나타낸 것이고, 행렬 B는 분기마다 생산한 각 모델의 수량(단위 10,000대)을 나타낸 것이다. 이때 각 분기별 총 재료비, 인건비, 기타비용을 나타내는 행렬을 구하고, 그 행렬 성분 수치의 단위를 밝히시오.

구분	스텐드형	벽걸이형
재료비	3	2
인건비	5	4
기타비용	4	3

구분	1 분기	2 분기	3 분기	4 분기
스탠드형	4	8	5	2
벽걸이형	3	6	4	1

풀이 – 예제 1.13

$A = \begin{bmatrix} 3 & 2 \\ 5 & 4 \\ 4 & 3 \end{bmatrix}, B = \begin{bmatrix} 4 & 8 & 5 & 2 \\ 3 & 6 & 4 & 1 \end{bmatrix}$ 라 두면, 1분기의 총 재료비는 두 가지 모델 각각에 대하여 한 대당 재료비와 1분기 생산량을 곱한 합이므로, 행렬곱 AB 에서 1행 1열의 성분이 된다. 마찬가지로 각 분기별 총 재료비, 인건비, 기타비용은 행렬곱 $C = AB$ 의 성분으로 나타난다.

$$C = \begin{bmatrix} 18 & 36 & 23 & 8 \\ 32 & 64 & 41 & 14 \\ 25 & 50 & 32 & 11 \end{bmatrix}$$

이고 행렬 C 의 각 성분의 수치 단위는 10 만원 $\times$ 10000 = 10 억원이다.

```
import numpy as np
A= np.matrix("3, 2; 5, 4; 4, 3")
B=np.matrix("4, 8, 5, 2; 3, 6, 4, 1")
A@B
```

```
matrix([[18, 36, 23,  8],
        [32, 64, 41, 14],
        [25, 50, 32, 11]])
```

정의 1.13 전치행렬

$m \times n$ 행렬 A 의 **전치(transpose)** A^T 는 A 의 행을 열로 (또는 열을 행으로) 바꾸어 다시 배열한 $n \times m$ 행렬을 나타낸다.즉 $A = [a_{ij}]_{m\times n}$ 에 대하여 $A^T = [a_{ji}]_{n\times m}$ 이다.

행렬의 전치에 대하여 성립하는 기본적인 법칙들은 다음과 같다.

(1) $(A^T)^T = A$

(2) $(A + B)^T = A^T + B^T$

(3) $(kA)^T = kA^T$

(4) $(AB)^T = B^T A^T$

예제 1.14

(1) 행렬 $A = \begin{bmatrix} 2 & -1 & 0 \\ 0 & 1 & 3 \end{bmatrix}$ 의 전치행렬을 구하시오.

(2) 벡터 $\mathbf{v} = \begin{bmatrix} 1 \\ 0 \\ 2 \end{bmatrix}$ 의 전치벡터를 구하시오.

풀이 – 예제 1.14

(1) $A^T = \begin{bmatrix} 2 & 0 \\ -1 & 1 \\ 0 & 3 \end{bmatrix}$ 이다.

(2) $\mathbf{v}^T = \begin{bmatrix} 1 & 0 & 2 \end{bmatrix}$ 이다.

참고 1.10

앞에서 정의한 두 벡터 $\mathbf{v} = [v_1, v_2, v_3]$, $\mathbf{w} = [w_1, w_2, w_3]$의 내적 $\mathbf{v} \cdot \mathbf{w} = v_1 w_1 + v_2 w_2 + v_3 w_3$를 행렬의 곱으로 표현하면

$$\mathbf{v}\,\mathbf{w}^T = \begin{bmatrix} v_1 & v_2 & v_3 \end{bmatrix} \begin{bmatrix} w_1 \\ w_2 \\ w_3 \end{bmatrix} = v_1 w_1 + v_2 w_2 + v_3 w_3$$

이고, 따라서 벡터의 크기에 대해서도 $\|\mathbf{v}\|^2 = \mathbf{v}\,\mathbf{v}^T$ 으로 나타낼 수 있다. 그리고 $\mathbf{v}$가 열벡터인 경우에는 $\|\mathbf{v}\|^2 = \mathbf{v}^T \mathbf{v}$ 이다.

Python 예제 1.8

Python에서 행렬 또는 array A의 전치는

```
np.transpose(A)
A.T
np.swapaxes(A, 0,1)
```

을 이용해 구할 수 있다.

```python
import numpy as np

def tp(matrix):
    return [[row[i] for row in matrix] for i in range(len(matrix[0]))]

A= np.array([[1,2,3], [4,5,6]])

tp(A)
```

```
[[1, 4], [2, 5], [3, 6]]
```

```python
import numpy as np

A= np.matrix([[1,2,3], [4,5,6]])
A.T
```

```
matrix([[1, 4],
        [2, 5],
        [3, 6]])
```

```python
np.transpose(A)
```

```
matrix([[1, 4],
        [2, 5],
        [3, 6]])
```

```python
np.swapaxes(A, 0, 1)
```

```
matrix([[1, 4],
        [2, 5],
        [3, 6]])
```

```python
from sympy import *

A= Matrix([[1,2,3], [4,5,6]])
A.T
```

$$\begin{bmatrix} 1 & 4 \\ 2 & 5 \\ 3 & 6 \end{bmatrix}$$

1.3.2 특별한 정사각행렬

주대각선에만 0이 아닌 성분이 놓인 정사각행렬을 **대각행렬(diagonal matrix)** 라고 한다. 특히 주대각선의 모든 성분이 1인 대각행렬을 **단위행렬(identity matrix)** 이라고 부른다. $n \times n$ 크기의 단위행렬을 기호 I_n 또는 간단히 I로 나타낸다. 단위행렬은 행렬의 곱셈에 대한 항등원이 됨을, 즉 임의의 $n \times n$ 행렬 A에 대하여 $AI = IA = A$가 성립함을 확인할 수 있다.

주대각선을 포함하여 그 윗쪽으로만 0이 아닌 성분이 놓인 정사각행렬을 **위삼각행렬(upper triangular matrix)** 라고 한다. 마찬가지로, 주대각선을 포함하여 그 아랫쪽으로만 0이 아닌 성분이 놓인 정사각행렬을 **아래삼각행렬(lower triangular matrix)** 라고 한다.

정사각행렬 $A = [a_{ij}]_{n\times n}$에 대하여 $A^T = A$ (즉, $a_{ji} = a_{ij}$)가 성립하면 행렬 A를 **대칭행렬(symmetric matrix)** 라고 하고, $A^T = -A$ (즉, $a_{ji} = -a_{ij}$)가 성립하면 행렬 A를 **반대칭행렬(skew-symmetric matrix)** 라고 한다.

예제 1.15

3×3 크기의 대각행렬의 예 D와 단위행렬 I

$$D = \begin{bmatrix} 2 & 0 & 0 \\ 0 & 3 & 0 \\ 0 & 0 & -5 \end{bmatrix}, \quad I = \begin{bmatrix} 1 & 0 & 0 \\ 0 & 1 & 0 \\ 0 & 0 & 1 \end{bmatrix}$$

예제 1.16

3×3 크기의 위삼각행렬의 예 U와 아래삼각행렬의 예 L

$$U = \begin{bmatrix} 2 & 1 & 0 \\ 0 & 0 & 3 \\ 0 & 0 & -1 \end{bmatrix}, \quad L = \begin{bmatrix} 1 & 0 & 0 \\ 0 & -2 & 0 \\ 3 & 4 & 0 \end{bmatrix}$$

Python 예제 1.9

python에서 단위행렬을 만드는 방법은

```
np.identity(n)
np.eye(n)
```

이다.

```
import numpy as np

np.identity(3)
```

```
array([[1., 0., 0.],
       [0., 1., 0.],
       [0., 0., 1.]])
```

```
np.eye(4)
```

```
array([[1., 0., 0., 0.],
       [0., 1., 0., 0.],
       [0., 0., 1., 0.],
       [0., 0., 0., 1.]])
```

1.3.3 가우스 소거법(Gaussian elimination)

일반적으로 일차연립방정식을 풀 때, 해집합을 바꾸지 않는 방정식의 기본 연산으로 '방정식의 순서 바꾸기', '한 방정식에 0이 아닌 상수를 곱하기', '한 방정식의 상수배를 다른 방정식에 더하기' 의 세 가지 방법을 적용한다.

이에 대응하는 행렬의 연산을 기본행연산(elementary row operator)이라 한다.

- 행의 순서를 바꾼다.
- 한 행에 0이 아닌 상수를 곱한다.
- 한 행의 상수배를 다른 행에 더한다.

정의 1.14 가우스소거법

가우스 소거법은 다음과 같은 과정으로 연립일차방정식을 푸는 과정을 말한다.

- 1열의 성분 중 0이 아닌 성분이 있으면 기본 행연산을 이용하여 첫번째로 1행 1열의

성분을 1로 만들고, 이를 **축(pivot)** 으로 하여 그 아래 성분을 모두 0으로 만든다. 만일 1열의 모든 성분이 0이면 다음 단계로 넘어간다.

- 그 다음은 2행 2열의 성분을 1로 만들고, 이를 축으로 하여 그 아래 성분을 모두 0으로 만든다. 이때 만일 2행 2열의 성분이 0이면 행의 위치를 바꾸어, 그 자리에 0이 아닌 성분이 오도록 하고 진행한다. 만일 2열의 모든 성분이 0이면 3열에 대해서 같은 작업을 진행한다.
- 위와 같이 첨가행렬의 0이 아닌 성분들이 윗쪽에 사다리꼴 모양으로 배치된 것을 **행사다리꼴(row echelon form)** 이라고 부르고, 여기까지 첨가행렬의 모양을 정리하는 것이 가우스 소거법의 최종 단계이다. 이제 대응하는 연립방정식의 아랫쪽 방정식의 해를 윗쪽 방정식에 순차적으로 대입하면 미지수의 값을 모두 구하게 된다.

다음 연립방정식을 가우스소거법을 이용하여 풀어보자.

$$\begin{array}{rrrcr} x & -y & +z & = & 0 \\ -x & +y & -z & = & 0 \\ & 5y & +2z & = & 12 \\ 3x & +y & & = & 5 \end{array}$$

먼저, 좌변의 계수를 나타내는 행렬과 우변의 상수를 나타내는 벡터를 같이 써서 첨가행렬(augmented matrix)로 나타낸다.

$$\begin{array}{rrrcr} x & -y & +z & = & 0 \\ -x & +y & -z & = & 0 \\ & 5y & +2z & = & 12 \\ 3x & +y & & = & 5 \end{array} \qquad \Longleftrightarrow \qquad \left[\begin{array}{rrr|r} 1 & -1 & 1 & 0 \\ -1 & 1 & -1 & 0 \\ 0 & 5 & 2 & 12 \\ 3 & 1 & 0 & 5 \end{array}\right]$$

이제 방정식의 기본 연산에 대응하는 다음과 같은 행렬의 기본 행연산(elementary row operations) 세 가지를 첨가행렬에 적용한다.

기본 행연산을 이용하여 첫번째로 1행 1열의 성분을 1로 만들고, 이를 축(pivot)으로 하여 그 아래 성분을 모두 0으로 만든다.

$$\begin{array}{rrrcrl} x & -y & +z & = & 0 & \\ & & 0 & = & 0 & (2\text{행})+(1\text{행}) \\ & 5y & +2z & = & 12 & \\ & 4y & -3z & = & 5 & (4\text{행})-3\times(1\text{행}) \end{array} \qquad \Longleftrightarrow \qquad \left[\begin{array}{rrr|r} 1 & -1 & 1 & 0 \\ 0 & 0 & 0 & 0 \\ 0 & 5 & 2 & 12 \\ 0 & 4 & -3 & 5 \end{array}\right]$$

그 다음은 2행 2열의 성분을 1로 만들고, 이를 축으로 하여 그 아래 성분을 모두 0으로 만든다. 이때 만일 2행 2열의 성분이 0이면 행의 위치를 바꾸어, 그 자리에 0이 아닌 성분이 오도록 하고 진행한다.

$$\begin{array}{rrrrrl} x & -y & +z & = & 0 & \\ & y & +\frac{2}{5}z & = & \frac{12}{5} & \text{행}/5 \\ & 4y & -3z & = & 5 & \\ & & 0 & = & 0 & \text{행의 순서 바꾸기} \end{array} \quad \Longleftrightarrow \quad \left[\begin{array}{ccc|c} 1 & -1 & 1 & 0 \\ 0 & 1 & \frac{2}{5} & \frac{12}{5} \\ 0 & 4 & -3 & 5 \\ 0 & 0 & 0 & 0 \end{array}\right]$$

$$\begin{array}{rrrrrl} x & -y & +z & = & 0 & \\ & y & +\frac{2}{5}z & = & \frac{12}{5} & \\ & & -\frac{23}{5}z & = & -\frac{23}{5} & (3\text{행})-4\times(2\text{행}) \\ & & 0 & = & 0 & \end{array} \quad \Longleftrightarrow \quad \left[\begin{array}{ccc|c} 1 & -1 & 1 & 0 \\ 0 & 1 & \frac{2}{5} & \frac{12}{5} \\ 0 & 0 & -\frac{23}{5} & -\frac{23}{5} \\ 0 & 0 & 0 & 0 \end{array}\right]$$

$$\begin{array}{rrrrrl} x & -y & +z & = & 0 & \\ & y & +\frac{2}{5}z & = & \frac{12}{5} & \\ & & z & = & 1 & -\frac{5}{23}\times(3\text{행}) \\ & & 0 & = & 0 & \end{array} \quad \Longleftrightarrow \quad \left[\begin{array}{ccc|c} 1 & -1 & 1 & 0 \\ 0 & 1 & \frac{2}{5} & \frac{12}{5} \\ 0 & 0 & 1 & 1 \\ 0 & 0 & 0 & 0 \end{array}\right]$$

위와 같이 첨가행렬의 0이 아닌 성분들이 윗쪽에 사다리꼴 모양으로 배치된 것을 행 사다리꼴(row echelon form)이라고 부르고, 여기까지 첨가행렬의 모양을 정리하는 것이 가우스 소거법의 최종 단계이다. 이제 아랫쪽 방정식의 해를 윗쪽 방정식으로 대입하면 미지수의 값 $z=1$, $y=2$, $x=1$을 모두 구하게 된다. 이렇게 하여 위의 일차연립방정식 또는 그와 동등한 행렬방정식

$$\begin{bmatrix} 1 & -1 & 1 \\ -1 & 1 & -1 \\ 0 & 5 & 2 \\ 3 & 1 & 0 \end{bmatrix} \begin{bmatrix} x \\ y \\ z \end{bmatrix} = \begin{bmatrix} 0 \\ 0 \\ 12 \\ 5 \end{bmatrix}$$

의 풀이를 마무리한다.

예제 1.17

가우스 소거법을 이용하여 다음에 주어진 일차연립방정식의 해를 구하시오.

$$\begin{bmatrix} 0 & 1 & 1 & -1 \\ 1 & -1 & 2 & 1 \\ 2 & 3 & -1 & 2 \end{bmatrix} \begin{bmatrix} x \\ y \\ z \\ w \end{bmatrix} = \begin{bmatrix} 2 \\ 4 \\ -2 \end{bmatrix}$$

풀이 – 예제 1.17

$$\left[\begin{array}{cccc|c} 0 & 1 & 1 & -1 & 2 \\ 1 & -1 & 2 & 1 & 4 \\ 2 & 3 & -1 & 2 & -2 \end{array}\right] \Longrightarrow \left[\begin{array}{cccc|c} 1 & -1 & 2 & 1 & 4 \\ 0 & 1 & 1 & -1 & 2 \\ 2 & 3 & -1 & 2 & -2 \end{array}\right]$$

$$\Longrightarrow \left[\begin{array}{cccc|c} 1 & -1 & 2 & 1 & 4 \\ 0 & 1 & 1 & -1 & 2 \\ 0 & 5 & -5 & 0 & -10 \end{array}\right] \Longrightarrow \left[\begin{array}{cccc|c} 1 & -1 & 2 & 1 & 4 \\ 0 & 1 & 1 & -1 & 2 \\ 0 & 1 & -1 & 0 & -2 \end{array}\right]$$

$$\Longrightarrow \left[\begin{array}{cccc|c} 1 & -1 & 2 & 1 & 4 \\ 0 & 1 & 1 & -1 & 2 \\ 0 & 0 & -2 & 1 & -4 \end{array}\right] \Longrightarrow \left[\begin{array}{cccc|c} 1 & -1 & 2 & 1 & 4 \\ 0 & 1 & 1 & -1 & 2 \\ 0 & 0 & 1 & -\frac{1}{2} & 2 \end{array}\right]$$

따라서 $z = \frac{1}{2}w + 2$ 이고, $y = -z + w + 2 = \frac{1}{2}w$, $x = y - 2z - w + 4 = -\frac{3}{2}w$ 이므로, 모든 $w \in \mathbb{R}$에 대하여 $x = -\frac{3}{2}w$, $y = \frac{1}{2}w$, $z = \frac{1}{2}w + 2$ 이 해가 된다.

Python 예제 1.10

A가 정사각행렬인 경우에 행렬방정식 $A\mathbf{x} = \mathbf{b}$의 해를 구해보자. NumPy 라이브러리의 array 함수와 선형대수 서브패키지 linalg의 solve 함수를 사용하면 결과를 즉시 알아볼 수 있다. 이때 편의를 위해 상수벡터를 행벡터로 입력한다.
A가 가역행렬일 경우 python에 주어진 함수

```
numpy.linalg.solve(A, b)
```

를 이용해 해를 구할 수 있다. 만일 A가 정사각행렬이 아닌 경우 또는 가역행렬이 아닌 경우에는

```
numpy.linalg.lstsq(A,b)
```

를 이용해 해를 구할 수 있다.

```
import numpy as np
import numpy.linalg


A =np.array([[2, -3],[-1, 4]])
```

(continues on next page)

(continued from previous page)

```
b=np.array([10, -25])

np.linalg.solve(A, b)
```

```
array([-7., -8.])
```

```
np.linalg.lstsq(np.array([[1,1], [1,1]]), np.array([[1],[1]]),␣
↪rcond=None)
```

```
(array([[0.5],
        [0.5]]),
 array([], dtype=float64),
 1,
 array([2., 0.]))
```

참고 1.11

파이썬 코딩으로 행렬방정식이나 일차연립방정식을 풀고자 할 때, A가 정사각행렬이 아닌 경우에는 가우스 소거법을 직접 코딩하거나, 행렬의 분해 등의 조금 더 심화된 선형대수 이론을 이용해야 한다.

```
from sympy import *

x, y, z = symbols('x,y,z')
solve([Eq(x-y+z,0), Eq(-x + y -z, 0),
       Eq(5*x + 2*z, 12), Eq(3*x + y, 5)], x, y, z)
```

```
{x: -2/3, y: 7, z: 23/3}
```

1.3.4 행렬식

n 개의 미지수와 n 개의 식으로 주어진 일차연립방정식의 성질을 결정하기 위해 정의된 **행렬식(determinant)** 이라는 값을 소개한다. 역사적으로 행렬식은 행렬보다 앞서 등장하였다. 행렬식이 0이 아닌지 여부는 일차연립방정식이 유일한 해를 갖는지를 결정한다. 16세기에 지롤라모 카르다노가 2×2 행렬식을, 17세기에는 고트프리트 라이프니츠가 일반적인 크기의 행렬식을 정의하였다. 이후 1848년 실베스터가 수학에 처음으로 행렬(matrix)이라는 개념을 사용하였다. (참고: 위키백과 '행렬식', '행렬')

정의 1.15 행렬식

2×2 행렬 $A = \begin{bmatrix} a & b \\ c & d \end{bmatrix}$ 에 대하여 A의 **행렬식(determinant)** 은 기호 $\det A$, $|A|$, 또는 $\begin{vmatrix} a & b \\ c & d \end{vmatrix}$ 로 나타내며, 다음과 같이 정의되는 값이다.

$$\det A = ad - bc$$

일반적으로 정사각행렬 $A = [a_{ij}]_{n \times n}$, $(n \geq 2)$, 에 대해 A_{ij} 를 행렬 A 에서 i 번째 행과 j 번째 열을 제외한 $(n-1) \times (n-1)$ 소행렬이라 할 때,

$$\det A = \sum_{j=1}^{n} (-1)^{i+j} a_{ij} \det A_{ij}$$

로 귀납적으로 정의한다.

3×3 행렬 $A = \begin{bmatrix} a_{11} & a_{12} & a_{13} \\ a_{21} & a_{22} & a_{23} \\ a_{31} & a_{32} & a_{33} \end{bmatrix}$ 에 대하여 A의 행렬식 $\det A$을 위의 정의를 사용하여 계산하면 다음과 같다.

$$\begin{aligned} \det A &= a_{11} \begin{vmatrix} a_{22} & a_{23} \\ a_{32} & a_{33} \end{vmatrix} - a_{12} \begin{vmatrix} a_{21} & a_{23} \\ a_{31} & a_{33} \end{vmatrix} + a_{13} \begin{vmatrix} a_{21} & a_{22} \\ a_{31} & a_{32} \end{vmatrix} \\ &= a_{11}(a_{22}a_{33} - a_{23}a_{32}) - a_{12}(a_{21}a_{33} - a_{23}a_{31}) + a_{13}(a_{21}a_{32} - a_{22}a_{31}) \end{aligned}$$

참고 1.12

미지수 2개와 일차식 2개가 주어진 일차연립방정식

$$\begin{aligned} ax + by &= p \\ cx + dy &= q \end{aligned}$$

를 소거법으로 풀면 $(ad-bc)x = dp - bq$, $(bc-ad)y = cp - aq$ 로 정리된다. 따라서 $ad - bc \neq 0$ 이면 이 일차연립방정식은 유일한 해 x, y를 가진다. 즉 좌변의 계수 행렬 A의 행렬식 $\det A$가 0이 아니면 일차연립방정식 또는 그와 동등한 행렬방정식

$$\begin{bmatrix} a & b \\ c & d \end{bmatrix}\begin{bmatrix} x \\ y \end{bmatrix} = \begin{bmatrix} p \\ q \end{bmatrix}$$

는 유일한 해를 가진다.

미지수 3개와 식 3개가 주어진 일차연립방정식에 대해서도 마찬가지로, 유일한 해가 존재하는지를 결정하는 값이 그 계수 행렬 A의 행렬식 $\det A$이다.

예제 1.18

(1) 다음 일차연립방정식의 해가 유일한지 결정하시오.

$$\begin{array}{rrrcr} x & +2y & -z & = & 3 \\ -x & +y & +2z & = & -4 \\ 2x & & +3z & = & 1 \end{array}$$

(2) 가우스 소거법을 이용하여 위 일차연립방정식의 해를 구하시오.

풀이 – 예제 1.18

(1) 일차연립방정식의 좌변의 계수 행렬 A에 대하여

$$\det A = 1(1\cdot 3 - 2\cdot 0) - 2((-1)\cdot 3 - 2\cdot 2) + (-1)((-1)\cdot 0 - 1\cdot 2) = 3 + 14 + 2 \neq 0$$

이므로 일차연립방정식의 해가 유일하다.

(2) 주어진 일차연립방정식에 대응하는 첨가행렬에 가우스 소거법을 적용한다.

$$\left[\begin{array}{rrr|r} 1 & 2 & -1 & 3 \\ -1 & 1 & 2 & -4 \\ 2 & 0 & 3 & 1 \end{array}\right] \Longrightarrow \left[\begin{array}{rrr|r} 1 & 2 & -1 & 3 \\ 0 & 3 & 1 & -1 \\ 0 & -4 & 5 & -5 \end{array}\right] \Longrightarrow \left[\begin{array}{rrr|r} 1 & 2 & -1 & 3 \\ 0 & 1 & \frac{1}{3} & -\frac{1}{3} \\ 0 & -4 & 5 & -5 \end{array}\right]$$

$$\Longrightarrow \left[\begin{array}{rrr|r} 1 & 2 & -1 & 3 \\ 0 & 1 & \frac{1}{3} & -\frac{1}{3} \\ 0 & 0 & \frac{19}{3} & -\frac{19}{3} \end{array}\right] \Longrightarrow \left[\begin{array}{rrr|r} 1 & 2 & -1 & 3 \\ 0 & 1 & \frac{1}{3} & -\frac{1}{3} \\ 0 & 0 & 1 & -1 \end{array}\right]$$

따라서 $z = -1$, $y = -\frac{1}{3}z - \frac{1}{3} = 0$, $x = -2y + z + 3 = 2$가 해이다.

참고 1.13

$n \times n$ 크기의 행렬 A와 $n \times 1$ 크기의 열벡터 $\mathbf{x}$, 영벡터 $\mathbb{O}$에 대하여 행렬방정식 $A\mathbf{x} = \mathbb{O}$은 항상 **자명한 해(trivial solution)** $\mathbf{x} = \mathbb{O}$을 가진다. 이때 만일 $\det A \neq 0$이면, 이 행렬방정식의 해는 유일하므로 $\mathbf{x} = \mathbb{O}$ 뿐일 것이다. 따라서 행렬방정식 $A\mathbf{x} = \mathbb{O}$이 자명하지 않은 해(non-trivial solution)를 가질 필요충분조건은 $\det A = 0$인 것이다.

참고 1.14

$n \times n$ 크기의 행렬 A와 $n \times 1$ 크기의 열벡터 $\mathbf{x}$, $\mathbf{v}$에 대하여 만일 행렬방정식 $A\mathbf{x} = \mathbf{v}$가 해를 가지지 않는다면 $\det A = 0$이고, 따라서 이 경우, 행렬방정식 $A\mathbf{x} = \mathbb{O}$은 자명하지 않은 해를 가진다.

예제 1.19

대각행렬 $A = \begin{bmatrix} \lambda_1 & 0 & 0 \\ 0 & \lambda_2 & 0 \\ 0 & 0 & \lambda_3 \end{bmatrix}$에 대하여 $\det A = \lambda_1 \lambda_2 \lambda_3$ 이다.

행렬식이 갖고 있는 성질

- $\det(AB) = \det(A)\det(B)$

  $n = 2$인 경우에 대해 증명하면 $A = \begin{bmatrix} a & b \\ c & d \end{bmatrix}, B = \begin{bmatrix} x & y \\ z & w \end{bmatrix}$ 라 두면

$$\begin{aligned}(ad - bc)(xw - yz) &= -bcwx + adwx + bcyz - adyz \\ &= (ax + bz)(cy + dw) - (ay + bw)(cx + dz)\end{aligned}$$

  가 성립한다.

- 행렬 A의 두 행의 위치를 바꾸어서 얻은 행렬을 B라 하면 $\det B = -\det A$이다.
- 만일 정사각 행렬 A가 서로 같은 두 개의 행(열)을 갖고 있으면 $\det A = 0$이다.

Python 예제 1.11

A가 정사각행렬인 경우에 행렬식 $\det A$를 구해보자. NumPy 라이브러리의 matrix 함수와 det 함수를 사용하면 결과를 즉시 알아볼 수 있다.
pytrhon에서 행렬식을 구하는 방법은 다음과 같다.

```
numpy.linalg.det(A)          # numpy 라이브러리
A.det()                      # sympy 라이브러리
```

먼저 위에 제시된 정의를 이용하여 행렬식을 구하는 코드를 작성하고, python 라이브러리의 함수를 이용한 결과와 같은지 확인해 봅시다.

```
import numpy as np

def Minor(m, i, j):                     # 소행렬 계산
    return np.delete(np.delete(m, (i), axis=0), (j), axis=1)

def det(A):
    if (len(A) == len(A[0])):           # 정사각행렬인지 확인
        if (len(A)==1):                 # 1x1 행렬이면 행렬식값을 출력
            return A[0,0]
        else:                           # 행렬식의 정의를 적용하여 계산
            temp=0
            for j in range(len(A)):
                temp+= (-1)**(0+j) * A[0,j]* det(Minor(A, 0,j))
            return temp
    else:
        print("Wrong input")


M=np.array([[1, 2, -1], [-1, 1, 2], [2, 0, 3]])
det(M)
```

```
19
```

```
from sympy import *
A=Matrix([[1, 2, -1], [-1, 1, 2], [2, 0, 3]])
A.det()
```

19

```
import numpy as np
M=np.array([[1, 2, -1], [-1, 1, 2], [2, 0, 3]])
np.linalg.det(M)
```

```
18.999999999999996
```

1.3.5 가역행렬(invertible matrix)

정의 1.16 가역행렬

- 정사각행렬 A에 대하여 만일 $BA = AB = I$를 만족하는 정사각행렬 B가 존재한다면, B를 A의 **역행렬(inverse matrix)** 이라고 부르고 $B = A^{-1}$로 나타낸다. 그리고 이때 A는 **가역행렬(invertible matrix)** 이라고 한다.
- 정사각행렬 A에 대하여 만일 $BA = I$를 만족하는 정사각행렬 B가 존재한다면, B를 A의 **왼쪽 역행렬(left inverse matrix)** 이라고 부른다. 그리고 만일 $AB = I$를 만족하는 정사각행렬 B가 존재한다면, B를 A의 **오른쪽 역행렬(right inverse matrix)** 이라고 부른다

참고 1.15

(2×2 행렬의 역행렬)

2×2 행렬의 역행렬을 구하는 방법을 생각해 보자.

$A = \begin{bmatrix} a & b \\ c & d \end{bmatrix}$라 두고 $AX = I$가 되는 $X = \begin{bmatrix} x & y \\ z & w \end{bmatrix}$를 구하면 된다. $AX = I$로 부터

$$ax + bz = 1$$

$$cx + dz = 0$$

$$ay + bw = 0$$

$$cy + dw = 1$$

이고, 이 두 쌍의 연립방정식을 풀면 $\det A = ad - bc \neq 0$ 인 경우

$$x = \frac{d}{ad - bc}$$
$$z = \frac{-c}{ad - bc}$$
$$y = \frac{-b}{ad - bc}$$
$$w = \frac{a}{ad - bc}$$

이다. 따라서

$$X = \frac{1}{\det A}\begin{bmatrix} d & -b \\ -c & a \end{bmatrix}$$

이다.

참고 1.16

(수반행렬과 역행렬)
일반적인 행렬의 역행렬을 구하는 방법은 Gauss-Jordan elimination을 이용하거나 수반행렬(adjoint matrix)를 이용해서 구할 수 있다.
아래에 정의된 행렬 $A = [a_{ij}]$의 수반행렬 $\mathrm{adj}A$는 다음 성질을 만족한다.

- $C = [(-1)^{i+j} \det A_{ij}]$
- A_{ij}는 행렬 A에서 i번째 행과 j번째 열을 제외하고 얻은 $(n-1) \times (n-1)$ 행렬
- 수반행렬 $\mathrm{adj}A = C^T$

로 주어지고

- $A\,\mathrm{adj}(A) = \det(A)I$ 를 만족한다.

따라서 $A^{-1} = \frac{1}{\det A}\mathrm{adj}(A)$ 이다.

예제 1.20

$A = \begin{bmatrix} 1 & 2 & 3 \\ 2 & 5 & 3 \\ 1 & 0 & 8 \end{bmatrix}$ 의 역행렬 A^{-1}를 위 과정을 이용하여 구해보자.

$$A_{11} = \begin{bmatrix} 5 & 3 \\ 0 & 8 \end{bmatrix}, \quad A_{12} = \begin{bmatrix} 2 & 3 \\ 1 & 8 \end{bmatrix}, \quad A_{13} = \begin{bmatrix} 2 & 5 \\ 1 & 0 \end{bmatrix},$$

$$A_{21} = \begin{bmatrix} 2 & 3 \\ 0 & 8 \end{bmatrix}, \quad A_{22} = \begin{bmatrix} 1 & 3 \\ 1 & 8 \end{bmatrix}, \quad A_{23} = \begin{bmatrix} 1 & 2 \\ 1 & 0 \end{bmatrix},$$

$$A_{31} = \begin{bmatrix} 2 & 3 \\ 5 & 3 \end{bmatrix}, \quad A_{32} = \begin{bmatrix} 1 & 3 \\ 2 & 3 \end{bmatrix}, \quad A_{33} = \begin{bmatrix} 1 & 2 \\ 2 & 5 \end{bmatrix},$$

$$\det A_{11} = 40, \quad \det A_{12} = 13, \quad \det A_{13} = -5,$$

$$\det A_{21} = 16, \quad \det A_{22} = 5, \quad \det A_{23} = -2,$$

$$\det A_{31} = -9, \quad \det A_{32} = -3, \quad \det A_{33} = 1$$

이므로

$$C = \begin{bmatrix} 40 & -13 & -5 \\ -16 & 5 & 2 \\ -9 & 3 & 1 \end{bmatrix}$$

이고, $\det A = -1$ 이므로

$$A^{-1} = \frac{1}{\det A} C^T = \begin{bmatrix} -40 & 16 & 9 \\ 13 & -5 & -3 \\ 5 & -2 & -1 \end{bmatrix}$$

이다.

Python 예제 1.12

python에서는 다양한 방법으로 역행렬을 구할 수 있다.

```
numpy.linalg.inv(A)          # 행렬 A가 array인 경우
A.I                          # 행렬 A가 matrix인 경우
scipy.linalg.inv(A)          # scipy 라이브러리를 이용한 경우
A**-1                        # sympy 라이브러리를 이용한 경우
```

```
import numpy as np

M=np.array([[1, 2, -1], [-1, 1, 2], [2, 0, 3]])
np.linalg.inv(M)
```

```
array([[ 0.15789474, -0.31578947,  0.26315789],
       [ 0.36842105,  0.26315789, -0.05263158],
       [-0.10526316,  0.21052632,  0.15789474]])
```

```
import numpy as np

N=np.matrix([[1, 2, -1], [-1, 1, 2], [2, 0, 3]])
N.I
```

```
matrix([[ 0.15789474, -0.31578947,  0.26315789],
        [ 0.36842105,  0.26315789, -0.05263158],
        [-0.10526316,  0.21052632,  0.15789474]])
```

참고 1.17

python의 numpy 라이브러리를 이용하여 역행렬 A^{-1}를 구하면 위의 예제와 같이 소수 근삿값이 구해진다. 수학에서 흔히 쓰는 유리수 답을 구하려면 sympy 라이브러리를 사용하면 된다.

```
from sympy import *

A= Matrix([[1, 2, -1], [-1, 1, 2], [2, 0, 3]])
A**-1
```

$$\begin{bmatrix} \frac{3}{19} & -\frac{6}{19} & \frac{5}{19} \\ \frac{7}{19} & \frac{5}{19} & -\frac{1}{19} \\ -\frac{2}{19} & \frac{4}{19} & \frac{3}{19} \end{bmatrix}$$

```
A*(A**-1)
```

$$\begin{bmatrix} 1 & 0 & 0 \\ 0 & 1 & 0 \\ 0 & 0 & 1 \end{bmatrix}$$

1.3.6 연습문제

[1-4] $A = \begin{bmatrix} 7 & -3 & 4 \\ -5 & 2 & 1 \end{bmatrix}$, $B = \begin{bmatrix} 2 & 0 & -1 \\ 3 & -5 & -2 \end{bmatrix}$, $C = \begin{bmatrix} 1 & -4 \\ -7 & 4 \\ 0 & 3 \end{bmatrix}$, $\mathbf{u} = \begin{bmatrix} -4 \\ -1 \\ 0 \end{bmatrix}$, $\mathbf{v} = \begin{bmatrix} 1 \\ 3 \\ -1 \end{bmatrix}$,

$\mathbf{w} = \begin{bmatrix} 2 & -1 \end{bmatrix}$ 에 대하여 다음 물음에 답하시오.

1번. 아래의 행렬곱이 정의되는지 말하고, 정의되는 경우 행렬곱을 구하시오.

(1) AB (2) AC (3) AB^T (4) CA

(5) $A\mathbf{v}$ (6) $\mathbf{w}B$ (7) $\mathbf{u}^T\mathbf{v}$ (8) $\mathbf{v}\,\mathbf{u}^{\mathbf{T}}$

2번. 행렬의 곱셈에 대한 연산법칙을 이용하여 $AC-2BC$를 구하시오.

3번. 벡터 $\mathbf{u}$의 크기의 제곱 $\|\mathbf{u}\|^2$을 행렬의 곱셈으로 나타내어 구하시오.

4번. 행렬의 곱셈과 전치에 대한 연산법칙을 이용하여 $(4B-2C^T)A^T$를 구하시오.

5번. 몇 가지 정해진 상태가 매 단계에 존재하며, 단계 사이에 연관이 있어서, 한 단계의 어느 상태에서 그 다음 단계에 어느 상태로 가는 확률을 알 수 있는 실험을 **마르코프 연쇄(Markov chain)** 이라고 한다.

어느 실험에서 번호 1, 2, 3, 4의 네 개의 방에 서로 다른 색의 점멸등이 켜져 있는 미로에서 어느 한 방에 쥐를 놓아주고, 일정한 시간 간격으로 단계를 정하여, 각 단계마다 어느 방에서 어느 방으로 이동하는지 또는 이동하지 않고 머무는지 관찰하였다. 이 실험의 관찰결과로 앞 단계의 i번째 방에서 그 다음 단계의 j번째 방으로 갈 확률 p_{ij}를 성분으로 하는 **전이행렬(transition matrix)** P가 다음과 같다고 하자.

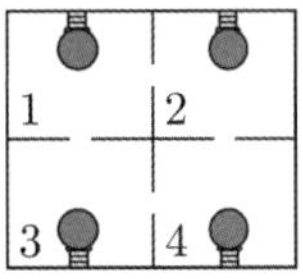

$$P = \begin{array}{c} \\ \end{array}\begin{array}{cccc} \text{1번 방에서} & \text{2번 방에서} & \text{3번 방에서} & \text{4번 방에서} \end{array}$$

$$P = \begin{bmatrix} \frac{1}{3} & \frac{1}{3} & \frac{1}{3} & 0 \\ \frac{1}{3} & \frac{1}{3} & 0 & \frac{1}{3} \\ \frac{1}{3} & 0 & \frac{1}{3} & \frac{1}{3} \\ 0 & \frac{1}{3} & \frac{1}{3} & \frac{1}{3} \end{bmatrix} \begin{array}{l} \text{1번 방으로} \\ \text{2번 방으로} \\ \text{3번 방으로} \\ \text{4번 방으로} \end{array}$$

이 실험에서 처음 쥐를 놓을 때에는 항상 4번 방에 놓기로 하여, 초기 확률 벡터는 $\mathbf{v}_0 = [\ 0\ \ 0\ \ 0\ \ 1\ ]^T$ 라고 한다.

(1) 첫 번째 단계 직후 각 방에 쥐가 있을 확률 벡터 $P\mathbf{v}_0$ 를 구하시오.

(2) 두 번째 단계 직후 각 방에 쥐가 있을 확률 벡터를 구하시오.

6번. 행렬 $A = \begin{bmatrix} a_{11} & a_{12} \\ a_{21} & a_{22} \end{bmatrix}, B = \begin{bmatrix} b_{11} & b_{12} \\ b_{21} & b_{22} \end{bmatrix}$ 와 스칼라 k 에 대하여 다음 등식의 좌변과 우변을 각각 구하여 서로 같음을 확인하시오.

(1) $(A^T)^T = A$　　(2) $(A+B)^T = A^T + B^T$

(3) $(kA)^T = kA^T$　　(4) $(AB)^T = B^T A^T$

7번. 단위행렬은 행렬의 곱셈에 대한 항등원이 됨을, 즉 임의의 $n \times n$ 행렬 A 에 대하여 $AI = IA = A$ 가 성립함을 확인하시오.

8번. 가우스 소거법을 이용하여 다음에 주어진 일차연립방정식의 해를 구하시오.

$$\begin{array}{rrrcr} 2x & -3y & +z & = & 1 \\ x & -2y & +z & = & -2 \\ -4x & +3y & +2z & = & 3 \end{array}$$

9번. (1) 다음 행렬방정식의 좌변 계수 행렬 A 에 대한 $\det A$ 를 구하여 행렬방정식의 해가 유일한지 결정하시오.

$$\begin{bmatrix} 2 & -2 & -3 \\ 5 & 1 & 0 \\ 4 & 8 & 9 \end{bmatrix} \begin{bmatrix} x \\ y \\ z \end{bmatrix} = \begin{bmatrix} 1 \\ 3 \\ 3 \end{bmatrix}$$

(2) 가우스 소거법을 이용하여 위 행렬방정식의 해를 구하시오.

10번. 행렬 $A = \begin{bmatrix} a_{11} & a_{12} \\ a_{21} & a_{22} \end{bmatrix}, B = \begin{bmatrix} b_{11} & b_{12} \\ b_{21} & b_{22} \end{bmatrix}$ 에 대하여 등식 $\det(AB) = \det(A)\det(B)$ 의 좌변과 우변을 각각 구하여 서로 같음을 확인하시오.

11번. $\det(AB) = \det(A)\det(B)$ 로 부터 행렬 A 가 가역행렬이면 $\det(A^{-1}) = \frac{1}{\det(A)}$ 가 성립함을 보이시오.

1.4 행렬과 일차변환

이번 절에서는 선형사상과 행렬의 관계, 그리고 일차변환의 기하학적 의미에 대해 학습한다. 여기에서 $\mathbb{R}^n$ 을 상황에 따라 행벡터 공간으로 보기도 하고, 열벡터 공간으로 보기도 한다. 그리고 열벡터를 표기의 편의를 위해 행벡터로 나타내는 경우도 있으니, 주어진 상황을 주의해서 이해하도록 한다.

1.4.1 선형사상과 행렬

정의 1.17

두 벡터공간 V, W 사이에 정의된 함수 $f : V \to W$ 가 다음 성질을 만족할 때 **선형사상(linear map)** 이라 한다.

(1) 임의의 두 벡터 $\mathbf{v}, \mathbf{w} \in V$ 에 대하여 $f(\mathbf{v}+\mathbf{w}) = f(\mathbf{v}) + f(\mathbf{w})$ 가 성립한다.

(2) 임의의 실수 k 와 임의의 벡터 $\mathbf{v} \in V$ 에 대하여 $f(k\mathbf{v}) = kf(\mathbf{v})$ 가 성립한다.

참고 1.18

선형사상 $f : \mathbb{R}^n \to \mathbb{R}^m$ 에 대하여 $f(\mathbb{0}) = \mathbb{0}$ 이다. 즉, 선형사상은 항상 원점을 원점으로 보낸다.

정의 1.18

선형사상 $f : \mathbb{R}^n \to \mathbb{R}^m$ 과 $\mathbb{R}^n$ 의 기저 $\mathbf{b} = \{\mathbf{b}_1, \mathbf{b}_2, \cdots, \mathbf{b}_n\}$, $\mathbb{R}^m$ 의 기저 $\mathbf{c} = \{\mathbf{c}_1, \mathbf{c}_2, \cdots, \mathbf{c}_m\}$ 에 대하여

$$f(\mathbf{b}_j) = \sum_{i=1}^{m} a_{ij}\mathbf{c}_i, \qquad (j = 1, 2, \cdots, n)$$

를 만족할 때 $A = \left[a_{ij}\right]$ 를 선형사상 f 의 기저 $\mathbf{b}, \mathbf{c}$ 에 따르는 **행렬표현** 이라 한다. 따라서 선형사상 f 의 행렬표현은 $m \times n$ 행렬이 된다.

예제 1.21

선형사상 $f : \mathbb{R}^2 \to \mathbb{R}^3$ 가 $\mathbb{R}^2$ 의 기저 $\mathcal{B} = \{\mathbf{b}_1, \mathbf{b}_2\} = \{[1,0], [1,1]\}$ 과 $\mathbb{R}^3$ 의 기저 $\mathcal{C} =$

$\{\mathbf{c}_1, \mathbf{c}_2, \mathbf{c}_3\} = \{[1,0,0], [1,1,0], [1,1,1]\}$ 에 대하여

$$\begin{aligned} f(\mathbf{b}_1) &= f([1,0]) = [4,2,3] = 2\,[1,0,0] - [1,1,0] + 3\,[1,1,1] \\ &= a_{11}\mathbf{c}_1 + a_{21}\mathbf{c}_2 + a_{31}\mathbf{c}_3, \\ f(\mathbf{b}_2) &= f([1,1]) = [2,1,-1] = [1,0,0] + 2\,[1,1,0] - [1,1,1] \\ &= a_{12}\mathbf{c}_1 + a_{22}\mathbf{c}_2 + a_{32}\mathbf{c}_3 \end{aligned}$$

를 만족할 때, 선형사상 f의 주어진 기저 $\mathcal{B}, \mathcal{C}$에 따르는 행렬표현 A를 구하시오.

풀이 – 예제 1.21

A는 다음과 같다.

$$A = \begin{bmatrix} a_{11} & a_{12} \\ a_{21} & a_{22} \\ a_{31} & a_{32} \end{bmatrix} = \begin{bmatrix} 2 & 1 \\ -1 & 2 \\ 3 & -1 \end{bmatrix}$$

참고 1.19

$\mathbb{R}^2$ 와 $\mathbb{R}^3$ 의 표준정규직교기저를 따르는 선형사상 $f : \mathbb{R}^2 \to \mathbb{R}^3$ 에 대한 행렬표현 A는 정의역의 각 기저에 대한 f의 값으로 다음과 같이 간단히 구할 수 있다.

$$A = \begin{bmatrix} f([1,0])^T & f([0,1])^T \end{bmatrix}$$

예제 1.22

$f([1,0]) = [1,2,3]$, $f([0,1]) = [4,5,6]$ 일 때, $\mathbb{R}^2$ 의 표준정규직교기저 $\mathcal{B} = \{\mathbf{b}_1, \mathbf{b}_2\} = \{[1,0], [0,1]\}$ 과 $\mathbb{R}^3$ 의 표준정규직교기저 $\mathcal{C} = \{\mathbf{c}_1, \mathbf{c}_2, \mathbf{c}_3\} = \{[1,0,0], [0,1,0], [0,0,1]\}$ 에 대한 함수 f의 행렬표현 A와 $f([x,y])$를 구하시오.

풀이 – 예제 1.22

$$\begin{aligned} f(\mathbf{b}_1) &= f([1,0]) = [1,2,3] = [1,0,0] + 2\,[0,1,0] + 3\,[0,0,1] \\ &= a_{11}\mathbf{c}_1 + a_{21}\mathbf{c}_2 + a_{31}\mathbf{c}_3, \\ f(\mathbf{b}_2) &= f([0,1]) = [4,5,6] = 4\,[1,0,0] + 5\,[0,1,0] + 6[0,0,1] \\ &= a_{12}\mathbf{c}_1 + a_{22}\mathbf{c}_2 + a_{32}\mathbf{c}_3 \end{aligned}$$

으로부터

$$A = \begin{bmatrix} a_{11} & a_{12} \\ a_{21} & a_{22} \\ a_{31} & a_{32} \end{bmatrix} = \begin{bmatrix} 1 & 4 \\ 2 & 5 \\ 3 & 6 \end{bmatrix} = \begin{bmatrix} f([1,0])^T & f([0,1])^T \end{bmatrix}$$

이다. 이 때, 임의의 x, y에 대하여

$$A\begin{bmatrix} x \\ y \end{bmatrix} = \begin{bmatrix} 1 & 4 \\ 2 & 5 \\ 3 & 6 \end{bmatrix}\begin{bmatrix} x \\ y \end{bmatrix} = \begin{bmatrix} x+4y \\ 2x+5y \\ 3x+6y \end{bmatrix}$$

가 성립하므로 선형사상 f를 다음과 같이 나타낼 수 있다.

$$f([x,y]) = [x+4y,\ 2x+5y,\ 3x+6y], \qquad \text{또는} \qquad f([x,y])^T = A\begin{bmatrix} x \\ y \end{bmatrix}$$

예제 1.23

행렬 $A = \begin{bmatrix} 1 & 2 & 3 \\ 4 & 5 & 6 \end{bmatrix}$ 에 대응하는 선형사상 $f : \mathbb{R}^3 \to \mathbb{R}^2$ 을 구하시오. (여기서 $\mathbb{R}^2, \mathbb{R}^3$ 에는 표준정규직교기저가 주어져 있다고 가정한다.)

풀이 – 예제 1.23

$$f([x,y,z])^T = A\begin{bmatrix} x \\ y \\ z \end{bmatrix} = [x+2y+3z,\ 4x+5y+6z]^T$$

이므로 $f([x,y,z]) = [x+2y+3z,\ 4x+5y+6z]$ 이다.

참고 1.20

$\mathbb{R}^3$ 에 정의된 선형사상

$$f : \mathbb{R}^3 \to \mathbb{R}^3,\ \ f([x, y, z]) = [a_1x + b_1y + c_1z,\ a_2x + b_2y + c_2z,\ a_3x + b_3y + c_3z]$$

의 표준정규직교기저에 따르는 행렬표현은

$$A = \begin{bmatrix} a_1 & b_1 & c_1 \\ a_2 & b_2 & c_2 \\ a_3 & b_3 & c_3 \end{bmatrix} = \begin{bmatrix} f([1,0,0])^T & f([0,1,0])^T & f([0,0,1])^T \end{bmatrix}$$

이고,

$$f([x, y, z])^T = \begin{bmatrix} a_1 & b_1 & c_1 \\ a_2 & b_2 & c_2 \\ a_3 & b_3 & c_3 \end{bmatrix} \begin{bmatrix} x \\ y \\ z \end{bmatrix}$$

로 나타낼 수 있다.

따라서 기저가 정의된 두 벡터공간 사이에 정의된 선형사상은 행렬에 대응하고, 임의의 행렬은 두 벡터공간 사이에 정의된 선형사상에 대응한다.

정리 1.3

두 벡터공간 $\mathbb{R}^n$, $\mathbb{R}^m$ 에 표준정규직교기저가 정의되어 있을 때, 선형사상 $f : \mathbb{R}^n \to \mathbb{R}^m$ 은 $m \times n$ 행렬 A와 일대일대응하며, $f(\mathbf{x})^T = A\mathbf{x}^T$ 이다.

증명 1.3

선형사상 f와 벡터 $\mathbf{x} = [x_1, \cdots, x_n] = x_1\mathbf{e}_1 + \cdots + x_n\mathbf{e}_n$ 에 대하여

$$f(\mathbf{x}) = f(x_1\mathbf{e}_1 + \cdots + x_n\mathbf{e}_n) = x_1 f(\mathbf{e}_1) + \cdots + x_n f(\mathbf{e}_n)$$

이므로 이에 대응하는 행렬은 $A = \begin{bmatrix} f(\mathbf{e}_1)^T & f(\mathbf{e}_2)^T & \cdots & f(\mathbf{e}_n)^T \end{bmatrix}$ 이고 $f(\mathbf{x})^T = A\mathbf{x}^T$ 가 된다.

주어진 $m \times n$ 행렬 A에 대하여 $f_A(\mathbf{x}) = (A\mathbf{x}^T)^T$ 로 정의하면 f_A 는 선형사상이 되고 이에 대응하는 행렬은 A 이다.

1.4.2 여러가지 일차변환

이제 여러 가지 선형사상이 갖고 있는 기하적 의미에 대해 살펴보자.

평면의 일차변환

원점에 대한 점대칭

원점에 대한 점대칭변환을 $R_{\mathbf{0}}$ 라 하면 임의의 $[x, y] \in \mathbb{R}^2$ 에 대해 $R_{\mathbf{0}}(x, y) = [-x, -y]$ 를 만족하므로 $R_{\mathbf{0}}$ 에 대응하는 행렬은 $\begin{bmatrix} -1 & 0 \\ 0 & -1 \end{bmatrix}$ 이다.

```
import numpy as np
from math import *
import matplotlib.pyplot as plt

# 벡터 x 와 Ax 의 그래프를 같은 평면에 그림

def LinTran(A, x):
    y= A@x
    array=np.array([[0,0, x[0], x[1]], [0,0, y[0], y[1]]])
    X, Y, U, V = zip(*array)
    plt.figure(figsize=(3,3))
    plt.ylabel('Y-axis')
    plt.xlabel('X-axis')
    ax = plt.gca()
    plt.axis('scaled')
    ax.quiver(X, Y, U, V, angles='xy',
              scale_units='xy',color=['r','b'],scale=1)
    plt.axhline(0, color='black')
    plt.axvline(0, color='black')
    ax.set_xlim([-5, 5])
    ax.set_ylim([-5, 5])
    plt.draw()
    plt.show()

A=np.array([[-1, 0], [0, -1]])
```

(continues on next page)

(continued from previous page)

```
x = np.array([2,3])
LinTran(A, x)
```

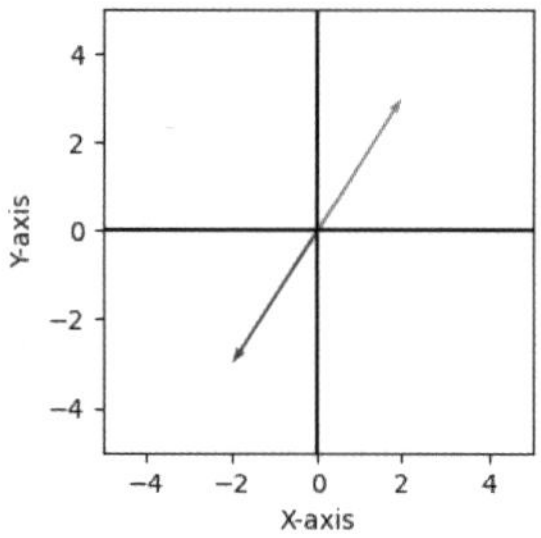

원점을 중심으로 하는 회전변환

평면 위의 임의의 점 $[x, y] \in \mathbb{R}^2$ 에 대해 벡터의 크기를

$$r = \sqrt{x^2 + y^2} = \|[x, y]\|,$$

이 벡터가 x 축의 양의 방향과 이루는 각을 반시계방향으로 잰 값을 θ_0 라 하면 $x = r\cos\theta_0$, $y = r\sin\theta_0$ 이다. 이 벡터를 반시계방향으로 θ 만큼 회전시킨 점을 $[x', y']$ 이라 하면

$$x' = r\cos(\theta_0 + \theta) = r\cos\theta_0\cos\theta - r\sin\theta_0\sin\theta = x\cos\theta - y\sin\theta$$
$$y' = r\sin(\theta_0 + \theta) = r\sin\theta_0\cos\theta + r\cos\theta_0\sin\theta = y\cos\theta + x\sin\theta$$

```
import numpy as np
from math import *
import matplotlib.pyplot as plt

# 벡터 x 와 x 를 반시계방향으로 theta만큼 회전한 벡터를 같은 평면에 그림

def Rot(theta, x):
    A=np.array([[cos(theta), -sin(theta)], [sin(theta), cos(theta)]],
               dtype=float)
    y= A@x
    array=np.array([[0,0, x[0], x[1]], [0,0, y[0], y[1]]])
    X, Y, U, V = zip(*array)
    plt.figure(figsize=(3,3))
```

(continues on next page)

(continued from previous page)

```
    plt.axis('scaled')
    plt.ylabel('Y-axis')
    plt.xlabel('X-axis')
    ax = plt.gca()
    ax.quiver(X, Y, U, V, angles='xy',
              scale_units='xy',color=['r','b'],scale=1)
    plt.axhline(0, color='black')
    plt.axvline(0, color='black')
    ax.set_xlim([-5, 5])
    ax.set_ylim([-5, 5])
    plt.draw()
    plt.show()

x = np.array([2,3])
Rot( pi/3, x)
```

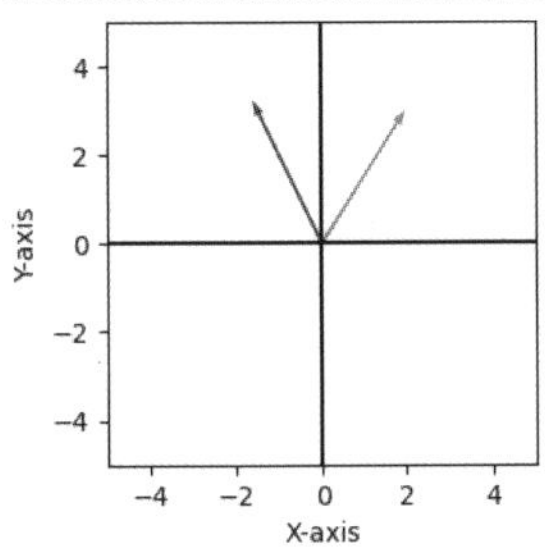

원점을 지나는 직선에 대한 선대칭변환

원점을 지나는 직선에 대한 대칭변환을 생각하자. x축에 대한 선대칭변환 $T_x : \mathbb{R}^2 \to \mathbb{R}^2$는 임의의 점 $[x, y] \in \mathbb{R}^2$에 대해 $T_x([x, y]) = [x, -y]$를 만족하므로 T_x에 대응하는 행렬은 $\begin{bmatrix} 1 & 0 \\ 0 & -1 \end{bmatrix}$이다. 같은 방법으로 y축에 대한 선대칭변환은 임의의 $[x, y] \in \mathbb{R}^2$에 대해 $T_y([x, y]) = [-x, y]$를 만족하므로 T_y에 대응하는 행렬은 $\begin{bmatrix} -1 & 0 \\ 0 & 1 \end{bmatrix}$이다. 이제 원점을 지나는 임의의 직선 $\ell : ax + by = 0$에 대응하는 선대칭변환 T_ℓ을 생각하자. 직선 ℓ이 x축의 양의 방향과 이루는 각을 θ라 두면 $T_\ell = T_\theta \circ T_x \circ T_{-\theta}$이므로 T_ℓ의 행렬표현은

$$\begin{bmatrix} \cos\theta & -\sin\theta \\ \sin\theta & \cos\theta \end{bmatrix} \begin{bmatrix} 1 & 0 \\ 0 & -1 \end{bmatrix} \begin{bmatrix} \cos\theta & \sin\theta \\ -\sin\theta & \cos\theta \end{bmatrix} = \begin{bmatrix} \cos(2\theta) & \sin(2\theta) \\ \sin(2\theta) & -\cos(2\theta) \end{bmatrix}$$

$$\begin{bmatrix} \cos\frac{\pi}{2} & \sin\frac{\pi}{2} \\ \sin\frac{\pi}{2} & -\cos\frac{\pi}{2} \end{bmatrix} = \begin{bmatrix} 0 & 1 \\ 1 & 0 \end{bmatrix}$$

이고 직선 $y = -x$에 대한 반사에 대응하는 행렬은

$$\begin{bmatrix} \cos\frac{3\pi}{2} & \sin\frac{3\pi}{2} \\ \sin\frac{3\pi}{2} & -\cos\frac{3\pi}{2} \end{bmatrix} = \begin{bmatrix} 0 & -1 \\ -1 & 0 \end{bmatrix}$$

```
import numpy as np
from math import *
import matplotlib.pyplot as plt

# 벡터 x 를 방향벡터가 x 축과 이루는 각이 theta인 직선에 대칭이동

def RefL(theta, x):
    A=np.array([[cos(2*theta), sin(2*theta)],
                [sin(2*theta), -cos(2*theta)]], dtype=float)
    y= A@x
    array=np.array([[0,0, x[0], x[1]], [0,0, y[0], y[1]]])
    X, Y, U, V = zip(*array)
    plt.figure(figsize=(3,3))
    plt.axis('scaled')
    plt.ylabel('Y-axis')
    plt.xlabel('X-axis')
    if (theta == pi/2 or theta == -pi/2):
        plt.plot([0,0], [-5,5])
    else:
        z = np.linspace(-5,5)
        w = tan(theta)*z
        plt.plot(z,w)
    ax = plt.gca()
    ax.quiver(X, Y, U, V, angles='xy',
              scale_units='xy',color=['r','b'],scale=1)
    plt.axhline(0, color='black')
    plt.axvline(0, color='black')
    ax.set_xlim([-5, 5])
    ax.set_ylim([-5, 5])
```

(continues on next page)

(continued from previous page)

```
    plt.draw()
    plt.show()

x = np.array([1,4])
RefL(pi/3, x)
```

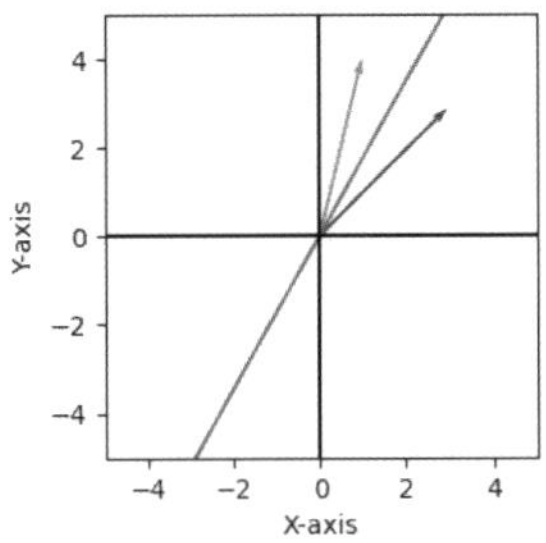

참고 1.21

지금까지 살펴본 원점에 대한 점대칭변환, 회전변환, 원점을 지나는 직선에 대한 선대칭변환의 한 특성으로 이들 변환에 대응하는 행렬을 A라 하면 $A^TA = I$가 됨을 볼 수 있다. 이와 같이 $A^T = A^{-1}$를 만족하는 행렬을 **직교행렬(orthogonal matrix)** 이라고 한다. 두 행벡터의 내적은 $\mathbf{v} \cdot \mathbf{w} = \mathbf{v}\mathbf{w}^T$을 만족하므로, 직교행렬 A에 대응하는 선형변환 f에 의해 보내진 두 벡터의 내적은

$$f(\mathbf{v}) \cdot f(\mathbf{w}) = A\mathbf{v}^T \cdot A\mathbf{w}^T = (A\mathbf{v}^T)^T(A\mathbf{w}^T) = \mathbf{v}(A^TA)\mathbf{w}^T = \mathbf{v} \cdot \mathbf{w}$$

가 되어 처음 두 벡터의 내적과 같게 된다. 따라서 직교행렬에 대응하는 선형변환은 벡터의 내적을 보존하고, 따라서 벡터의 크기도 보존하게 된다.
추가로, 평행이동과 미끄럼반사(평행이동 후 대칭변환)도 벡터의 크기를 보존하는 평면의 변환인데, 이들은 원점을 보존하지 않아서 선형사상은 아니다.

이제 벡터의 크기를 보존하지 않는 선형변환에 대해 살펴보자.

정사영

점 $[x, y] \in \mathbb{R}^2$의 x축 위로의 정사영은 $P_x([x, y]) = [x, 0]$로 주어지고 이의 행렬표현은 $\begin{bmatrix} 1 & 0 \\ 0 & 0 \end{bmatrix}$이다. 또한 y축 위로의 정사영은 $P_y([x, y]) = [0, y]$로 주어지고 이의 행렬표현은 $\begin{bmatrix} 0 & 0 \\ 0 & 1 \end{bmatrix}$이다. 이제 원점을 지나며 x축의 양의 방향과 θ의 각을 이루는 직선 ℓ위로의 정

사영을 생각하면 $P_\ell = R_\theta \circ P_x \circ R_{-\theta}$로 부터 P_ℓ의 행렬표현은

$$\begin{bmatrix} \cos\theta & -\sin\theta \\ \sin\theta & \cos\theta \end{bmatrix} \begin{bmatrix} 1 & 0 \\ 0 & 0 \end{bmatrix} \begin{bmatrix} \cos\theta & \sin\theta \\ -\sin\theta & \cos\theta \end{bmatrix} = \begin{bmatrix} \cos^2\theta & \sin\theta\cos\theta \\ \sin\theta\cos\theta & \sin^2\theta \end{bmatrix}$$

```
import numpy as np
from math import *
import matplotlib.pyplot as plt

# 벡터 a=(cos theta, sin theta) 로 생성되는 직선에 대한 벡터 x 의 정사영

def Proj(theta, x):
    A=np.array(
    [[cos(theta)**2, sin(theta)*cos(theta)],
    [sin(theta)*cos(theta), sin(theta)**2]], dtype=float)
    y= A@x
    array=np.array([[0,0, x[0], x[1]], [0,0, y[0], y[1]],
                    [x[0], x[1],y[0]-x[0], y[1]-x[1]]])
    X, Y, U, V = zip(*array)
    plt.figure(figsize=(3,3))
    plt.axis('scaled')
    plt.ylabel('Y-axis')
    plt.xlabel('X-axis')
    if (theta == pi/2 or theta == -pi/2):
        plt.plot([0,0], [-5,5])
    else:
        z = np.linspace(-5,5)
        w = tan(theta)*z
        plt.plot(z,w)
    ax = plt.gca()
    ax.quiver(X, Y, U, V, angles='xy',
              scale_units='xy',color=['r','b', 'g'],scale=1)
    plt.axhline(0, color='black')
    plt.axvline(0, color='black')
    ax.set_xlim([-5, 5])
    ax.set_ylim([-5, 5])
    plt.draw()
```

(continues on next page)

(continued from previous page)

```
    plt.show()

x = np.array([4,1])
Proj(pi/3, x)
```

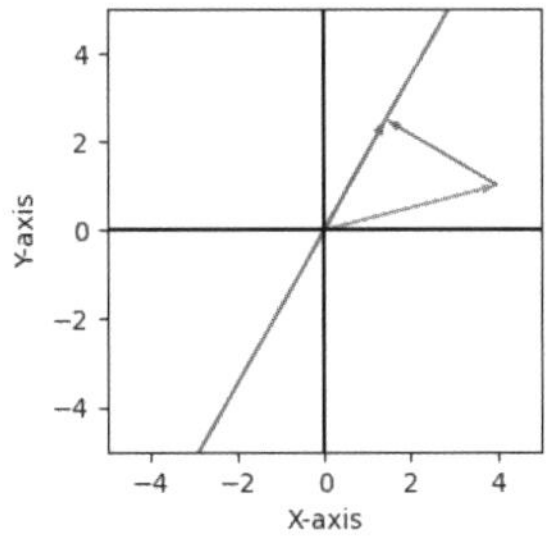

압축과 확대

양의 실수 k에 대하여 $T([x,y]) = [kx, ky]$로 주어지는 선형사상을 $0 < k < 1$인 경우 압축변환, $k > 1$인 경우 확대변환이라 한다. 따라서 압축/확대에 대응하는 행렬은 $\begin{bmatrix} k & 0 \\ 0 & k \end{bmatrix}$로 주어진다. 평면에서는 수평방향과 수직방향의 압축/확대를 생각할 수 있다. 수평방향 압축/확대는 $T([x,y]) = [kx, y]$, 수직방향 압축/확대는 $T([x,y]) = [x, ky]$로 주어지고, 이의 행렬 표현은 각각 $\begin{bmatrix} k & 0 \\ 0 & 1 \end{bmatrix}$과 $\begin{bmatrix} 1 & 0 \\ 0 & k \end{bmatrix}$이다.

층밀림변환(shear)

$T([x,y]) = [x + ky, y]$ 형태의 선형변환은 평면위의 점 (x,y)를 이 점의 y좌표값에 비례하는 양 ky만큼 x축 방향으로 이동한다. 이러한 변환을 인수 k를 갖는 x방향 층밀림이라 한다. 같은 방법으로 인수 k를 갖는 y방향 층밀림은 $T([x,y]) = [x, kx + y]$가 된다. 층밀림의 행렬 표현은 각각 $\begin{bmatrix} 1 & k \\ 0 & 1 \end{bmatrix}$과 $\begin{bmatrix} 1 & 0 \\ k & 1 \end{bmatrix}$이다.

```
import numpy as np
import matplotlib.pyplot as plt
from pylab import *
# 제1사분면의 한변의 길이가 1인 정사각형의 선형변환 A=[[a,b],[c,d]] 에 의한 상
def LTVisual(a,b,c,d):
```

(continues on next page)

(continued from previous page)

```
# 제1사분면의 정사각형의 격자점을 구합니다
xvals = np.linspace(0, 1, 50)
yvals = np.linspace(0, 1, 50)
xygrid = np.column_stack(
    [[x, y] for x in xvals for y in yvals])
# 구한 격자점에 선형변환을 적용합니다.
A = np.column_stack([[a, c], [b, d]])
uvgrid = np.dot(A, xygrid)
# 각 격자점에 색을 반영합니다
def colorizer(x, y):
    r = x
    g = 1-x*y
    b = y
    return (r, g, b)
colors = list(map(colorizer, xygrid[0], xygrid[1]))
# 원래 정사각형의 격자점을 그립니다.
plt.clf()
plt.subplot(1,2,1)
plt.scatter(xygrid[0], xygrid[1], s=10,
            c=colors, edgecolor="none")
# 처음 평면의 좌표축을 그립니다.
plt.grid(False)
plt.axhline(0, color='black')
plt.axvline(0, color='black')
plt.title("grids on the xy-plane")
# 변환된 점들을 그립니다.
plt.subplot(1,2,2)
plt.subplots_adjust(left=-0.3)
plt.scatter(uvgrid[0], uvgrid[1], s=10,
            c=colors, edgecolor="none")
plt.grid(False)
plt.axhline(0, color='black')
plt.axvline(0, color='black')
plt.title("A= [[{},{}],[{},{}]]".format("{0:.2f}".format(a),
"{0:.2f}".format(b),"{0:.2f}".format(c),"{0:.2f}".format(d)),
          fontsize='small')
```

```
LTVisual(2, 0, 0, 3)
```

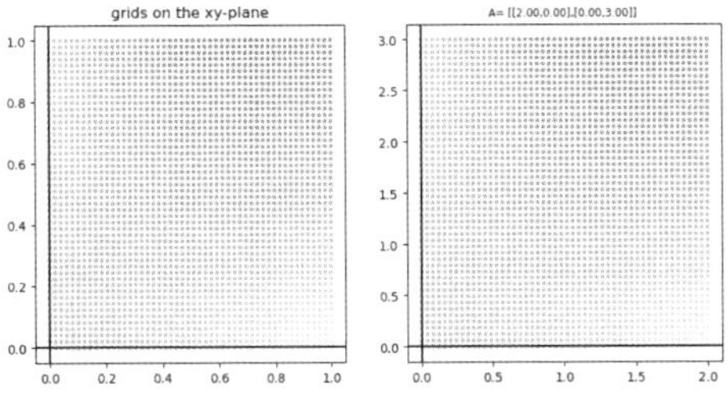


```
LTVisual(1,3,0,1)
```

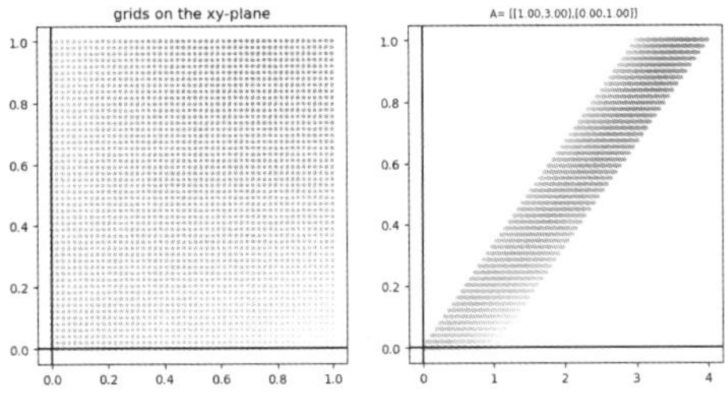

1.4.3 공간의 일차변환

공간 $\mathbb{R}^3$ 에서의 선형변환 몇 가지를 살펴보자. 평면에서의 대칭변환은 원점에 대한 점대칭과 원점을 지나는 직선에 대한 선대칭이 있지만 공간에서는 이에 더하여 원점을 지나는 평면에 대한 면대칭이 있다. 그리고 회전변환을 묘사하려면 회전의 중심이 되는 회전축이 주어져야 한다.

원점에 대한 점대칭변환

$T([x, y, z]) = [-x, -y, -z]$ 이고 대응하는 행렬은 $\begin{bmatrix} -1 & 0 & 0 \\ 0 & -1 & 0 \\ 0 & 0 & -1 \end{bmatrix}$

회전변환

x축의 양의방향을 중심으로 반시계방향으로 θ만큼 회전하는 회전변환은 x좌표 값을 고정하고 yz 평면에서 θ만큼 회전하는 것과 같으므로 대응하는 행렬은

$$\begin{bmatrix} 1 & 0 & 0 \\ 0 & \cos\theta & -\sin\theta \\ 0 & \sin\theta & \cos\theta \end{bmatrix}$$

이다. 같은 방법으로 y축의 양의방향을 중심으로 반시계방향으로 θ만큼 회전하는 회전변환에 대응하는 행렬은

$$\begin{bmatrix} \cos\theta & 0 & \sin\theta \\ 0 & 1 & 0 \\ -\sin\theta & 0 & \cos\theta \end{bmatrix}$$

z축의 양의방향을 중심으로 반시계방향으로 θ만큼 회전하는 회전변환에 대응하는 행렬은

$$\begin{bmatrix} \cos\theta & -\sin\theta & 0 \\ \sin\theta & \cos\theta & 0 \\ 0 & 0 & 1 \end{bmatrix}$$

이다. 좀 더 일반적으로 단위벡터 $\mathbf{u} = [a, b, c]$ 방향을 축으로 θ만큼 회전하는 변환은

$$R_{\mathbf{u},\theta} = \begin{bmatrix} a^2(1-\cos\theta) + \cos\theta & ab(1-\cos\theta) - c\cos\theta & ac(1-\cos\theta) + b\sin\theta \\ ab(1-\cos\theta) + c\sin\theta & b^2(1-\cos\theta) + \cos\theta & bc(1-\cos\theta) - a\sin\theta \\ ac(1-\cos\theta) - b\sin\theta & bc(1-\cos\theta) + a\sin\theta & c^2(1-\cos\theta) + \cos\theta \end{bmatrix}$$

로 표현할 수 있는데, 그 유도 과정은 선형대수 과목에서 살펴볼 수 있다.

```
from mpl_toolkits.mplot3d import Axes3D
from math import *
import matplotlib.pyplot as plt
import numpy as np

# 공간에서 벡터 v 를 축으로 벡터 w 를 theta 만큼 회전

def rotation(v, w, theta):
    u = v/np.linalg.norm(v)
    A = np.array([[u[0]**2 * (1-cos(theta)) + cos(theta),
                  u[0]*u[1]*(1-cos(theta)) -u[2]*cos(theta),
                  u[0]*u[2]*(1-cos(theta)) + u[1]*sin(theta)],
                [u[0]*u[1]*(1-cos(theta)) + u[2]*sin(theta),
                 u[1]**2 *(1-cos(theta)) + cos(theta),
                 u[1]*u[2]*(1-cos(theta))-u[0]*sin(theta)],
                [u[0]*u[2]*(1-cos(theta)) -u[1]*sin(theta),
                 u[1]*u[2]*(1-cos(theta))+ u[0]*sin(theta),
```

(continues on next page)

(continued from previous page)

```
                    u[2]**2 *(1-cos(theta)) + cos(theta)]])
    return A@w

def draw(v, w, x):
    array=np.array([[0,0,0, w[0],w[1],w[2]],
                    [0,0,0,x[0],x[1],x[2]]])
    X, Y, Z, U, V, W = zip(*array)
    fig = plt.figure(figsize=(3,3))
    ax=plt.subplot(projection='3d')
    ax.set_xlim([-3, 3])
    ax.set_ylim([-3, 3])
    ax.set_zlim([-3, 3])
    step = np.linspace(-3,3)
    x = v[0]*step
    y = v[1]*step
    z = v[2]*step
    plt.plot(x,y,z)
    ax.quiver(X,Y,Z, U,V,W, color=['r', 'g', 'b'])
    plt.draw()
    plt.show()

v= np.array([1, 0, 1])
w=  np.array([2,-1, -2])
draw(v, w, rotation(v, w, pi/3))
rotation(v, w, pi/3)
```

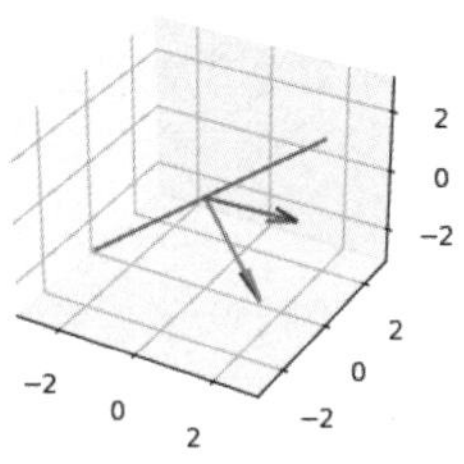

```
array([ 1.35355339,  1.94948974, -1.61237244])
```

원점을 지나는 평면에 대한 면대칭변환

xy 평면에 대한 대칭변환은 $T([x,y,z]) = [x,y,-z]$ 이고, 이에 대응하는 행렬은 $\begin{bmatrix} 1 & 0 & 0 \\ 0 & 1 & 0 \\ 0 & 0 & -1 \end{bmatrix}$ 이다. xz 평면, yz 평면에 대한 대칭변환도 같은 방법으로 이해할 수 있다. 원점을 지나는 일반적인 평면 $ax+by+cz=0$ 에 대한 대칭변환은 주어진 평면의 단위 법벡터 $\mathbf{u} = [a,b,c]/\|[a,b,c]\|$ 를 단위벡터 $[0,0,1]$ 로 보내는 회전변환과 xy 평면에 대한 대칭변환, 그리고 단위벡터 $[0,0,1]$ 을 $\mathbf{u}$ 로 보내는 회전변환의 합성으로 주어진다.

```
import numpy as np

# 원점을 지나고 벡터 u에 수직한 평면에 대한 벡터 x의 면대칭 변환
def RefP(u, x):
    proj = (np.dot(u,x)/np.dot(u,u))*u
    return x - 2*proj

RefP(np.array([0,1,0]), np.array([1,2,3]))
```

```
array([ 1., -2.,  3.])
```

원점을 지나는 직선에 대한 선대칭변환

x축에 대한 선대칭변환은 $T([x,y,z]) = [x,-y,-z]$ 으로 주어진다. y축과 z축에 대한 선대칭변환도 같은 방법으로 이해할 수 있다. 원점을 지나는 일반적인 직선에 대한 선대칭변환은 이 직선의 단위방향벡터를 $[1,0,0]$ 으로 보내는 회전변환과 x축에 대한 선대칭변환, 그리고 $[1,0,0]$ 을 주어진 직선의 단위방향벡터로 보내는 회전변환의 합성으로 표현된다.

```
import numpy as np

# 원점을 지나고 벡터 u에 평행한 직선에 대한 벡터 x의 선대칭 변환
def RefL3(u, x):
    vert = x-(np.dot(u,x)/np.dot(u,u))*u
    return x - 2*vert

```

(continues on next page)

(continued from previous page)

```
RefL3(np.array([1,0,0]), np.array([1,2,3]))
```

```
array([ 1., -2., -3.])
```

정사영

xy 평면위로의 정사영은 $T([x, y, z]) = [x, y, 0]$ 으로 주어진다. xz 평면, yz 평면 위로의 정사영도 같은 방법으로 구해진다. x축 위로의 정사영은 $T([x, y, z]) = [x, 0, 0]$, y축 위로의 정사영은 $T([x, y, z]) = [0, y, 0]$, z축 위로의 정사영은 $T([x, y, z]) = [0, 0, z]$ 이다. 그리고 일반적인 원점을 지나는 직선 혹은 평면 위로의 정사영에 해당하는 선형사상도 회전변환과 앞에 주어진 정사영의 합성으로 구할 수 있는데, 자세한 내용은 선형대수 과목에서 살펴볼 수 있다.

```
import numpy as np

# 원점을 지나고 벡터 u에 수직한 평면에 대한 벡터 x의 정사영
def Proj3d(u, x):
    proj = (np.dot(u,x)/np.dot(u,u))*u
    return x - proj

Proj3d(np.array([1,0,0]), np.array([1,2,3]))
```

```
array([0., 2., 3.])
```

1.4.4 영공간, 열공간, 행공간

정의 1.19

주어진 $m \times n$ 행렬 A에 대하여 행렬 A의 **영공간(null space)** 은 $A\mathbf{x} = \mathbb{0}$를 만족하는 $n \times 1$ 행렬(열벡터) $\mathbf{x}$들의 집합이다. 즉,

$$\text{null}(A) = \{\mathbf{x} \mid A\mathbf{x} = \mathbb{0}\}$$

를 의미한다. 그리고 행렬 A의 행으로 이루어진 벡터(행벡터)들로 생성되는 벡터공간을 **행공간(row space)** 이라 하고 row(A)로 나타낸다. 또한 행렬 A의 열로 이루어진 벡터(열벡터)로 생성되는 벡터공간을 **열공간(column space)** 이라 하고 col(A)로 표시한다.

예제 1.24

다음에 주어진 행렬

$$A = \begin{bmatrix} 1 & 1 \\ 2 & 2 \end{bmatrix}, \quad B = \begin{bmatrix} 1 & 0 & 2 \\ 2 & 1 & -1 \\ 1 & -1 & 7 \end{bmatrix}$$

의 영공간과 열공간, 행공간을 각각 구하여라.

풀이 – 예제 1.24

$A \begin{bmatrix} x \\ y \end{bmatrix} = \begin{bmatrix} x+y \\ 2x+2y \end{bmatrix} = \begin{bmatrix} 0 \\ 0 \end{bmatrix}$ 로 부터 A의 영공간은

$$\text{null}(A) = \left\{ \begin{bmatrix} x \\ -x \end{bmatrix} \mid x \in \mathbb{R} \right\} = \text{span}\left\{ \begin{bmatrix} 1 \\ -1 \end{bmatrix} \right\}$$

이고, A의 열공간은

$$\text{col}(A) = \text{span}\left\{ \begin{bmatrix} 1 \\ 2 \end{bmatrix}, \begin{bmatrix} 1 \\ 2 \end{bmatrix} \right\} = \text{span}\left\{ \begin{bmatrix} 1 \\ 2 \end{bmatrix} \right\}$$

이다. 행공간은 $\text{row}(A) = \text{span}\{[1,1]\}$ 이다.

참고 1.22

이제 다른 방법으로 행렬 B의 영공간과 열공간, 행공간을 구해보자. 다음과 같이 하나의 열의 상수배를 다른 열에 더하여 주어진 행렬을 하삼각행렬로 변환하자 이러한 변환을 열변환이라 한다. 열변환은 열공간을 보존한다.

$$B = \begin{bmatrix} 1 & 0 & 2 \\ 2 & 1 & -1 \\ 1 & -1 & 7 \end{bmatrix} \xrightarrow{c_3 \mapsto c_3 - 2c_1 + 5c_2} \begin{bmatrix} 1 & 0 & 0 \\ 2 & 1 & 0 \\ 1 & -1 & 0 \end{bmatrix}$$

따라서 열공간 $\text{col}(B)$ 는 $\{[1,2,1]^T, [0,1,-1]^T\}$ 에 의하여 생성된다.

행렬 B를 행변환에 의하여 상삼각행렬로 변환하자.

$$B = \begin{bmatrix} 1 & 0 & 2 \\ 2 & 1 & -1 \\ 1 & -1 & 7 \end{bmatrix} \xrightarrow[r_3 \mapsto r_3 - r_1]{r_2 \mapsto r_2 - 2r_1} \begin{bmatrix} 1 & 0 & 2 \\ 0 & 1 & -5 \\ 0 & -1 & 5 \end{bmatrix} \xrightarrow{r_3 \mapsto r_3 + r_2} \begin{bmatrix} 1 & 0 & 2 \\ 0 & 1 & -5 \\ 0 & 0 & 0 \end{bmatrix}$$

이로부터 행렬 B의 행공간은 $\text{row}(B) = \text{span}\{[1,0,2],[0,1,-5]\}$ 이고 영공간은

$$\text{null}(B) = \text{span}\{[-2,5,1]^T\} = \text{row}(B)^\perp$$

참고 1.23

주어진 $m \times n$ 행렬 A에 대하여 이 행렬의 행공간과 영공간은 항상 서로 수직이고 $\mathbb{R}^n = \text{row}(A) \oplus \text{null}(A)$ 가 성립한다. (여기에서 기호 $\oplus$는 두 벡터공간의 **직합(direct sum)**을 나타내는데, 자세한 정의는 선형대수에서 살펴볼 수 있다.)그리고 행공간 $\text{row}(A)$와 열공간 $\text{col}(A)$ 사이에는 동형사상이 존재한다. 따라서

$$\dim(\text{row}(A)) + \dim(\text{null}(A)) = n$$
$$\dim(\text{col}(A)) = \dim(\text{row}(A))$$

이다.

Python 예제 1.13

python에서 행렬 A의 영공간, 열공간, 행공간을 다루는 방법은 다음과 같다.
sympy에서의 함수는

```
A.nullspace()
A.rowspace()
A.columnspace()
```

scipy.linalg에 있는 orth()란 함수는 열공간의 직교기저를 준다. 따라서 행공간의 직교기저를 구하려면 orth(A.T)를 이용하여 구한 후 해석하면 된다. 그리고 null_space()는 영공간을 준다.

```
import numpy as np
```

(continues on next page)

(continued from previous page)

```
from sympy import *

m=Matrix([[1,0,2],[2,1,-1],[1,-1,7]])

m.nullspace()
```

```
[Matrix([
 [-2],
 [ 5],
 [ 1]])]
```

```
m.columnspace()
```

```
[Matrix([
 [1],
 [2],
 [1]]),
 Matrix([
 [ 0],
 [ 1],
 [-1]])]
```

```
m.rowspace()
```

```
[Matrix([[1, 0, 2]]), Matrix([[0, 1, -5]])]
```

1.4.5 연습문제

1번. 선형사상 $f : \mathbb{R}^3 \to \mathbb{R}^2$ 가 $\mathbb{R}^3$ 의 기저 $\mathbf{b} = \{[1,0,-1],[1,1,0],[1,0,1]\}$ 과 $\mathbb{R}^2$ 의 기저 $\mathbf{c} = \{[1,1],[1,-1]\}$ 에 대하여 $f([1,0,-1]) = [2,0]$, $f([1,1,0]) = [0,2]$, $f([1,0,1]) = [3,1]$ 을 만족할 때, 선형사상 f 의 주어진 기저 $\mathbf{b}, \mathbf{c}$ 에 따르는 행렬표현 A 를 구하시오.

2번. 선형사상 $f : \mathbb{R}^2 \to \mathbb{R}^2$, $f[x,y] = [x+y,\ x-y]$ 에 대하여 정의역 $\mathbb{R}^2$ 의 기저를 $\{[1,0],[1,1]\}$ 로 택하고, 공역 $\mathbb{R}^2$ 의 기저를 $\{[0,1],[1,-1]\}$ 로 택할 때, 선형사상 f 의 행렬표현 A 를 구하시오.

3번. $f:\mathbb{R}^2 \to \mathbb{R}^2$, $f([x,y]) = [x+y, 2x+3y]$는 선형사상임을 보이고 이 선형사상에 대응하는 행렬표현을 구하시오. ($\mathbb{R}^2$에는 표준정규직교기저 $\{[1,0],[0,1]\}$이 주어졌다고 가정한다.)

4번. 선형사상 $f:\mathbb{R}^2 \to \mathbb{R}^2$는 $f([0,0]) = [0,0]$이고, 원점을 지나는 직선 $\ell : ax+by=0$을 또 다른 원점을 지나는 직선으로 보냄을 보이시오.

5번. 선형사상 $f:\mathbb{R}^2 \to \mathbb{R}^2$를 $\mathbb{R}^2$에 정의된 표준정규직교기저 $\{[1,0],[0,1]\}$을 사용하여 표현한 행렬이 $A = \begin{bmatrix} a & b \\ c & d \end{bmatrix}$일 때, 이 행렬에 대응하는 선형사상 f를 구하시오.

6번. 평면 $\mathbb{R}^2$에서 원점을 중심으로 반시계방향으로 θ만큼 회전한 회전변환을 R_θ라 하면, $R_{\theta_2} \circ R_{\theta_1} = R_{\theta_1+\theta_2}$임을 보이시오.

7번. 평면 $\mathbb{R}^2$에서 x축에 대한 선대칭변환 T_x와 y축에 대한 선대칭변환 T_y의 합성 $T_y \circ T_x$는 원점에 대한 회전변환이 됨을 보이고 회전각의 크기를 구하시오.

8번. 두 벡터 $[a,b]$와 $[x,y]$의 내적 $[a,b]\cdot[x,y]$는 $\begin{bmatrix} a & b \end{bmatrix} \begin{bmatrix} x \\ y \end{bmatrix}$로 볼 수 있음을 이용하여 2×2 직교행렬 A에 대하여 두 벡터 $A\begin{bmatrix} a \\ b \end{bmatrix}$와 $A\begin{bmatrix} x \\ y \end{bmatrix}$의 내적은 두 벡터 $[a,b]$와 $[x,y]$의 내적과 같음을 보이시오. (직교행렬은 $A^TA = I$인 행렬을 의미한다.)

9번. $f_{A,\mathbf{v}} : \mathbb{R}^2 \to \mathbb{R}^2$, $\mathbf{x} \mapsto A\mathbf{x}+\mathbf{v}$로 정의될 때, $f_{A,\mathbf{v}}$를 평면의 아핀변환(Affine transformation)이라 한다. 두 아핀변환의 합성은 다시 아핀변환이 됨을 보이시오.

10번. $\mathbf{u} = [1,1,1]$ 방향의 단위벡터를 구하고, 이 단위벡터 방향을 축으로 $\theta = \frac{\pi}{3}$ 만큼 회전하는 회전변환에 의한 점 $[1,0,0]$의 상을 구하시오.

11번. 공간 $\mathbb{R}^3$에서 x축에 대한 선대칭변환과 yz평면에 대한 면대칭변환의 합성은 원점에 대한 점대칭변환이 됨을 보이시오.

12번. 행렬 $A = \begin{bmatrix} 2 & 3 \\ 1 & 2 \end{bmatrix}$의 영공간, 열공간, 행공간을 구하시오.

13번. 행렬 $A = \begin{bmatrix} 1 & 2 \\ 2 & 4 \end{bmatrix}$의 행공간 row$(A)$의 임의의 벡터와 영공간 null$(A)$의 임의의 벡터는 서로 수직임을 보이시오.

14번. 행렬 $B = \begin{bmatrix} 1 & -1 & 3 \\ 5 & -4 & -4 \\ 7 & -6 & 2 \end{bmatrix}$의 열공간과 행공간을 열변환과 행변환을 이용하여 구하시오. 그리고 구한 결과를 파이썬을 통해 계산한 결과와 비교해 보시오.

15번. 행렬의 열변환과 행변환을 파이썬을 이용해 구현해 보시오.

16번. 파이썬을 이용해 여러 행렬의 행공간과 열공간을 구하고 이를 통하여 행공간의 일차독립인 벡터 개수와 열공간의 일차독립인 벡터 개수가 같음을 확인하시오.

1.5 행렬의 고유벡터와 고유값

이 절에서는 주어진 행렬의 고유벡터와 고유값의 정의를 살펴보고, 그에 대한 기하학적 의미와 간단한 활용에 대하여 살펴본다.

1.5.1 고유벡터와 고유값

A를 모든 항이 실수인 $n \times n$ 행렬이라 하자. 이 교재에서는 $n = 2$ 또는 $n = 3$인 경우만 다룰 것이다.

정의 1.20

$n \times n$ 행렬 A에 대하여

$$A\mathbf{v} = \lambda\mathbf{v}$$

를 만족하는 n차원 열벡터 $\mathbf{v} \neq \mathbb{0}$와 스칼라 λ가 존재할 때, $\mathbf{v}$를 행렬 A의 **고유벡터(eigenvector)**, λ를 **고유값(eigenvalue)** 이라 한다.

정리 1.4

A가 $n \times n$ 행렬일 때, 다음 명제는 서로 동치이다. (여기서 I_n은 $n \times n$ 단위행렬이다.)

(1) λ는 A의 고유값이다.

(2) λ는 방정식 $\det(tI_n - A) = 0$의 해이다.

(3) $(\lambda I_n - A)\mathbf{x} = \mathbb{0}$은 자명하지 않은 해를 갖는다.

증명 1.4

(1) ⇒ (3): λ가 행렬 A의 고유값이므로 $A\mathbf{x} = \lambda\mathbf{x}$인 영이 아닌 벡터가 존재한다. 따라서 선형동차방정식 $(\lambda I_n - A)\mathbf{x} = \mathbb{0}$은 자명하지 않은 해를 갖는다.
(3) ⇒ (2): 선형동차방정식 $(\lambda I_n - A)\mathbf{x} = \mathbb{0}$은 자명하지 않은 해를 가지므로 행렬 $(\lambda I_n - A)$은 역행렬을 갖지 않고 따라서 $\det(\lambda I_n - A) = 0$이다.

(2) ⇒ (1): $\det(\lambda I_n - A) = 0$ 이면 선형동차방정식 $(\lambda I_n - A)\mathbf{x} = \mathbb{0}$ 은 자명하지 않은 해 $\mathbf{x}_0$ 를 갖는다. 따라서 $A\mathbf{x}_0 = \lambda\mathbf{x}_0$ 인 벡터 $\mathbf{x}_0 \neq \mathbb{0}$ 가 존재하고, λ 는 행렬 A 의 고유값이다.

정의 1.21

A 가 $n \times n$ 행렬일 때,

$$p_A(t) = \det(tI_n - A)$$

로 정의되는 t 에 대한 n 차 다항식을 주어진 행렬 A 의 **특성다항식(characteristic polynomial)** 이라 하고, $p_A(t) = 0$ 을 **특성방정식** 이라고 한다.

정의 1.22

A 가 $n \times n$ 행렬이고 λ 가 A 의 고유값일 때

$$E_\lambda = \{\mathbf{x} \mid A\mathbf{x} = \lambda\mathbf{x}\} = \text{고유값 } \lambda \text{ 에 대한 고유벡터들의 집합} \cup \{\mathbb{0}\}$$

를 고유값 λ 를 갖는 **고유공간(eigenspace)** 이라 한다.

참고 1.24

$A\mathbf{x}_1 = \lambda\mathbf{x}_1$, $A\mathbf{x}_2 = \lambda\mathbf{x}_2$ 일 때, 임의의 실수 $a, b \in \mathbb{R}$ 에 대하여

$$A(a\mathbf{x}_1 + b\mathbf{x}_2) = aA\mathbf{x}_1 + bA\mathbf{x}_2 = \lambda(a\mathbf{x}_1 + b\mathbf{x}_2)$$

이므로 $a\mathbf{x}_1 + b\mathbf{x}_2 \in E_\lambda$ 가 성립한다. 따라서 E_λ 는 벡터공간이 된다.

예제 1.25

2×2 행렬 A 의 특성방정식 $p_A(t) = 0$ 이 실수 고유값을 가질 조건을 구하시오.

풀이 – 예제 1.25

$n = 2$ 인 경우, 일반적인 행렬 $A = \begin{bmatrix} a & b \\ c & d \end{bmatrix}$ 에 대해 이 행렬의 특성다항식은

$$\begin{aligned} p_A(t) &= \det\left(t\begin{bmatrix} 1 & 0 \\ 0 & 1 \end{bmatrix} - \begin{bmatrix} a & b \\ c & d \end{bmatrix}\right) \\ &= \det\begin{bmatrix} t-a & -b \\ -c & t-d \end{bmatrix} = t^2 - (a+d)t + (ad-bc) \end{aligned}$$

이다. 따라서 특성방정식 $p_A(t) = 0$ 이 실근, 즉 실수 고유값을 가지려면 판별식 $D = (a+d)^2 - 4(ad-bc) = (a-d)^2 + 4bc \geq 0$ 이어야 한다.

정의 1.23

A 가 $n \times n$ 행렬일 때, n 차 다항식인 특성다항식 $P_A(t)$ 의 근 λ 가 단근인지, 중근인지, 또는 몇 중근인지를 나타내는 개념을 고유값 λ 의 **대수적 중복도** 라고 한다. 그리고 고유공간 E_λ 의 차원, 즉 같은 고유값 λ 를 가지면서 서로 일차독립인 고유벡터의 최대 개수를 고유값 λ 의 **기하적 중복도** 라고 한다.

주어진 정사각행렬 A 와 A 의 고유값 λ 에 대하여

$$\max\{k \in \mathbb{N} : (t-\lambda)^k \mid p_A(t)\}$$

를 고유값 λ 의 대수적 중복도(algebraic multiplicity)라 하고, $\dim E_\lambda$ 를 λ 의 기하적 중복도(geometric multiplicity)라 한다.

위 정의에서 $(t-\lambda)^k \mid p_A(t)$ 라는 표현의 의미는 $(t-\lambda)^k$ 가 $p_A(t)$ 의 인수라는 것이다.

예제 1.26

$A = \begin{bmatrix} 1 & 0 \\ 0 & 2 \end{bmatrix}$ 의 특성다항식과 고유값 그리고 이 고유값에 대응하는 고유공간을 구하시오.

풀이 – 예제 1.26

주어진 행렬 A와 같은 대각행렬의 경우에는 주대각선의 각 성분이 고유값이 됨을 다음과 같이 특성다항식의 근을 구하여 확인할 수 있다.

$$p_A(t) = \det(tI_2 - A) = (t-1)(t-2) = 0$$

으로부터 고유값은 $\lambda = 1$과 $\lambda = 2$,이고, 두 고유값의 대수적 중복도는 각각 1이다. 이제 $\lambda = 1$에 대응하는 고유공간을 구하자.

$$A\mathbf{x} = \mathbf{x}$$

로 부터 $x = x, 2y = y$를 만족한다. 따라서 $E_1 = \left\{ \begin{bmatrix} x \\ 0 \end{bmatrix} \mid x \in \mathbb{R} \right\} = \text{span}\left\{ \begin{bmatrix} 1 \\ 0 \end{bmatrix} \right\}$ 이다. 이로부터 임의의 실수 $a \in \mathbb{R} \setminus \{0\}$에 대해 $\begin{bmatrix} a \\ 0 \end{bmatrix}$은 $\lambda = 1$에 대응하는 고유벡터이다. 같은 방법으로 $\lambda = 2$에 대응하는 고유벡터 $\mathbf{x}$는 $x = 2x, 2y = 2y$를 만족한다. 따라서 $E_2 = \left\{ \begin{bmatrix} 0 \\ y \end{bmatrix} \mid y \in \mathbb{R} \right\} = \text{span}\left\{ \begin{bmatrix} 0 \\ 1 \end{bmatrix} \right\}$ 이다. 따라서 $\lambda = 1$과 $\lambda = 2$의 기하적 중복도는 각각 1이다.

Python 예제 1.14

수학이나 물리학에서는 symbolic python 라이브러리가 보기에 편리한데, 공학에서는 수치적인 결과를 이용해야 하는 이유로 numerical python 라이브러리를 선호한다. 두 가지를 모두 사용하면 다양하게 활용할 수 있다.
Python의 sympy 라이브러리에서 주어진 정사각행렬 A의 특성다항식, 고유값, 고유벡터를 구하는 함수는 다음과 같다.

```
A.charpoly(t).as_expr()      # 특성방정식을 변수 t의 식으로 구함
A.eigenvals()                # 고유값과 각 고유값의 대수적 중복도를 구함
A.eigenvects()               # 각 고유값과 이의 대수적 중복도, 고유공간의 일차
독립인 벡터
```

만일 numpy 라이브러리를 사용한다면 linalg 모듈을 추가한 후 다음 함수를 사용하면 된다.

```
from numpy import linalg as LA
# array 를 주는데 첫 성분은 고유값, 두번째 성분의 열벡터는 단위 고유벡터이다.
LA.eig(A)
```

```
from sympy import *
A = Matrix([[2,3],[0,1]])
t=symbols('t')
print("특성다항식:", A.charpoly(t).as_expr(), '\n')
print("고유값:", A.eigenvals(), '\n')
print("고유벡터:", A.eigenvects(), '\n')
```

```
특성다항식: t**2 - 3*t + 2

고유값: {1: 1, 2: 1}

고유벡터: [(1, 1, [Matrix([
[-3],
[ 1]])]), (2, 1, [Matrix([
[1],
[0]])])]
```

여기서 고유값 계산 결과 $1:1, -2:1$의 의미는 1의 대수적 중복도가 1이고 -2의 대수적 중복도도 1임을 의미한다. 고유벡터의 경우도 마찬가지다.

```
import numpy as np
from numpy import linalg as LA

A = np.array([[2,3],[0,1]])

LA.eig(A)
```

```
EigResult(eigenvalues=array([2., 1.]), eigenvectors=array([[ 1.        ,
↪ -0.9486833 ],
       [ 0.        ,  0.31622777]]))
```

예제 1.27

$B = \begin{bmatrix} 1 & 0 & 0 \\ 0 & 1 & 2 \\ 0 & 0 & 1 \end{bmatrix}$ 의 특성다항식과 고유값, 고유벡터를 구하시오.

풀이 – 예제 1.27

특성다항식이 $p_B(t) = (t-1)^3$ 이므로 $\lambda = 1$ 이 유일한 고유값이며, 그 대수적 중복도는 3이다. 이제 이 고유값에 대응하는 고유공간을 구하자. $B\mathbf{x} = \mathbf{x}$ 로 부터

$$x = x$$

$$y = y + 2z$$

$$z = z$$

이다.

이로부터 $z = 0$을 얻고, 따라서 $E_1 = \left\{ \begin{bmatrix} x \\ y \\ 0 \end{bmatrix} \mid x, y \in \mathbb{R} \right\} = \text{span}\left\{ \begin{bmatrix} 1 \\ 0 \\ 0 \end{bmatrix}, \begin{bmatrix} 0 \\ 1 \\ 0 \end{bmatrix} \right\}$ 이다.

그러므로 고유공간 E_1 의 차원은 2이고, 고유값 $\lambda = 1$의 기하적 중복도는 2이다. 이 행렬의 고유벡터 만으로는 전체 공간 $\mathbb{R}^3$ 의 기저를 만들 수 없다. 그리고 고유값 λ의 기하적 중복도는 대수적 중복도보다 항상 작거나 같음을 확인할 수 있다.

```
from sympy import *
A = Matrix([[1,0,0],[0,1,2], [0,0,1]])
t=symbols('t')
print("특성다항식", A.charpoly(t).as_expr(), '\n')
print("고유값", A.eigenvals(), '\n')
print("고유벡터", A.eigenvects())
```

```
특성다항식 t**3 - 3*t**2 + 3*t - 1

고유값 {1: 3}

고유벡터 [(1, 3, [Matrix([
[1],
```

(continues on next page)

(continued from previous page)

```
[0],
[0]]), Matrix([
[0],
[1],
[0]])])]
```

1.5.2 행렬의 고유벡터의 활용

주어진 정사각행렬의 고유벡터와 고유값이 갖고 있는 기하학적 의미와 이의 활용에 대해 살펴보자.

행렬의 대각화

정의 1.24

주어진 정사각행렬 A에 대해 $P^{-1}AP$가 대각행렬이 되는 가역행렬 P가 존재할 때, 행렬 A를 **대각화가능(diagonalizable)** 하다고 한다.

보조정리 1.1.5

주어진 정사각 행렬 A에 대하여 서로 다른 고유값에 대응되는 고유벡터들은 항상 서로 일차독립이다.

증명 1.5

λ_1, λ_2가 행렬 A의 서로 다른 고유값이고, 각각을 고유값으로 갖는 고유벡터를 $\mathbf{v}_1, \mathbf{v}_2$라고 하자. $a\mathbf{v}_1 + b\mathbf{v}_2 = \mathbb{0}$이면 $A(a\mathbf{v}_1 + b\mathbf{v}_2) = a\lambda_1\mathbf{v}_1 + b\lambda_2\mathbf{v}_2 = \mathbb{0}$이고, 이 두 식을 연립하면

$$a(\lambda_1 - \lambda_2)\mathbf{v}_1 = \mathbb{0}$$
$$b(\lambda_2 - \lambda_1)\mathbf{v}_2 = \mathbb{0}$$

이 된다. 고유벡터는 영벡터가 아니고 $\lambda_1 \neq \lambda_2$이므로 $a = 0, b = 0$이다. 그러므로 $\mathbf{v}_1$과 $\mathbf{v}_2$는 서로 일차독립이다.

정리 1.6

주어진 $n \times n$ 정사각행렬 A가 n개의 일차독립인 고유벡터를 가지는 것과 A가 대각화가능한 것은 서로 필요충분조건이다.

증명 1.6

($\Rightarrow$) $\mathbf{b} = \{\mathbf{v}_1, \mathbf{v}_2, \cdots, \mathbf{v}_n\}$을 행렬 A의 일차독립인 고유벡터로 이루어진 $\mathbb{R}^n$의 기저라고 하고, $A\mathbf{v}_i = \lambda_i \mathbf{v}_i$ $(i = 1, \cdots, n)$,이라고 하면,

$$\begin{aligned} A\begin{bmatrix}\mathbf{v}_1 & \cdots & \mathbf{v}_n\end{bmatrix} &= \begin{bmatrix}A\mathbf{v}_1 & \cdots & A\mathbf{v}_n\end{bmatrix} = \begin{bmatrix}\lambda_1\mathbf{v}_1 & \cdots & \lambda_n\mathbf{v}_n\end{bmatrix} \\ &= \begin{bmatrix}\mathbf{v}_1 & \cdots & \mathbf{v}_n\end{bmatrix}\begin{bmatrix}\lambda_1 & & \\ & \ddots & \\ & & \lambda_n\end{bmatrix} \end{aligned}$$

이 성립하고, 여기에서 $P = \begin{bmatrix}\mathbf{v}_1 & \cdots & \mathbf{v}_n\end{bmatrix}$라 두면, $AP = PD$, 즉 $D = P^{-1}AP$이다. 따라서 A는 대각화가능하다. (여기에서 행렬 P가 가역인 것과 P의 열벡터들이 모두 서로 일차독립인 것이 필요충분조건이라는 사실은 증명없이 받아들이기로 한다.)

($\Leftarrow$) 행렬 A가 대각화가능하면

$$D = \begin{bmatrix}\lambda_1 & & \\ & \ddots & \\ & & \lambda_n\end{bmatrix} = P^{-1}AP,$$

즉 $AP = PD$를 만족하는 가역행렬 $P = \begin{bmatrix}\mathbf{v}_1 & \cdots & \mathbf{v}_n\end{bmatrix}$가 존재하고, 이 때, P의 열벡터들 $\{\mathbf{v}_1, \mathbf{v}_2, \cdots, \mathbf{v}_n\}$는 서로 일차독립이며, $A\mathbf{v}_i = \lambda_i \mathbf{v}_i$ $(i = 1, \cdots, n)$를 만족하여 행렬 A의 고유벡터가 된다.

따름정리 1.1.7

주어진 $n \times n$ 정사각행렬 A가 대각화가능한 것과 A의 서로 다른 고유값의 기하적 중복도의 합이 n인 것은 동치이다.

예제 1.28

행렬 $A = \begin{bmatrix} 3 & 2 \\ 2 & 3 \end{bmatrix}$ 은 대각화가능함을 보이고, 가역행렬 P와 대각행렬 D를 찾아, 실제로 P^{-1}을 구하여 $D = P^{-1}AP$가 성립함을 확인하시오.

풀이 – 예제 1.28

주어진 행렬의 특성다항식은

$$p_A(t) = t^2 - 6t + 5 = (t-1)(t-5)$$

이므로 고유값은 $\lambda_1 = 1, \lambda_2 = 5$ 이고, 이에 따르는 고유공간은 $E_{\lambda_1} = \text{span}\left\{ \begin{bmatrix} 1 \\ -1 \end{bmatrix} \right\}$, $E_{\lambda_2} = \text{span}\left\{ \begin{bmatrix} 1 \\ 1 \end{bmatrix} \right\}$ 이다. 따라서 기하적 중복도의 합이 2이므로, 이 행렬은 대각화가능하다. 이 때, $P = \begin{bmatrix} \mathbf{v}_1 & \mathbf{v}_2 \end{bmatrix} = \begin{bmatrix} 1 & 1 \\ -1 & 1 \end{bmatrix}$ 로 두면 $P^{-1} = \frac{1}{2}\begin{bmatrix} 1 & -1 \\ 1 & 1 \end{bmatrix}$ 이고,

$$P^{-1}AP = \frac{1}{2}\begin{bmatrix} 1 & -1 \\ 1 & 1 \end{bmatrix}\begin{bmatrix} 3 & 2 \\ 2 & 3 \end{bmatrix}\begin{bmatrix} 1 & 1 \\ -1 & 1 \end{bmatrix} = \begin{bmatrix} 1 & 0 \\ 0 & 5 \end{bmatrix} = D$$

가 성립한다.

Python 예제 1.15

python의 sympy 라이브러리에서 matrix으로 주어진 행렬 A를 대각화 하는 함수는 다음과 같다.

```
A.diagonalize()
# 결과로 두 행렬로 이루어진 순서쌍을 주는데 첫 성분은 P, 두번째 성분은 D이다
```

```
from sympy import *
A = Matrix([[3,2],[2,3]])
t=symbols('t')
print("특성다항식", A.charpoly(t).as_expr(), '\n')
print("고유벡터", A.eigenvects(), '\n')
P, D = A.diagonalize()
```

(continues on next page)

(continued from previous page)

```
print("P=", P, "D=", D, '\n')
P**-1 *A*P
```

```
특성다항식 t**2 - 6*t + 5

고유벡터 [(1, 1, [Matrix([
[-1],
[ 1]])]), (5, 1, [Matrix([
[1],
[1]])])]

P= Matrix([[-1, 1], [1, 1]]) D= Matrix([[1, 0], [0, 5]])
```

$$\begin{bmatrix} 1 & 0 \\ 0 & 5 \end{bmatrix}$$

예제 1.29

임의의 실수 a에 대해 행렬 $A = \begin{bmatrix} a & 1 \\ 0 & a \end{bmatrix}$는 대각화가능하지 않음을 보여라.

풀이 – 예제 1.29

주어진 행렬의 특성다항식은

$$p_A(t) = t^2 - 2at + a^2 = (t-a)^2$$

이므로 이 행렬의 고유값은 $\lambda = a$ 뿐이다. 이 고유값에 대응하는 고유공간은 $E_a = \text{span}\left\{\begin{bmatrix} 1 \\ 0 \end{bmatrix}\right\}$이므로, 고유벡터 만으로 $\mathbb{R}^2$의 기저를 만들 수 없다. 따라서 대각화가능하지 않다. 이 경우 $\lambda = a$의 대수적 중복도는 2이고 기하적 중복도는 1이다.

거듭제곱법

정의 1.25

주어진 $n \times n$ 정사각행렬 A의 고유값이 $\lambda_1, \lambda_2, \cdots, \lambda_n$ (중복을 모두 나열하여)이고, 특히 $|\lambda_1| > |\lambda_i|$ $(i = 2, 3, \cdots, n)$인 조건이 성립할 때, 즉 절대값이 가장 큰 고유값이 유일할 때, 이 λ_1을 행렬 A의 **우세한 고유값(dominant eigenvalue)** 이라 하고, 우세한 고유값에 대응하는 고유벡터를 **우세한 고유벡터(dominant eigenvector)** 라고 한다.

예제 1.30

다음 각 행렬 A가 우세한 고유값을 가지는 지 확인하시오. 그리고 어느 고유벡터와도 나란하지 않은 한 벡터 $\mathbf{x}$를 선택하여 $A\mathbf{x}, A^2\mathbf{x}, A^3\mathbf{x}, A^4\mathbf{x}, \cdots$를 구하고, 이 벡터들의 방향이 어느 고유벡터의 방향으로 수렴하는 지 살펴보시오.

(1) $A = \begin{bmatrix} 1 & 0 \\ 0 & -1 \end{bmatrix}$ (2) $A = \begin{bmatrix} 3 & 2 \\ 2 & 3 \end{bmatrix}$

풀이 – 예제 1.30

(1) 고유값은 $1, -1$ 이고, 대응되는 고유벡터의 방향은 각각 $\begin{bmatrix} 1 \\ 0 \end{bmatrix}$ 과 $\begin{bmatrix} 0 \\ 1 \end{bmatrix}$ 이다. 따라서 우세한 고유값이 존재하지 않는다. 그리고 어느 고유벡터와도 나란하지 않은 한 벡터로 $\mathbf{x} = \begin{bmatrix} 3 \\ 2 \end{bmatrix}$ 를 선택하면

$$A\mathbf{x} = \begin{bmatrix} 3 \\ -2 \end{bmatrix}, \quad A^2\mathbf{x} = \begin{bmatrix} 3 \\ 2 \end{bmatrix}, \quad A^3\mathbf{x} = \begin{bmatrix} 3 \\ -2 \end{bmatrix}, \quad A^4\mathbf{x} = \begin{bmatrix} 3 \\ 2 \end{bmatrix}, \quad \cdots$$

이고, 이 벡터들의 방향이 어느 고유벡터의 방향으로 수렴하지는 않는다.

(2) 앞의 예제에서 A의 고유값은 $1, 5$ 이고, 대응되는 고유벡터의 방향은 각각 $\begin{bmatrix} 1 \\ -1 \end{bmatrix}$ 과 $\begin{bmatrix} 1 \\ 1 \end{bmatrix}$ 이었다. 따라서 우세한 고유값은 5 이고, 우세한 고유벡터는 $\begin{bmatrix} a \\ a \end{bmatrix}$, $(a \neq 0)$ 형태이다.

그리고 어느 고유벡터와도 나란하지 않은 한 벡터로 $\mathbf{x} = \begin{bmatrix} 1 \\ 0 \end{bmatrix}$ 을 선택하면

$$A\mathbf{x} = \begin{bmatrix} 3 \\ 2 \end{bmatrix}, \quad A^2\mathbf{x} = \begin{bmatrix} 13 \\ 12 \end{bmatrix}, \quad A^3\mathbf{x} = \begin{bmatrix} 63 \\ 62 \end{bmatrix}, \quad A^4\mathbf{x} = \begin{bmatrix} 313 \\ 312 \end{bmatrix}, \quad \cdots$$

이고, 이 벡터들의 방향은 고유벡터 $\begin{bmatrix} 1 \\ 1 \end{bmatrix}$ 의 방향으로 수렴하는 것을 알 수 있다.

```
from sympy import *
from math import *

A = Matrix([[1, 0], [0, -1]])
X = Matrix([[3, 2]]).T

for i in range(0, 10, 3):
    print("n=", i, " A^nx=", A**i@X)
```

```
n= 0  A^nx= Matrix([[3], [2]])
n= 3  A^nx= Matrix([[3], [-2]])
n= 6  A^nx= Matrix([[3], [2]])
n= 9  A^nx= Matrix([[3], [-2]])
```

```
from sympy import *
from math import *

B = Matrix([[3, 2], [2, 3]])
X = Matrix([[1, 1/3]]).T

for i in range(0, 101, 10):
    print("n=", i, " B^nx=", B**i@X)
```

```
n= 0  B^nx= Matrix([[1], [0.333333333333333]])
n= 10  B^nx= Matrix([[6510417.00000000], [6510416.33333333]])
n= 20  B^nx= Matrix([[63578287760417.0], [63578287760416.3]])
n= 30  B^nx= Matrix([[6.20881716410319e+20], [6.20881716410319e+20]])
```

(continues on next page)

(continued from previous page)

```
n= 40  B^nx= Matrix([[6.06329801181952e+27], [6.06329801181952e+27]])
n= 50  B^nx= Matrix([[5.92118946466750e+34], [5.92118946466750e+34]])
n= 60  B^nx= Matrix([[5.78241158658936e+41], [5.78241158658936e+41]])
n= 70  B^nx= Matrix([[5.64688631502867e+48], [5.64688631502867e+48]])
n= 80  B^nx= Matrix([[5.51453741702018e+55], [5.51453741702018e+55]])
n= 90  B^nx= Matrix([[5.38529044630877e+62], [5.38529044630877e+62]])
n= 100  B^nx= Matrix([[5.25907270147341e+69], [5.25907270147341e+69]])
```

정리 1.8 거듭제곱법

$n \times n$ 정사각 행렬 A가 양의 우세한 고유값 λ를 갖는 대각화가능행렬이고 $\mathbf{x}_0$가 고유공간 E_λ에 수직하지 않은 단위벡터라면 다음과 같이 점화식으로 주어진 정규화된 거듭제곱 수열

$$\mathbf{x}_1 = \frac{A\mathbf{x_0}}{\|A\mathbf{x}_0\|}$$
$$\mathbf{x}_{k+1} = \frac{A\mathbf{x}_k}{\|A\mathbf{x}_k\|} = \frac{A^{k+1}\mathbf{x}_0}{\|A^{k+1}\mathbf{x}_0\|}, \ (k \geq 1)$$

은 우세한 단위고유벡터에 수렴하고, 수열

$$A\mathbf{x}_1 \cdot \mathbf{x}_1, A\mathbf{x}_2 \cdot \mathbf{x}_2, A\mathbf{x}_3 \cdot \mathbf{x}_3, \cdots, A\mathbf{x}_k \cdot \mathbf{x}_k, \cdots$$

는 우세한 고유값에 수렴한다.

증명 1.7

A의 고유값 $\lambda = \lambda_1, \lambda_2, \cdots, \lambda_n$에 대해 λ가 우세한 고유값이므로 $i \geq 2$이면 $|\lambda_1| > |\lambda_i|$이다. A가 대각화 가능하므로 $A\mathbf{v}_i = \lambda_i \mathbf{v}_i$를 만족하는 크기가 1인 고유벡터 $\mathbf{v}_i$로 이루어진 서로 수직인 기저 $\mathbf{b} = \{\mathbf{v}_1, \cdots, \mathbf{v}_n\}$가 존재한다. $\mathbf{x}_0$가 E_λ에 수직하지 않으므로

$$\mathbf{x}_0 = a_1\mathbf{v}_1 + a_2\mathbf{v}_2 + \cdots + a_n\mathbf{v}_n, \ a_1 \neq 0$$

을 만족하는 실수 a_i $(i = 1, 2, \cdots, n)$가 존재한다.

$$A\mathbf{x}_0 = a_1\lambda_1\mathbf{v}_1 + \cdots + a_n\lambda_n\mathbf{v}_n$$
$$A^k\mathbf{x}_0 = a_1\lambda_1^k\mathbf{v}_1 + \cdots + a_n\lambda_n^k\mathbf{v}_n = \lambda_1^k\left(a_1\mathbf{v}_1 + a_2\left(\frac{\lambda_2}{\lambda_1}\right)^k\mathbf{v}_2 + \cdots + a_n\left(\frac{\lambda_n}{\lambda_1}\right)^k\mathbf{v}_n\right)$$

$$\mathbf{x}_k = \frac{\lambda_1^k \left(a_1\mathbf{v}_1 + a_2\left(\frac{\lambda_2}{\lambda_1}\right)^k \mathbf{v}_2 + \cdots + a_n\left(\frac{\lambda_n}{\lambda_1}\right)^k \mathbf{v}_n\right)}{\|\lambda_1^k \left(a_1\mathbf{v}_1 + a_2\left(\frac{\lambda_2}{\lambda_1}\right)^k \mathbf{v}_2 + \cdots + a_n\left(\frac{\lambda_n}{\lambda_1}\right)^k \mathbf{v}_n\right)\|}$$

$$= \frac{\left(a_1\mathbf{v}_1 + a_2\left(\frac{\lambda_2}{\lambda_1}\right)^k \mathbf{v}_2 + \cdots + a_n\left(\frac{\lambda_n}{\lambda_1}\right)^k \mathbf{v}_n\right)}{\|\left(a_1\mathbf{v}_1 + a_2\left(\frac{\lambda_2}{\lambda_1}\right)^k \mathbf{v}_2 + \cdots + a_n\left(\frac{\lambda_n}{\lambda_1}\right)^k \mathbf{v}_n\right)\|}$$

$$\lim_{k\to\infty} \mathbf{x}_k = \frac{a_1}{|a_1|}\mathbf{v}_1$$

이다. 이로부터

$$\lim_{k\to\infty} A\mathbf{x}_k \cdot \mathbf{x}_k = A\left(\frac{a_1}{|a_1|}\mathbf{v}_1\right) \cdot \frac{a_1}{|a_1|}\mathbf{v}_1 = A\mathbf{v}_1 \cdot \mathbf{v}_1 = \lambda_1$$

이다.

```
import numpy as np
def power_iteration(A, x, num_simulations: int):
    # A 는 주어진 정사각행렬, x는 초기벡터, num_simulations는 반복실행할 횟수
    x_k = x
    # 언더스코어 _ 의 의미: 인덱스 무시하고 반복횟수만 카운트
    for _ in range(num_simulations):
        # Ax 를 계산
        x_k1 = np.dot(A, x_k)
        # Ax 의 크기를 계산
        x_k1_norm = np.linalg.norm(x_k1)
        # x_{k+1}을 구함
        x_k = x_k1 / x_k1_norm
    return [x_k, np.dot(np.transpose(x_k), np.dot(A, x_k))]
```

```
for i in range(1, 20, 3):
    print('k=',i,
    power_iteration(np.array([[3, 2], [2, 3]]),
                    np.array([[1],[0]]), i), '\n')
```

```
k= 1 [array([[0.83205029],
       [0.5547002 ]]), array([[4.84615385]])]

```

(continues on next page)

(continued from previous page)

```
k= 4 [array([[0.70823725],
       [0.70597451]]), array([[4.99998976]])]

k= 7 [array([[0.70711583],
       [0.70709773]]), array([[5.]])]

k= 10 [array([[0.70710685],
       [0.70710671]]), array([[5.]])]

k= 13 [array([[0.70710678],
       [0.70710678]]), array([[5.]])]

k= 16 [array([[0.70710678],
       [0.70710678]]), array([[5.]])]

k= 19 [array([[0.70710678],
       [0.70710678]]), array([[5.]])]
```

이로부터 우세한 고유벡터는 $\begin{bmatrix} 1/\sqrt{2} \\ 1/\sqrt{2} \end{bmatrix}$ 에 수렴하며, 우세한 고유값은 5로 수렴함을 볼 수 있다.

페이지랭크 알고리즘

페이지랭크 알고리즘(PageRank algorithm)은 거듭제곱법을 활용한 인터넷 검색 알고리즘으로 Google 검색엔진에서 구현되었고 Larry Page와 Segrey Brin에 의해 개발되었다. 여기에서는 페이지랭크 알고리즘의 기본적인 원리에 대해 간략하게 살펴보기로 한다.

4개의 사이트에 대해 다음에 주어진 유향그래프(directed graph)를 살펴보자.

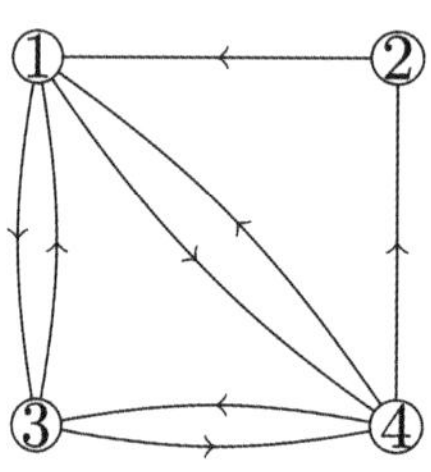

이 유향그래프에서 i에서 j로 가는 화살표는 사이트 i가 사이트 j를 참조했음을 의미하고,

임의의 사이트는 자신의 사이트를 참조하지 않는다고 가정한다. 이와같은 유향그래프는 a_{ij} 를

$$a_{ij} = \begin{cases} 1, & i \text{에서 } j \text{로 보내지는 화살표가 존재} \\ 0, & i \text{에서 } j \text{로 보내지는 화살표가 존재하지 않음} \end{cases}$$

로 정의하면 행렬 $A = \left[a_{ij}\right]$ 와 대응된다. 이러한 행렬을 주어진 그래프의 **인접행렬(adjacent matrix)** 이라 한다. 위에 주어진 그래프의 인접행렬은

$$A = \begin{bmatrix} 0 & 0 & 1 & 1 \\ 1 & 0 & 0 & 0 \\ 1 & 0 & 0 & 1 \\ 1 & 1 & 1 & 0 \end{bmatrix}$$

이다.

사이트 i 로 들어오는 화살표의 개수를 사이트 i 의 초기 권위(authority) 점수, 사이트 i 에서 출발하는 화살표의 개수를 사이트 i 의 초기 허브(hub) 점수라 하고 이를 벡터로 표현한 것을 각각 초기 권위벡터, 초기 허브벡터라 한다. 위의 유향그래프에 대응하는 초기 허브벡터는 $\mathbf{h}_0 = [2\,1\,2\,3]^T$, 초기 권위벡터는 $\mathbf{a}_0 = [3\,1\,2\,2]^T$ 이다.

이 초기벡터에 대하여 다음을 구해보자.

$$A\mathbf{a}_0 = \begin{bmatrix} 0 & 0 & 1 & 1 \\ 1 & 0 & 0 & 0 \\ 1 & 0 & 0 & 1 \\ 1 & 1 & 1 & 0 \end{bmatrix} \begin{bmatrix} 3 \\ 1 \\ 2 \\ 2 \end{bmatrix} = \begin{bmatrix} 4 \\ 3 \\ 5 \\ 6 \end{bmatrix},$$

$$A^T\mathbf{h}_0 = \begin{bmatrix} 0 & 1 & 1 & 1 \\ 0 & 0 & 0 & 1 \\ 1 & 0 & 0 & 1 \\ 1 & 0 & 1 & 0 \end{bmatrix} \begin{bmatrix} 2 \\ 1 \\ 2 \\ 3 \end{bmatrix} = \begin{bmatrix} 6 \\ 3 \\ 5 \\ 4 \end{bmatrix}$$

여기에서 $A\mathbf{a}_0$ 를 계산한 결과의 i 번째 성분은 사이트 i 가 참조한 사이트들의 초기 권위 점수의 합이고, 이 값을 사이트 i 의 새로운 허브 점수로 생각한다. 그리고 $A^T\mathbf{h}_0$ 를 계산한 결과의 j 번째 성분은 사이트 j 를 참조한 사이트들의 초기 허브 점수의 합이고, 이 값을 사이트 j 의 새로운 권위 점수로 생각한다. 이는 높은 허브 점수를 가지는 사이트에 의하여 참조된 사이트의 권위 점수가 높고, 높은 권위 점수를 가지는 사이트를 참조된 사이트의 허브 점수가 높다고 생각하는 것이다.

페이지랭크 알고리즘은 이러한 원리를 기본적으로 적용하여, 각 단계에서 모든 벡터를 단위

벡터로 만들어가는 다음 점화식으로 정의된다.

$$\mathbf{h}_1 = \frac{A\mathbf{a}_0}{\|A\mathbf{a}_0\|}, \qquad \mathbf{a}_1 = \frac{A^T\mathbf{h}_1}{\|A^T\mathbf{h}_1\|},$$
$$\mathbf{h}_{k+1} = \frac{A\mathbf{a}_k}{\|A\mathbf{a}_k\|}, \qquad \mathbf{a}_{k+1} = \frac{A^T\mathbf{h}_{k+1}}{\|A^T\mathbf{h}_{k+1}\|}, \quad (k \geq 1)$$

이를 정리하여 $\mathbf{a}_k$ 끼리의 점화식, $\mathbf{h}_k$ 끼리의 점화식으로 나타내면 다음과 같다.

$$\mathbf{a}_{k+1} = \frac{(A^TA)\mathbf{a}_k}{\|(A^TA)\mathbf{a}_k\|}, \quad k \geq 0$$
$$\mathbf{h}_{k+1} = \frac{(AA^T)\mathbf{h}_k}{\|(AA^T)\mathbf{h}_k\|}, \quad k \geq 1$$

이제 만일 행렬 A^TA 가 우세한 고유값을 갖는다면 정리의 거듭제곱법에 의하여 단위벡터열 $\{\mathbf{a}_k\}$ 가 행렬 A^TA 우세한 고유벡터로 수렴하게 되고, 따라서 충분한 횟수로 반복하여 얻은 벡터에서 크기 순으로 배열하여 각 사이트의 권위 점수의 순서를 정할 수 있다. 마찬가지로 행렬 AA^T 가 우세한 고유값을 갖는다면 단위벡터열 $\{\mathbf{h}_k\}$ 이 행렬 AA^T 우세한 고유벡터로 수렴하므로, 충분한 횟수로 반복하여 얻은 벡터에서 크기 순으로 배열하여 각 사이트의 허브 점수의 순서를 정할 수 있다.

```
import numpy as np
def PageRank(A, num_simulations: int):
    # A 는 주어진 인접행렬, num_simulations는 반복실행할 횟수
    # A^T A 를 계산
    B = np.dot(np.transpose(A), A)
    # 행렬 A 의 열을 더하여 권위벡터를 구한다.
    a_k=np.sum(A, axis=0)          # axis=0 (?), axis=1 (?)
    # PageRank algorithm 을 적용
    # 언더스코어 _ 의 의미: 인덱스 무시하고 반복횟수만 카운트
    for _ in range(num_simulations):
        a_k1 = np.dot(B, a_k)
        a_k1_norm = np.linalg.norm(a_k1)
        a_k = a_k1 / a_k1_norm
        print(a_k, '\n')
    return a_k
```

```
PageRank(np.array([[0,0,1,1], [1,0,0,0], [1,0,0,1],[1,1,1,0]]), 10)
```

```
[0.68889496 0.2952407  0.49206783 0.44286105]

[0.68546011 0.30692244 0.50130665 0.42969141]

[0.68468962 0.31044933 0.50394857 0.42527306]

[0.68454964 0.31156068 0.50468411 0.42381091]

[0.68453998 0.31191436 0.50488612 0.42332547]

[0.68454831 0.31202774 0.50494052 0.42316352]

[0.6845547  0.31206433 0.50495475 0.42310923]

[0.68455795 0.31207622 0.50495831 0.42309094]

[0.68455939 0.3120801  0.50495914 0.42308476]

[0.68455999 0.31208138 0.5049593  0.42308266]
```

```
array([0.68455999, 0.31208138, 0.5049593 , 0.42308266])
```

따라서 검색 사이트의 권위 점수의 순서를 내림차순으로 정리하면 사이트 1, 사이트 3, 사이트 4, 사이트 2 순이다.

1.5.3 연습문제

1번. 행렬 $A = \begin{bmatrix} 1 & 3 \\ 4 & 2 \end{bmatrix}$ 의 특성다항식, 고유값, 고유벡터를 구하고 각각의 고유값에 대응하는 고유공간을 구하시오.

2번. 행렬 $A = \begin{bmatrix} 0 & -1 & 0 \\ 0 & 0 & 1 \\ -4 & -17 & 8 \end{bmatrix}$ 의 특성다항식, 고유값, 고유벡터를 구하고 각각의 고유값의 대수적 중복도와 기하적 중복도를 구하시오.

3번. 행렬 $A = \begin{bmatrix} a & b \\ c & d \end{bmatrix}$ 에 대하여 $\mathrm{tr}(A)^2 - 4\det(A) > 0$ 이면 A 가 대각화 가능함을 보이시오.

4번. 행렬 $A = \begin{bmatrix} a & b \\ b & c \end{bmatrix}$ 는 대각화 가능함을 보이시오. 그리고 A가 하나의 고유값을 가질 조건과 2개의 고유값을 가질 조건을 각각 구하시오.

5번. 행렬 $A = \begin{bmatrix} 1 & 6 \\ 0 & 5 \end{bmatrix}$ 의 특성다항식, 고유값, 고유벡터를 구하고 각각의 고유값에 대응하는 고유공간을 구하시오.

6번. 행렬 $A = \begin{bmatrix} 1 & 6 \\ a & b \end{bmatrix}$ 가 $\lambda = 4, -3$ 을 고유값으로 갖도록 a, b의 값을 정하시오.

7번. $p_A(t) = t(t-1)(t-2)$를 특성다항식으로 갖는 서로 다른 행렬을 2개 찾으시오.

8번. 행렬 $A = \begin{bmatrix} -1 & -2 & -2 \\ 1 & 2 & 1 \\ -1 & -1 & 0 \end{bmatrix}$ 을 대각화하고 이를 이용하여 A^{25} 의 고유값과 고유벡터를 구하시오.

9번. 행렬 $A = \begin{bmatrix} 1 & 2 \\ 2 & 4 \end{bmatrix}$ 의 고유공간이 서로 수직임을 보이고 이 행렬을 대각화 하시오.

10번. 정사각행렬 A와 가역행렬 P에 대하여 $p_A(t) = p_{P^{-1}AP}(t)$가 성립함을 보이고 이로부터 A와 $P^{-1}AP$는 같은 고유값을 가짐을 보이시오.

11번. $A = \begin{bmatrix} 1 & 2 \\ 2 & 1 \end{bmatrix}$ 와 $\mathbf{x}_0 = \begin{bmatrix} 1 \\ 0 \end{bmatrix}$ 를 이용하여 행렬 A의 우세한 고유벡터와 우세한 고유값을 근사하시오. (반복횟수 $k = 100$으로 계산하시오.)

12번. 5개의 사이트에 대해 다음에 주어진 유향그래프(directed graph)의 인접행렬을 구하고 페이지랭크 알고리즘을 이용하여 검색 사이트의 권위 점수의 순서를 내림차순으로 정리하시오.

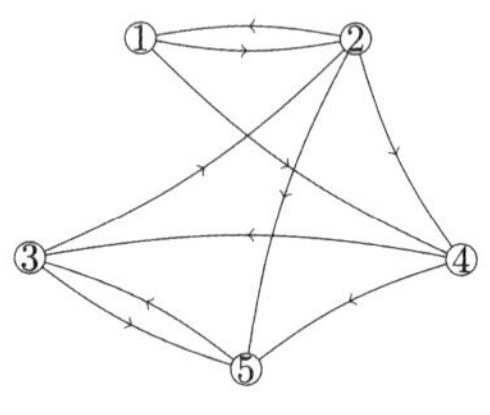

제 2 장
일변수 함수의 미적분

먼저 일변수 함수에 대한 기본 개념을 확인하고, 여러 가지 함수를 소개한다. 그리고 이러한 함수들의 중요한 성질을 간추려 정리한다.

2.1 여러 가지 함수

정의 2.1

두 집합 X, Y 에 대하여 X 의 각 원소 x 를 단 하나의 Y 의 원소 y 에 대응시키는 관계

$$f : X \to Y$$

를 **함수(function)** 라 하고 $y = f(x)$ 로 표시한다. 이 때, 집합 X 를 **정의역(domain)**, 집합 Y 를 **공역(codomain)**, 집합 $f(X) = \{f(x) \in Y \mid x \in X\}$ 를 **치역(range)** 이라고 한다. 또한 $y = f(x)$ 에서 y 를 **종속변수(dependent variable)**, x 를 **독립변수(independent variable)** 라고 부른다.

정의 2.2

집합 X, Y 에 대하여 $X \times Y = \{(x, y) \mid x \in X, y \in Y\}$ 를 나타내며, 이러한 순서쌍들의 집합을 X, Y 의 **곱집합(product set)** 이라고 부른다.
함수 $f : X \to Y$ 에 대하여

$$\{(x, y) \in X \times Y \mid y = f(x)\}$$

을 함수 f 의 **그래프(graph)** 라 한다. 또는 이 집합을 xy 평면 위에 나타낸 것을 함수 f 의 그래프라고 부르기도 한다.

2.1.1 기본 함수의 예

절댓값 함수

$$|x| = \begin{cases} x, & x \geq 0 \\ -x, & x < 0 \end{cases}$$

멱함수

자연수 n에 대하여 $y = x^n$ 꼴의 함수를 **멱함수(power function)** 라고 한다.

n차 다항함수

$f(x) = c_0 + c_1 x + c_2 x^2 + \cdots + c_n x^n$, $(c_1, c_2, \cdots, c_n \in \mathbb{R})$

반비례함수(inversely proportional function)

$y = \dfrac{k}{x}$, $(k > 0)$

유리함수(rational function)

두 다항식 $P(x), Q(x)$에 대하여 $\frac{P(x)}{Q(x)}$ 꼴로 주어지는 함수 (단, $Q(x) \neq 0$)

조각적으로(piecewise) 정의된 함수

$$f(x) = \begin{cases} 0, & x \leq -1 \\ \sqrt{2 - 2x^2}, & -1 < x < 1 \\ x, & x \geq 1 \end{cases}$$

Python 예제 2.1

파이썬의 numpy 라이브러리, matplotlib.pyplot 모듈, math 모듈을 이용하여 기본적인 함수들을 정의하고, 그래프를 그려보자.

```
x=np.linspace(a, b, n).       # 구간 [a, b] 를 n 등분한 점으로 이루어진 배열
y=f(x)                        # y 는 f(x) 의 함수값의 배열
plt.plot(x,y)                 # 두 배열의 순서쌍을 직선으로 연결
plt.axhline(a, color='black', linewidth=n)
                              # y=a 의 그래프를 검은색 굵기 n으로 그림
plt.axvline(b, color='black', linewidth=n)
                              # x=b 의 그래프를 검은색 굵기 n으로 그림
plt.legend()                  # 그래프에 범례(legend) 표기
plt.ylim(a, b)                # a<= y <= b 인 부분의 그래프만 그림
plt.axes().set_aspect('n')    # 그래프에서 x 눈금과 y 눈금의 비율이 n
```

자세한 내용은 python numpy 라이브러리에 정의된 수학함수들[1] 과 matplotlib.pyplot.plot[2] 을 참고하세요.

```
import numpy as np
import matplotlib.pyplot as plt
from math import *

x=np.linspace(-2, 2, 5)
y=abs(x)
plt.figure(figsize=(2,2))
plt.plot(x, y, label='y=abs(x)', color='blue', linewidth=1)
plt.axhline(0, color='black', linewidth=0.5)
plt.axvline(0, color='red', linewidth=0.5)
plt.legend()
```

```
<matplotlib.legend.Legend at 0x1804e71d0>
```

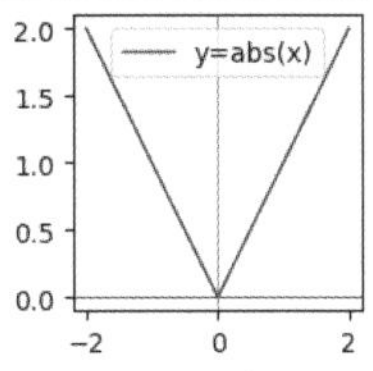

[1] https://numpy.org/doc/stable/reference/routines.math.html
[2] https://matplotlib.org/stable/api/_as_gen/matplotlib.pyplot.plot.html

```
import numpy as np
import matplotlib.pyplot as plt
from math import *

x=np.linspace(-2, 2, 100)
y1= x**3 -  x
y2= 1/x
plt.figure(figsize=(2,2))
plt.plot(x, y1, label='$y=x^3 - x$')
plt.plot(x, y2, label='$y=1/x$')
plt.axhline(0, color='black', linewidth=0.5)
plt.axvline(0, color='black', linewidth=0.5)
plt.ylim(-5, 5)
plt.legend()
```

```
<matplotlib.legend.Legend at 0x180561c10>
```

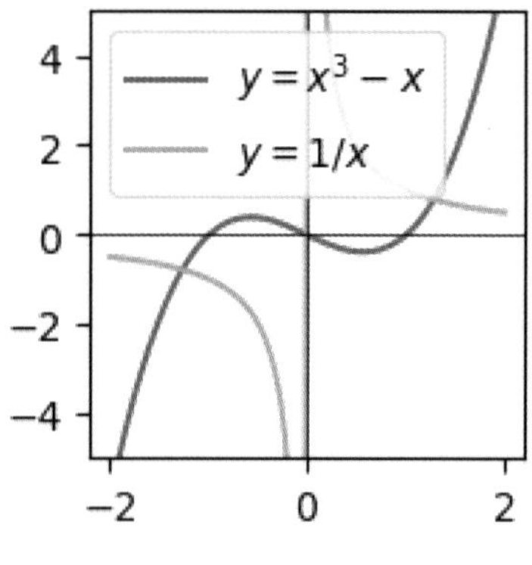


```
import numpy as np
import matplotlib.pyplot as plt
from math import *
x=np.linspace(-3, 3, 100)
# 구간별로 함수의 값을 상수로 입력하거나, 또는 lambda x: 함수 형식 이용
y=np.piecewise(x, [x <= -1,(x>-1)&(x<1),  x>=1],
[lambda x: -x - 1, lambda x: np.sqrt(2-2*x**2), lambda x: 2*x-2])
plt.figure(figsize=(4,2))
plt.axhline(0, color='black', linewidth=0.5)
plt.axvline(0, color='black', linewidth=0.5)
```

(continues on next page)

(continued from previous page)

```
plt.plot(x,y,'b')
```

```
[<matplotlib.lines.Line2D at 0x1806230d0>]
```

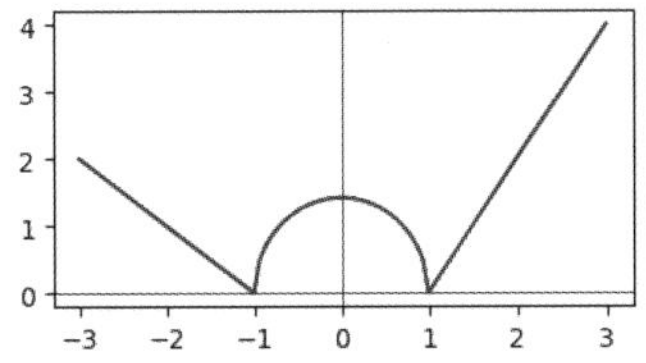

주어진 함수의 식으로부터 정의역을 자연스럽게 찾을 수 있는 경우, 이 정의역을 **자연 정의역(natural domain)** 이라 한다. 함수의 정의역이 별도로 주어지지 않은 경우에는 일반적으로 자연 정의역에서 정의된 함수로 생각한다.

예제 2.1

다음에 제시된 함수의 자연 정의역과 치역을 구하시오.

(1) $f(x) = 2 + \sqrt{x-1}$

(2) $f(x) = \sqrt{x^2 - 4x - 5}$

(3) $f(x) = \dfrac{x^2 - 4}{x - 2}$

풀이 – 예제 2.1

(1) $f(x) = 2 + \sqrt{x-1}$ 의 자연 정의역은 $\{x \in \mathbb{R} \mid x \geq 1\})$ 또는 $[1, \infty)$ 로 나타낼 수 있다.

(2) $f(x) = \sqrt{x^2 - 4x - 5} = \sqrt{(x-2)^2 - 9}$ 이므로 $(x-2)^2 \geq 9$ 이어야 한다. 따라서 이 함수의 자연 정의역은 $(-\infty, -1] \cup [5, \infty)$ 이다.

(3) 유리함수 $f(x) = \dfrac{x^2 - 4}{x - 2}$ 의 분모가 0이 아니면 함수의 값이 정의되므로, 이 함수의 자연 정의역은 $\{x \in \mathbb{R} \mid x \neq 2\}$ 또는 $(-\infty, 2) \cup (2, \infty)$ 로 나타낼 수 있다.

2.1.2 삼각함수

반지름의 길이와 호의 길이가 같을 때의 중심각의 크기를 1 **라디안(radian)** 이라 하고, 이것을 단위로 각을 나타내는 방법을 **호도법** 이라 한다. 1라디안을 간단히 1rad로 나타낸다.

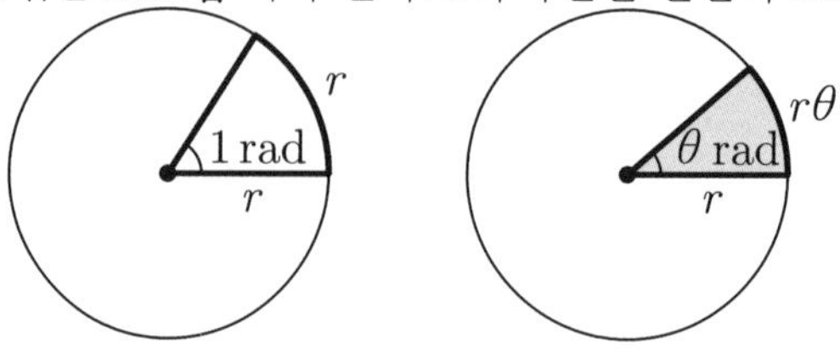

호의 길이와 중심각의 크기가 서로 비례하므로

$$2\pi r : r = 360^\circ : 1\,\mathrm{rad}$$

이고, 따라서 다음 관계가 성립한다.

$$1\,\mathrm{rad} = \frac{180^\circ}{\pi}, \qquad 180^\circ = \pi\,\mathrm{rad}$$

마찬가지 비례식에 의하여 반지름 r, 중심각 $\theta\,$rad 인 호의 길이 l과 부채꼴의 넓이 S는 다음과 같다.

$$l = r\theta, \qquad S = \frac{1}{2}r^2\theta \quad \text{또는} \quad S = \frac{1}{2}rl$$

이제부터는 호도법 각의 표현에서 rad를 생략하고 쓰기로 한다. 그리고 xy 평면에서 일반각 θ, $(-\infty < \theta < \infty)$를 생각하여, x축의 양의 방향에서 출발하여 반시계방향으로 돌면 **양의 각**, 시계방향으로 돌면 **음의 각**이라고 약속한다.

일반각에 대한 삼각함수

직각삼각형에서 변의 길이의 비로 정의되는 삼각비를 일반각의 함수로 다음과 같이 확장한다. 중심이 원점이고 반지름이 r인 원과 일반각 θ를 나타내는 반직선이 만나는 점의 좌표가 $P(x, y)$ 일 때

$$\sin\theta = \frac{y}{r}, \qquad \cos\theta = \frac{x}{r}, \qquad \tan\theta = \frac{y}{x}$$

로 정의한다.

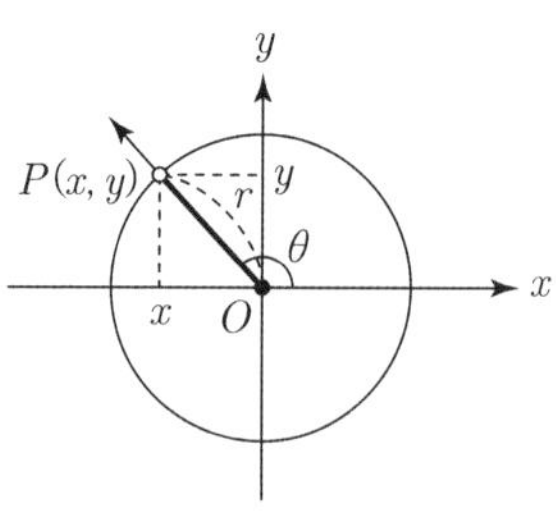

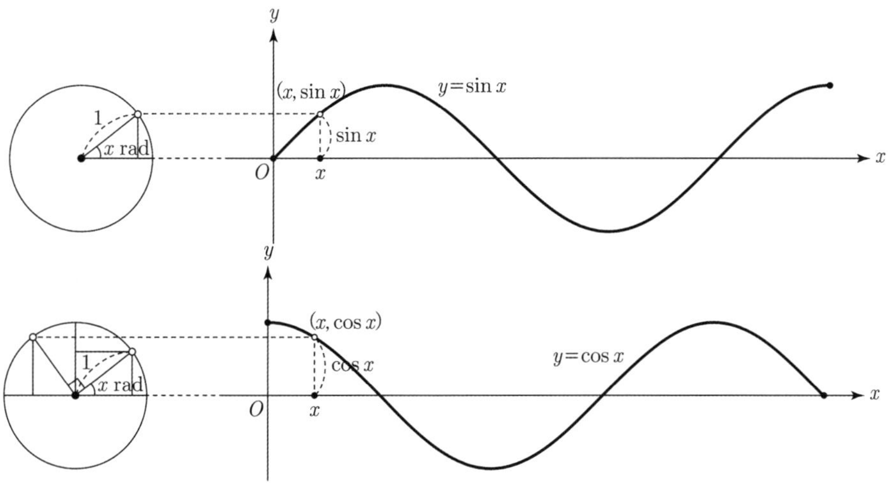

Python 예제 2.2

반지름이 1인 원에서 일반각을 나타내는 변수를 x로 하여 $\sin x$와 $\cos x$의 그래프를 다음과 같이 그릴 수 있다. 여기에서 $\cos x = \sin\left(x + \frac{\pi}{2}\right)$이다.

```
import numpy as np
import matplotlib.pyplot as plt
from math import *

x=np.linspace(-2*pi, 2*pi, 100)
y1=np.sin(x)
y2= np.cos(x)
plt.figure(figsize=(4,2))
plt.plot(x, y1, label=r'$y=\sin x$')
plt.plot(x, y2, label=r'$y=\cos x$')
plt.axhline(0, color='black', linewidth=0.5)
plt.axvline(0, color='black', linewidth=0.5)
plt.legend()
```

```
<matplotlib.legend.Legend at 0x108c2cd90>
```

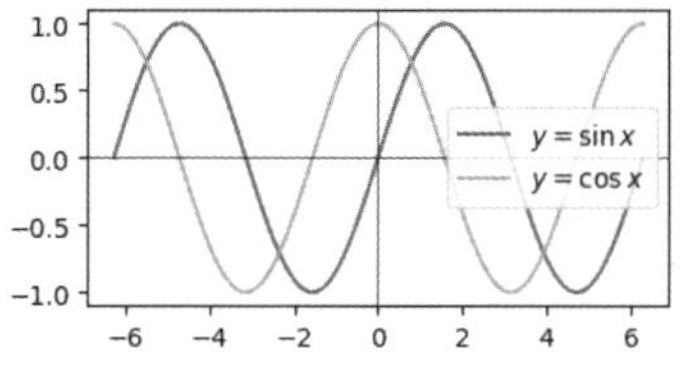

```
y3=np.tan(x)
plt.figure(figsize=(4,2))
plt.plot(x, y3, label=r'$y=\tan x$')
plt.axhline(0, color='black', linewidth=0.5)
plt.axvline(0, color='black', linewidth=0.5)
plt.ylim(-5, 5)
plt.legend()
```

```
<matplotlib.legend.Legend at 0x108f63750>
```

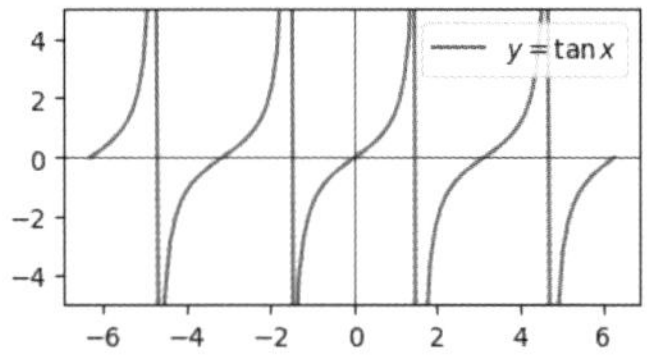

$\sin x, \cos x$의 주기는 2π이고, $\tan x$의 주기는 π이다. 그리고 이 삼각함수들 사이에 다음 관계가 성립한다.

$$\tan x = \frac{\sin x}{\cos x}, \quad \sin^2 x + \cos^2 x = 1.$$

그리고 $\sec x = \dfrac{1}{\cos x}, \csc x = \dfrac{1}{\sin x}, \cot x = \dfrac{1}{\tan x}$로 정의한다.

예제 2.2

다음 함숫값을 구하시오.

(1) $\sin\dfrac{7\pi}{6}$ (2) $\cos\dfrac{5\pi}{3}$ (3) $\tan\dfrac{8\pi}{3}$

(4) $\sec\dfrac{4\pi}{3}$ (5) $\csc\dfrac{3\pi}{2}$ (6) $\cot\dfrac{\pi}{3}$

풀이 – 예제 2.2

(1) $-\dfrac{1}{2}$ (2) $\dfrac{1}{2}$ (3) $-\sqrt{3}$

(4) -2 (5) -1 (6) $\dfrac{1}{\sqrt{3}}$

```
from sympy import *

sin(7*pi/6)
```

$$-\frac{1}{2}$$

2.1.3 지수함수

실수 $b > 0$ 에 대하여 $f(x) = b^x$ 로 주어지는 함수를 지수함수(exponential function)이라 하고, 이때 b 를 **밑(base)** 라고 부른다.

$0 < b < 1$ 이면 b^x 는 감소함수이며, $b > 1$ 이면 b^x 는 증가함수이다.

```
import numpy as np
import matplotlib.pyplot as plt
from math import *

x=np.linspace(-3, 3, 1000)
y1=2**x
y2= (1/2)**x
plt.figure(figsize=(3,2))
plt.plot(x, y1, label='$y=2^x$')
plt.plot(x, y2, label='$y=(1/2)^x$')
plt.axhline(0, color='black', linewidth=1)
plt.axvline(0, color='black', linewidth=1)
plt.legend()
```

```
<matplotlib.legend.Legend at 0x181cc9b10>
```

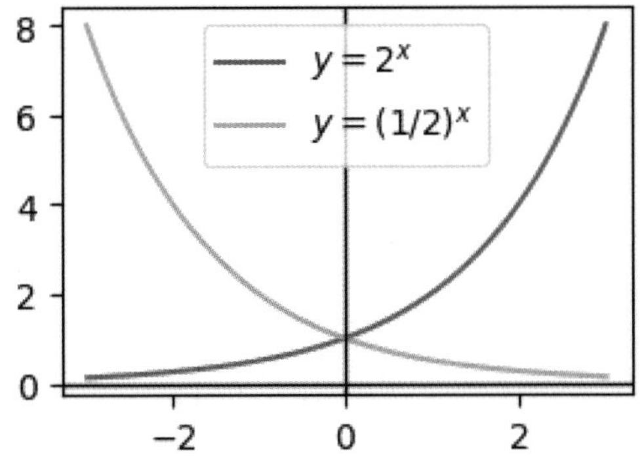

오일러 상수라고 불리는 무리수 e 는 $e = \lim_{x\to\pm\infty}\left(1+\frac{1}{x}\right)^x = \lim_{h\to 0}(1+h)^{1/h}$ 로 정의되며, $e = 2.718\cdots$ 이다. 상수 e 를 밑으로 하는 지수함수 $f(x) = e^x$ 를 **자연지수함수(natural exponential function)** 라고 한다.

예제 2.3

지수함수 $f(x) = 9^x$, $g(x) = (\frac{1}{4})^x$, $h(x) = e^{-x}$ 에 대하여 다음 값을 구하시오.

(1) $f\left(\frac{1}{2}\right)$ (2) $g\,(2)$ (3) $h\,(-1)$

(4) $f\,(-1)$ (5) $g\left(-\frac{1}{2}\right)$ (6) $h\,(0)$

풀이 – 예제 2.3

(1) 3 (2) $\frac{1}{16}$ (3) e

(4) $\frac{1}{9}$ (5) 2 (6) 1

```
from sympy import *

# 함수를 정의하고 함수값을 계산하는 다양한 방법을 살펴봅니다.
def f(x):
    return 9**x

g = lambda x: (1/4)**x

x= symbols('x')
h= e**(-x)

f(1/2) + g(2) + h.subs(x, -1)
```

5.78078182845904

2.1.4 주어진 함수로 부터 새로운 함수를 만드는 방법

정의 2.3 함수의 사칙연산

두 함수 $f, g : X \to Y$ 에 대한 사칙연산 $f \pm g$, $f \cdot g$, $\dfrac{f}{g}$ 는 다음과 같이 정의되는 새로운 함수이다.

(1) $(f \pm g)(x) = f(x) \pm g(x)$

(2) $(f \cdot g)(x) = f(x) \cdot g(x)$

(3) $\left(\dfrac{f}{g}\right)(x) = \dfrac{f(x)}{g(x)}$ (단, $g(x) \neq 0$ 일 때)

정의 2.4 함수의 합성

두 함수 $f : A \to B, , g : C \to D$에 대하여 이 두 함수의 **합성(composition)** $g \circ f$은 $(g \circ f)(x) = g(f(x))$로 정의된다. 이 때, $g \circ f$의 정의역은

$$\{x \in A \mid f(x) \in B \cap C\}$$

로 주어진다.

예제 2.4

다음에 주어진 합성함수의 정의역을 구하시오.

(1) $f(x) = x^2 + 3, g(x) = \sqrt{x}$ 일 때, $g \circ f$

(2) $f(x) = \sqrt{x}, g(x) = \dfrac{1}{x}, h(x) = x^3$ 일 때, $f \circ g \circ h$

풀이 – 예제 2.4

각 함수의 정의역은 따로 주어지지 않았으므로, 자연정의역으로 생각하면 된다.
(1) $f(x) = x^2 + 3 > 0$, $(\forall x \in \mathbb{R})$ 이므로, $g \circ f$의 정의역은 $\mathbb{R}$이다.
(2) $f \circ g \circ h$ 의 정의역은 $(0, \infty)$이다.

함수의 변환

주어진 함수 $f : X \to Y, y = f(x)$에 대하여 다음과 같이 함수의 변환을 나타낸다.

평행이동(translation)

(1) $y = f(x) + c$는 $y = f(x)$의 그래프를 y축의 양의 방향으로 c만큼 평행이동
(2) $y = f(x - a)$는 $y = f(x)$의 그래프를 x축의 양의 방향으로 a만큼 평행이동

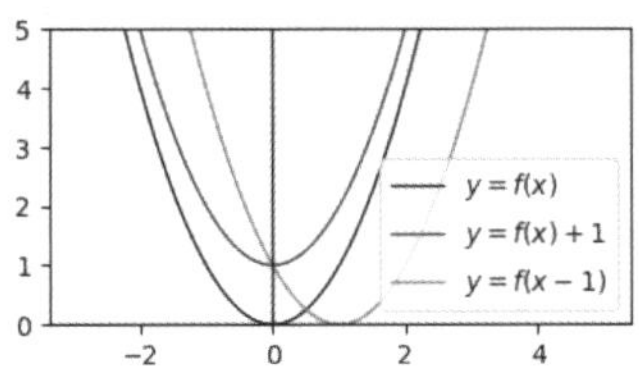

대칭이동(reflection)

(1) $y=f(-x)$는 $y=f(x)$의 그래프를 y축에 관하여 대칭이동
(2) $y=-f(x)$는 $y=f(x)$의 그래프를 x축에 관하여 대칭이동
(3) $y=-f(-x)$는 $y=f(x)$의 그래프를 원점에 관하여 대칭이동

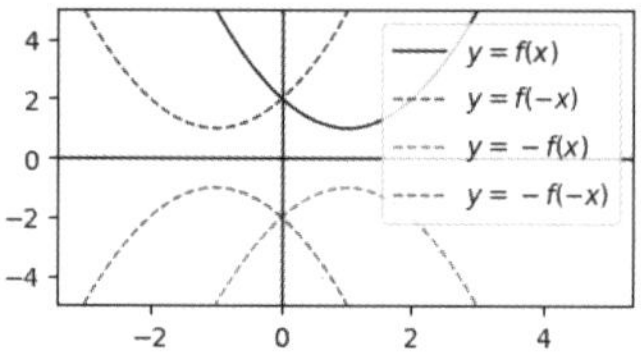

수축 및 팽창(stretch and compression)

(1) $y=f(cx)$는 $y=f(x)$의 그래프를 $c>1$이면 x축의 방향으로 수축, $0<c<1$이면 x축의 방향으로 팽창
(2) $y=cf(x)$는 $y=f(x)$의 그래프를 $c>1$이면 y축의 방향으로 팽창, $0<c<1$이면 y축의 방향으로 수축

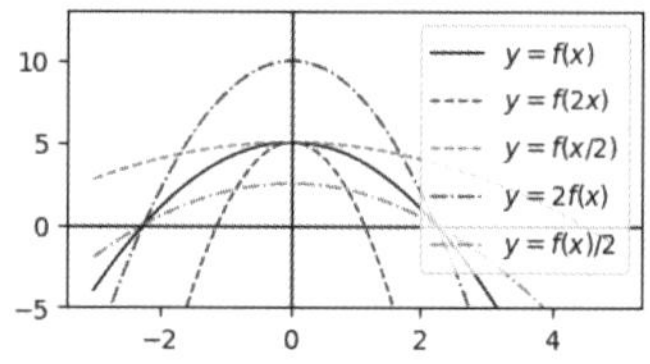

정의 2.5

삼각함수 $y=A\sin(Bx-C)$에 대하여 **주기(period)** 는 $\dfrac{2\pi}{|B|}$ 이며, $|A|$를 **진폭(amplitude)**, $\dfrac{|B|}{2\pi}$를 **진동수(frequency)** 라고 한다. $(A\neq 0, B\neq 0)$

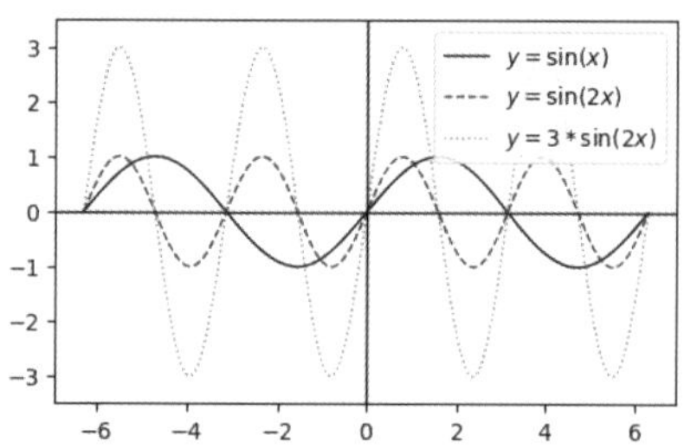

정의 2.6 함수의 대칭성(우함수, 기함수)

(1) $f(-x) = f(x)$ 이면 y축에 대하여 대칭이며, **우함수(even function)** 라고 한다.

(2) $f(-x) = -f(x)$ 이면 원점에 대하여 대칭이며, **기함수(odd function)** 라고 한다.

예제 2.5

$y = x^2 - 4x + 5$ 를 $y = x^2$ 의 평행이동을 이용하여 나타내시오.

풀이 – 예제 2.5

(1) $y = x^2 - 4x + 5 = (x-2)^2 + 1$ 은 $y = x^2$ 을 x축의 양의 방향으로 2 만큼, y축의 양의 방향으로 1 만큼 평행이동한 것이다.

Python 예제 2.3

파이썬의 numpy 라이브러리, matplotlib.pyplot 모듈, math 모듈을 이용하여 다음 그래프를 그려보자.

$y = \sqrt[3]{x}$, $y = \sqrt[3]{-x}$, $y = \sqrt[3]{2-x}$ 의 그래프

참고: https://matplotlib.org/stable/api/_as_gen/matplotlib.pyplot.plot.html

```
import numpy as np
import matplotlib.pyplot as plt
from math import *

plt.figure(figsize=(10,4))
ax = plt.gca()              #you first need to get the axis handle
ax.set_aspect(1.3)          #sets the height to width ratio to 1

x=np.linspace(-5, 10, 1000)
plt.ylim(-2, 2)

y=np.cbrt(x)
y1=np.cbrt(-x)
y2=np.cbrt(2-x)

plt.axhline(0, color='black', linewidth=1)
plt.axvline(0, color='black', linewidth=1)
```

(continues on next page)

(continued from previous page)

```
plt.plot(x,y,color='black',label='$y=\sqrt[3]{x}$')
plt.plot(x,y1,'--', color='blue',label='$y=\sqrt[3]{-x}$')
plt.plot(x,y2,'--', color='green',label='$y=\sqrt[3]{2-x}$')

plt.legend(loc='upper right')

plt.show()
```

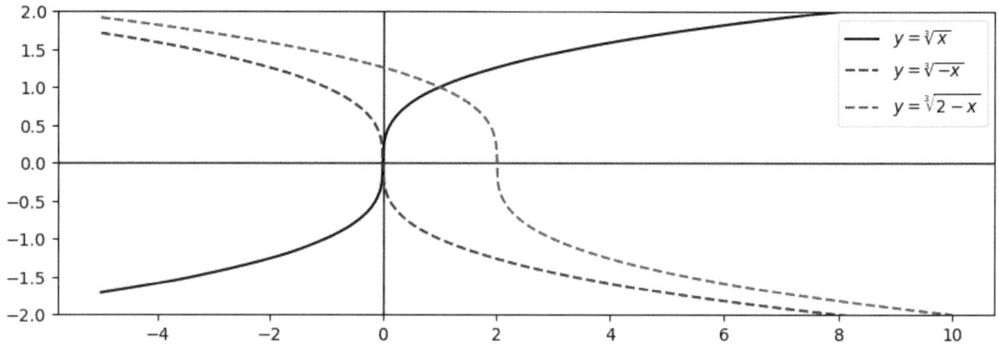

2.1.5 역함수(inverse function)

정의 2.7

함수 $f : X \to Y$ 에 대하여 명제

$$f(x_1) = f(x_2) \text{이면 } x_1 = x_2$$

가 성립할 때, f를 **단사함수(one-to-one function, 또는 injective function)** 라고 하고, 명제

$$\forall y \in Y, \exists x \in X, y = f(x)$$

가 성립할 때, 즉 공역 Y가 치역 $f(X)$와 같을 때 f를 **전사함수(onto function, 또는 surjective function)** 라고 한다. 단사이면서 전사인 함수를 **전단사함수(one-to-one correspondence, 또는 bijective function)** 라고 한다.

정의 2.8

전단사함수 함수 $f : X \to Y$,에 대하여 함수 $g : Y \to X$,를 다음과 같이 정의할 수 있다.

$$y = f(x) \Leftrightarrow g(y) = x.$$

즉, $(g \circ f)(x) = x, \ \forall x \in X, (f \circ g)(y) = y, \ \forall y \in Y$ 가 성립한다. 이때 f와 g는 서로 **역함수(inverse function)** 관계라고 하고, $g = f^{-1}$, $f = g^{-1}$ 로 나타낸다.

참고 2.1

역함수의 정의

$$y = f(x) \Leftrightarrow f^{-1}(y) = x.$$

로부터 역함수 f^{-1}의 식을 변수를 x로 나타내고자 하면, $y = f(x)$에서 x와 y의 위치를 교환한 후, 이 식을 $y = f^{-1}(x)$꼴로 정리하면 된다. 이러한 관계에 의하여 두 함수 $y = f(x)$와 $y = f^{-1}(x)$의 그래프는 직선 $y = x$에 대하여 서로 대칭이다.

예제 2.6

함수 $f(x) = \sqrt{3x-2}$의 역함수를 x를 변수로 하여 표현하고 이 역함수의 정의역을 구하시오.

풀이 – 예제 2.6

$f(x) = \sqrt{3x-2}$ 의 역함수 $y = f^{-1}(x)$를 구하기 위하여, 먼저 $y = \sqrt{3x-2}$ 에서 x와 y의 위치를 교환하면 $x = \sqrt{3y-2}$ 이고, 이 식을 y에 대하여 정리하면 $x^2 = 3y - 2$, $y = \dfrac{1}{3}(x^2+2)$ 이므로, $f^{-1}(x) = \dfrac{1}{3}(x^2+2)$ 이다.
그리고 f^{-1}의 정의역은 f의 치역인 $\{x \mid x \geq 0\}$ 이다.

Python 예제 2.4

파이썬의 sympy 라이브러리의 solve 함수를 이용하여 역함수를 찾을 수 있다.그리고 numpy 라이브러리, matplotlib.pyplot 모듈, math 모듈을 이용하여 $y = f(x)$와 $y = f^{-1}(x)$의 그래프를 그려보자.

위의 예제 2.1.10의 함수 $f(x) = \sqrt{3x-2}$ 에 대하여 역함수를 $x = f^{-1}(y)$ 꼴로 구해보자.

```
from sympy import Eq, solve

x, y = var('x y')
```

(continues on next page)

(continued from previous page)

```
eqn = Eq(root(3*x-2,2),y)  # sympy 에서는 sqrt를 root(식,2) 형태로 입력
s = solve(eqn, x)

print("x=",s)                # 이 결과에서 y**2/3 은 (y**2)/3 을 의미함
```

```
x= [y**2/3 + 2/3]
```

이 결과의 역함수 $x = f^{-1}(y)$ 를 $y = f^{-1}(x)$ 꼴로 나타내고 싶으면 간단히 x, y를 서로 바꾸어 쓰기만 하면 된다.

이제 $y = f(x)$ 와 $y = f^{-1}(x)$ 의 그래프를 그려보자.

```
import numpy as np
import matplotlib.pyplot as plt
from math import *

plt.figure(figsize=(4,2))

x=np.linspace(2/3, 4, 1000)
y=np.sqrt(3*x-2)

plt.axhline(0, color='black', linewidth=1)
plt.axvline(0, color='black', linewidth=1)

plt.plot([0,4], [0,4],'--',label='$y=x$', linewidth=1)
plt.plot(x,y,label='$y=f(x)=\sqrt{3 x-2}$')
plt.plot(y,x,label='$y=f^{-1}(x)$')

plt.legend(loc='upper left')

plt.show()
```

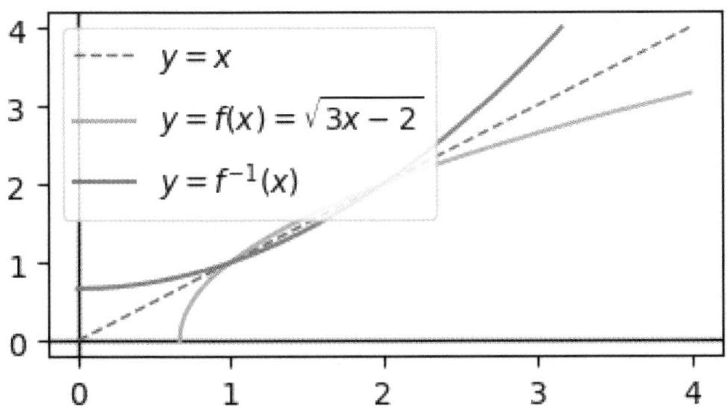

Python 예제 2.5

주어진 함수 $f : X \to Y$ 가 단사함수이면, $f : X \to f(X)$ 로 보아 역함수 $f^{-1} : f(X) \to X$ 를 가진다. 또, 주어진 함수 $f : X \to Y$ 가 전체 정의역에서는 역함수를 갖지 않을지라도, 정의역의 어떤 부분집합 A 에서 단사함수가 되면 $f : A \to f(A)$ 는 역함수를 가진다.

로그함수: 지수함수의 역함수

밑 b 가 $0 < b < 1$ 또는 $b > 1$ 인 모든 지수함수는 단사함수이므로 역함수를 가지며, 그 역함수를 로그함수라 한다. 즉, $f(x) = b^x$ 에 대하여 $f^{-1}(x) = \log_b x$ 로 나타내고, 특히 밑이 e 인 경우 $\log_e x = \ln x$ 로 나타내며 이를 **자연로그함수(natural logarithmic function)** 라고 한다.

로그함수의 정의역은 지수함수의 치역이므로 $\log_b x$ 는 $x > 0$ 일 때만 정의된다. 다음은 밑이 $\frac{1}{2}$ 인 지수함수와 로그함수, 밑이 2인 지수함수와 로그함수의 그래프이다. 같은 밑을 가지는 지수함수와 로그함수의 그래프는 직선 $y = x$ 에 대하여 서로 대칭임을 확인할 수 있다.

Python 예제 2.6

다음 각 b 값에 대하여 지수함수 $y = b^x$ 와 로그함수 $y = \log_b x$ 의 그래프를 그려보자.

(1) $b = 2$

(2) $b = \frac{1}{2}$

(3) $b = e$

```
import numpy as np
import matplotlib.pyplot as plt
from math import *


x1=np.linspace(-5, 4, 1000)
```

(continues on next page)

(continued from previous page)

```
x2=np.linspace(-5, 30, 1000)
y1=2**x1
y2=(1/2)**x2

fig,ax = plt.subplots(1,2, figsize=(10,10))
ax[0].axhline(0, color='black', linewidth=1)
ax[0].axvline(0, color='black', linewidth=1)
ax[0].plot([-5, 10], [-5, 10],':',label='$y=x$', linewidth=1)
ax[0].plot(x1,y1,label='$y=f(x)=2^x$')
ax[0].plot(y1,x1,label='$y=\log_2 x$')
ax[0].legend(loc='upper right')
ax[0].set_aspect(1)
ax[0].set_ylim([-5,10])
ax[1].axhline(0, color='black', linewidth=1)
ax[1].axvline(0, color='black', linewidth=1)
ax[1].plot([-5, 30], [-5, 30],':',label='$y=x$', linewidth=1)
ax[1].plot(x2,y2,label='$y=f(x)=(1/2)^x$')
ax[1].plot(y2,x2,label='$y=\log_{1/2}(x)$')
ax[1].legend(loc='upper right')
ax[1].set_aspect(1)
ax[1].set_ylim([-5,20])

plt.tight_layout()
plt.show()
```

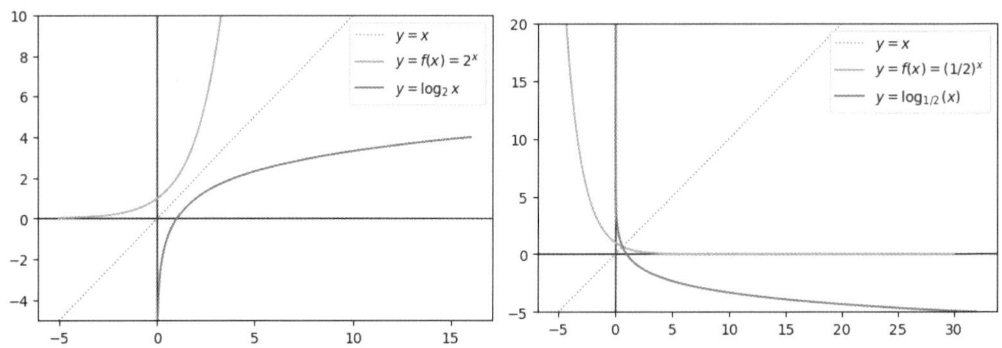

예제 2.7

(1) $\ln(x+1) = 5$의 해를 구하시오.
(2) $5^x = 7$의 해를 구하시오.
(3) $\frac{e^x - e^{-x}}{2} = 1$을 만족하는 해를 모두 구하시오.

풀이 – 예제 2.7

(1) $x + 1 = e^5, \qquad \therefore x = e^5 - 1$
(2) $x = \log_5 7$
(3) $\frac{e^x - e^{-x}}{2} = 1$의 양변에 e^x를 곱하고 정리하면 $e^{2x} - 2e^x - 1 = 0$이 되고 $t = e^x$라 두면 $t > 0$이고 주어진 식은 $t^2 - 2t - 1 = 0$이 된다. 따라서 $t = 1 \pm \sqrt{2}$이고 $t > 0$이므로 $e^x = t = 1 + \sqrt{2}$이다. 이로부터 $x = \ln(1 + \sqrt{2})$이다.

2.1.6 삼각함수의 역함수

정의 2.9

sin, cos, tan 함수의 정의역을 다음과 같이 제한하여 그 역함수를 정의한다.
(1) $\sin : \left[-\frac{\pi}{2}, \frac{\pi}{2}\right] \to [-1, 1]$, $\sin^{-1} : [-1, 1] \to \left[-\frac{\pi}{2}, \frac{\pi}{2}\right]$
(2) $\cos : [0, \pi] \to [-1, 1]$, $\cos^{-1} : [-1, 1] \to [0, \pi]$
(3) $\tan : \left(-\frac{\pi}{2}, \frac{\pi}{2}\right) \to \mathbb{R}$, $\tan^{-1} : \mathbb{R} \to \left(-\frac{\pi}{2}, \frac{\pi}{2}\right)$
삼각함수의 역함수를 $\sin^{-1} x = \arcsin x$로 나타내기도 한다. 마찬가지로 $\arccos x$, $\arctan x$라는 표현도 사용한다. 삼각함수의 역함수 중에서 $y = \tan^{-1} x$의 그래프를 그려보면, $y = \tan x$의 그래프를 $y = x$에 대하여 대칭이동하여 다음과 같이 나타난다.

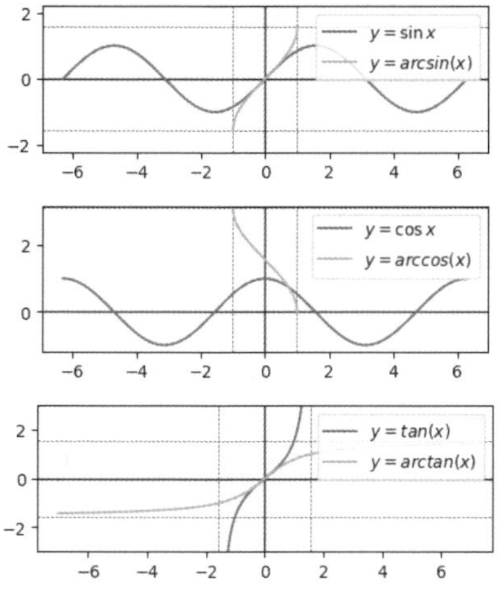

예제 2.8

다음을 구하시오.

(1) $\sin^{-1}\left(\dfrac{1}{\sqrt{2}}\right)$ (2) $\cos^{-1}(-1)$ (3) $\tan^{-1}\left(\dfrac{1}{\sqrt{3}}\right)$

풀이 – 예제 2.8

(1) $\sin x = \dfrac{1}{\sqrt{2}}$ 를 만족하는 $x \in \left[-\dfrac{\pi}{2}, \dfrac{\pi}{2}\right]$ 를 찾으면 된다. 따라서 $\sin^{-1}\left(\dfrac{1}{\sqrt{2}}\right) = \dfrac{\pi}{4}$ 이다.

(2) $\cos x = -1$ 을 만족하는 $x \in [0, \pi]$ 를 찾으면 된다. 따라서 $\cos^{-1}(-1) = \pi$ 이다.

(3) $\tan x = \dfrac{1}{\sqrt{3}}$ 를 만족하는 $x \in \left(-\dfrac{\pi}{2}, \dfrac{\pi}{2}\right)$ 를 찾으면 된다. 따라서 $\tan^{-1}\left(\dfrac{1}{\sqrt{3}}\right) = \dfrac{\pi}{6}$ 이다.

2.1.7 연습문제

1번. 다음 함수의 자연 정의역과 치역을 구하시오.

(1) $f(x) = \sqrt{x+2}$ (2) $f(x) = 1 - \sqrt{1-x}$ (3) $f(x) = \dfrac{1}{x^2 - 2x}$

2번. 다음의 $^\circ$로 주어진 각을 rad로 나타내시오.

(1) 30° (2) 60° (3) 90°

(4) 360° (5) 810°

3번. 다음의 rad 로 주어진 각을 각도($^\circ$)로 나타내시오.

(1) $\dfrac{\pi}{12}$ (2) $\dfrac{\pi}{4}$ (3) $\dfrac{2\pi}{3}$

(4) $\dfrac{5\pi}{2}$ (5) 5π

4번. 반지름 6, 중심각 $\dfrac{\pi}{12}$ rad 인 호의 길이 l과 부채꼴의 넓이 S를 구하시오.

5번. 다음 삼각함수의 값을 구하시오.

(1) $\sin\dfrac{\pi}{3}$ (2) $\cos\dfrac{2\pi}{3}$ (3) $\tan\dfrac{\pi}{6}$

(4) $\sec\dfrac{\pi}{6}$ (5) $\csc\dfrac{\pi}{4}$ (6) $\cot\dfrac{3\pi}{4}$

6번. $\displaystyle\lim_{x\to\infty}\left(1 + \frac{2}{x}\right)^x$ 의 값을 무리수 e를 이용하여 나타내시오.

7번. 다음에 주어진 합성함수의 정의역을 구하시오.

(1) $f(x) = \sqrt{x}$, $g(x) = \sqrt{3-x}$ 일 때, $g \circ f$

(2) $f(x) = x + \dfrac{1}{x}$, $g(x) = \dfrac{x+2}{x+4}$ 일 때, $f \circ g$

8번. 평행이동, 대칭이동, 수축 및 팽창을 이용하여 다음 함수의 그래프를 그리시오.

(1) $y = x^2 + 6x + 5$ (2) $y = \sqrt{x-2} - 3$ (3) $y = 2\sin\dfrac{x}{2}$

9번. 함수 $f(x) = \sqrt[3]{x^2+1}$ 의 역함수를 x를 변수로 하여 표현하고 이 역함수의 정의역을 구하시오.

10번. 다음 방정식의 해를 구하시오.

(1) $1 + \ln(2x-1) = 0$ (2) $e^x = 2\,e^{2x}$ (3) $e^x + e^{-x} = 4$

11번. 다음 역삼각함수의 값을 구하시오.

(1) $\sin^{-1}\left(-\dfrac{\sqrt{3}}{2}\right)$ (2) $\cos^{-1}(0)$ (3) $\tan^{-1}(-1)$

(4) $\cos^{-1}\left(\cos\left(\dfrac{4\pi}{3}\right)\right)$ (5) $\cos^{-1}\left(\cos\left(\dfrac{5\pi}{2}\right)\right)$ (6) $\cos\left(\cos^{-1}\left(-\dfrac{1}{2}\right)\right)$

2.2 일변수 함수의 미분

함수의 극한에 대해서는 다음과 같은 기본적인 함수의 극한 성질을 바탕으로 하여 다양한 함수의 극한을 구할 수 있다는 정도만 언급한다.

$$\lim_{x\to\infty} x = \infty, \qquad \lim_{x\to\infty} \frac{1}{x} = 0, \qquad \lim_{x\to 0^+} \frac{1}{x} = \infty, \qquad \lim_{x\to 0^-} \frac{1}{x} = -\infty$$

예제 2.9

다음 함수의 극한을 구하시오.

(1) $\displaystyle\lim_{x\to\infty} (x^2 - 5x)$

(2) $\displaystyle\lim_{x\to\infty} \frac{x+1}{x^2+1}$

(3) $\displaystyle\lim_{x\to 1} \frac{x^3 - x^2 - x + 1}{(x-1)^2}$

풀이 – 예제 2.9

(1) $\lim_{x\to\infty}(x^2-5x)=\lim_{x\to\infty}x^2\left(1-\frac{5}{x}\right)=\infty.$

(2) $\lim_{x\to\infty}\frac{x+1}{x^2+1}=\lim_{x\to\infty}\frac{\frac{1}{x}+\frac{1}{x^2}}{1+\frac{1}{x^2}}=0.$

(3) $\lim_{x\to 1}\frac{x^3-x^2-x+1}{(x-1)^2}=\lim_{x\to 1}\frac{(x+1)(x-1)^2}{(x-1)^2}=\lim_{x\to 1}(x+1)=2.$

Python 예제 2.7

파이썬의 sympy 라이브러리의 limit 함수를 이용하여 함수의 극한값을 구할 수 있다. 예를 들어, $y=(1+1/x)^x$ 의 여러 가지 극한값을 찾아보자.
그리고 $y=(1+1/x)^x$ 의 그래프를 그려서 이 극한값들을 확인해보자.
(참고: 이 책에서는 실수값을 갖는 함수만 다루기로 한다. 따라서 $y=(1+1/x)^x$ 의 그래프를 그릴 때, $1+1/x>0$를 만족하는 점들의 집합에서만 생각한다.)

```
import sympy as sy
from sympy import *

x = sy.symbols('x')

f=(1+1/x)**x

L1=sy.limit(f,x,oo)

L2=sy.limit(f,x,-oo)

L3=sy.limit(f,x,0)

L4=sy.limit(f,x,-1,'-')

print(L1,L2,L3,L4)
```

```
E E 1 oo
```

```
import numpy as np
import matplotlib.pyplot as plt
from math import *

x=np.linspace(0.1, 20, 500)
x1=np.linspace(-21, -1.1, 500)
y=(1+1/x)**x
y1=(1+1/x1)**x1
plt.figure(figsize=(5,2))
plt.ylim(-2, 8)
plt.axhline(0, color='black', linewidth=1)
plt.axvline(0, color='black', linewidth=1)
plt.axhline(y = e, linestyle = '--', color='green', linewidth=0.5)
plt.annotate("y=e", (0.2, e+0.2))
plt.annotate("y=1", (0.2, 1))
plt.axvline(x = -1, linestyle = '--', color='green', linewidth=0.5)

plt.plot(x,y,label=r'y=(1+1/x)**x')
plt.plot(x1,y1,label=r'y=(1+1/x)**x')

plt.legend(loc='upper right')


plt.show()
```

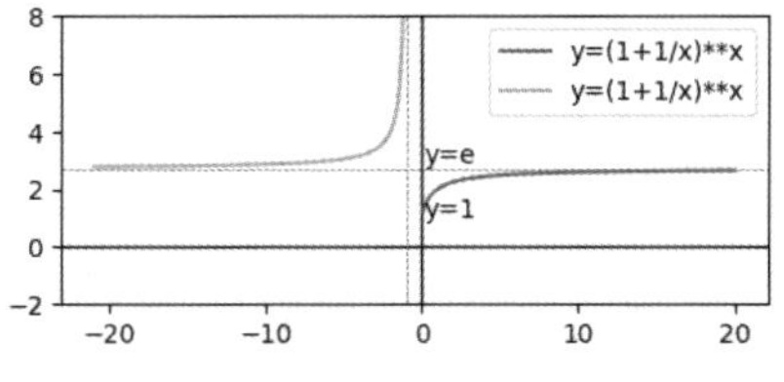

2.2.1 평균변화율과 순간변화율(미분계수)

정의 2.10

함수 $f : (a,b) \to \mathbb{R}$에 대하여 두 점 x_0, $x \in (a,b)$ 사이의 **평균변화율**은

$$\frac{f(x) - f(x_0)}{x - x_0}$$

를 뜻한다. 여기에서 x를 움직여 x_0로 무한히 가까이 보낼 때, 평균변화율의 극한값이 존재하면 f가 x_0에서 **미분가능(differentiable)** 하다고 한다. 이때 그 값을 $f'(x_0)$로 나타내고 f의 점 x_0에서의 **미분계수(derivative)** 라고 한다.

참고 2.2

$f'(x_0)$를 f의 점 x_0에서의 **순간변화율(instantaneous rate of change, 또는 간단히 rate of change)** 이라고도 부른다. 그리고 $f'(x_0)$는 곡선 $y = f(x)$ 위의 점 $P(x_0, f(x_0))$에서의 접선(tangent line)의 기울기가 된다.

따라서 점 $P(x_0, f(x_0))$에서의 접선의 방정식은 $y - f(x_0) = f'(x_0)(x - x_0)$이다.

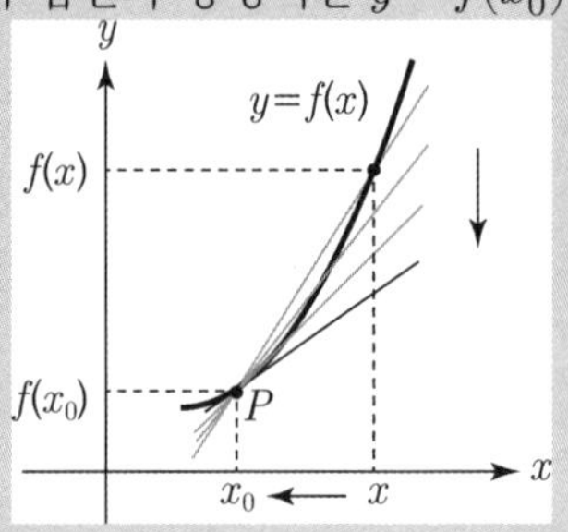

예제 2.10

미분계수의 정의를 이용하여 접선의 기울기를 찾아 다음을 구하시오.

(1) $y = x^2$의 $P(1,1)$에서의 접선의 방정식

(2) $y = \dfrac{2}{x}$의 $Q(2,1)$에서의 접선의 방정식

풀이 – 예제 2.10

(1) $f'(1) = \lim\limits_{x\to1} \dfrac{f(x)-f(1)}{x-1} = \lim\limits_{x\to1} \dfrac{x^2-1}{x-1} = \lim\limits_{x\to1}(x+1) = 2$ 이므로 $P(1,1)$에서의 접선의 방정식은 $y - 1 = 2(x-1)$, 즉 $y = 2x - 1$이다.

(2) $f'(2) = \lim\limits_{x\to2} \dfrac{f(x)-f(2)}{x-2} = \lim\limits_{x\to2} \dfrac{\frac{2}{x}-1}{x-2} = \lim\limits_{x\to2} \dfrac{2-x}{x^2-2x} = \lim\limits_{x\to2} \dfrac{-1}{x} = -\dfrac{1}{2}$ 이므로 $Q(2,1)$에서의 접선의 방정식은 $y - 1 = -\dfrac{1}{2}(x-2)$, 즉 $y = -\dfrac{1}{2}x + 2$이다.

Python 예제 2.8

Python에서 함수를 미분하는 방법

`sympy` 라이브러리: diff(expr, variable, n) 또는 expr.diff(variable, n) `findiff`: 수치적인 미분 FinDiff(axis,spacing, degree)

```
import sympy as sy
from sympy import *

x=symbols('x')
diff(x**2, x)       # f(x) 를 x 에 대해 한번 미분한 함수
```

$$2x$$

```
diff(x**2, x).evalf(subs={x:1}) # x=1 에서 미분계수를 계산
```

2.0

```
# Findiff 를 이용하여 f(x)=sin(x) 와 이의 미분으로 얻어지는 함수의 그래프 그리기
import numpy as np
from findiff import FinDiff, coefficients, Coefficient
import matplotlib.pyplot as plt
plt.rcParams['font.family'] ='NanumGothic'
plt.rcParams['axes.unicode_minus'] =False

x = np.linspace(-np.pi, np.pi, 100)
dx = x[1] - x[0]
f=np.sin(x)
d_dx=FinDiff(0, dx)
df_dx=d_dx(f) # 미분값으로 이루어진 배열
plt.figure(figsize=(5,2))
plt.plot(x, f, color='black', label='$y=\sin(x)$')
plt.plot(x, df_dx, color='blue', label='f 의 미분의 그래프')
plt.axhline(0, color='black', linewidth=0.5)
plt.axvline(0, color='black', linewidth=0.5)
plt.legend()
```

(continues on next page)

(continued from previous page)

```
plt.show()
```

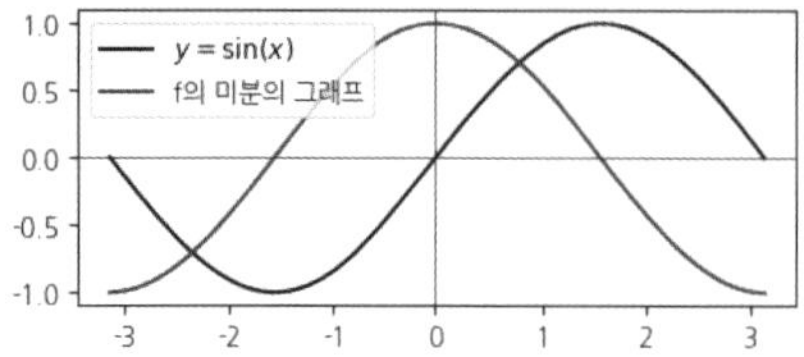

정의 2.11

함수 f의 x에 대한 **도함수(derivative)** $f'(x)$는 점 x에서의 미분계수를 값으로 갖는 함수로서

$$f'(x) = \lim_{h \to 0} \frac{f(x+h) - f(x)}{h}$$

로 정의된다. f의 도함수를 **f의 미분** 이라고도 한다.

정의 2.12

I가 $\mathbb{R}$의 구간이고, 함수 $f : I \to \mathbb{R}$가 모든 $x \in I$에서 미분가능하면 f는 I에서 정의된 **미분가능함수(differentialble function)** 라고 한다.

참고 2.3

$y = f(x)$의 미분을 나타내는 기호를 다음과 같이 쓰기도 한다.

$$f'(x) = \frac{d}{dx}f(x) = D_x[f(x)] = y' = \frac{dy}{dx} = D_x y$$

그리고 한 점 x_0에서의 미분계수도 $f'(x_0) = y'|_{x=x_0} = \frac{dy}{dx}\Big|_{x=x_0}$ 와 같이 나타낸다.

예제 2.11

$f(x) = |x|$가 $x = 0$에서 미분가능하지 않음을 보이시오.

풀이 – 예제 2.11

$f(x) = |x|$라 두면

$$\lim_{x \to 0^+} \frac{f(x) - f(0)}{x - 0} = 1$$

$$\lim_{x\to 0^-}\frac{f(x)-f(0)}{x-0}=-1$$

이므로

$$\lim_{x\to 0}\frac{f(x)-f(0)}{x-0}$$

이 존재하지 않는다.

2.2.2 기본적인 함수의 미분법

미분의 정의를 이용하면 다음 성질이 성립함을 쉽게 확인할 수 있다.

(1) $\frac{d}{dx}[c]=0$

(2) $\dfrac{d}{dx}[x^r]=rx^{r-1}, r\in\mathbb{R}$

(3) f가 미분가능함수이고 c가 상수이면 $\frac{d}{dx}[cf(x)]=c\frac{d}{dx}[f(x)]$

(4) f,g가 미분가능함수이면 $\frac{d}{dx}[f(x)\pm g(x)]=\frac{d}{dx}[f(x)]\pm\frac{d}{dx}[g(x)]$

Python 예제 2.9

위의 미분법을 이용하여 다음에 주어진 함수의 미분을 구하고 python을 이용해 계산 결과를 확인하시오.

(1) $\frac{d}{dx}[x^{4/5}]$ (2) $\frac{d}{dx}[\sqrt{x}]$ (3) $\frac{d}{dx}[2x^6+x^{-9}]$ (4) $\frac{d}{dx}\left[\frac{\sqrt{x}-2x}{\sqrt{x}}\right]$

```
from sympy import *

x=symbols('x')
a = diff(x**(4/5), x)
b = diff(sqrt(x),x)
c = diff(2*x**6 + x**(-9), x)
d = diff((sqrt(x) - 2*x)/(sqrt(x)), x)
print(a,'\n',b,'\n',c,'\n',d)
```

```
0.8/x**0.2
 1/(2*sqrt(x))
 12*x**5 - 9/x**10
 (-2 + 1/(2*sqrt(x)))/sqrt(x) - (sqrt(x) - 2*x)/(2*x**(3/2))
```

예제 2.12

$y = 5x^{-1} - \dfrac{1}{5}x$ 의 $(5, 0)$ 에서의 접선과 x 축, y 축으로 둘러싸인 삼각형의 넓이를 구하시오.

풀이 – 예제 2.12

$y' = -5x^{-2} - \frac{1}{5}$ 이므로 $y'|_{x=5} = -5 \cdot \frac{1}{25} - \frac{1}{5} = -\frac{2}{5}$ 이다. 따라서 $(5, 0)$ 에서의 접선의 방정식은 $y - 0 = -\frac{2}{5}(x - 5)$, 즉 $y = -\frac{2}{5}x + 2$ 이다. 이 접선과 x 축, y 축으로 둘러싸인 삼각형의 넓이는 $\frac{1}{2} \cdot 5 \cdot 2 = 5$ 이다.

```
import sympy as sy
from sympy import *

x=symbols('x')
f=5/x -x/5
tangent_line=f.diff(x,1).evalf(subs={x:5}) *(x-5) + f.evalf(subs={x:5})
p1=plot(f, (x, 2, 6), show=False)
p2=plot(tangent_line, (x, -1, 6), show=False)
p1.extend(p2)
p1.show()
```

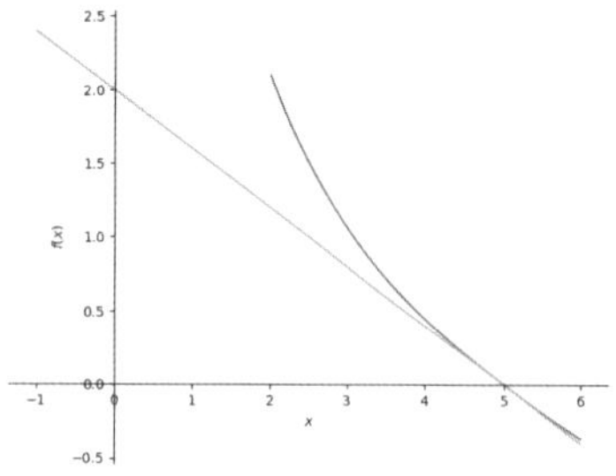

정의 2.13

$f''(x) = \dfrac{d}{dx}[f'(x)]$ 를 f 의 2계 미분, 또는 2계 도함수라고 하며, 다음과 같은 기호로 나타낸다.

$$f''(x) = \frac{d}{dx}\left[\frac{d}{dx}[f(x)]\right] = \frac{d^2}{dx^2}[f(x)]$$

자연수 n에 대하여 f의 n계 미분, 또는 n계 도함수라고 하며, 다음과 같은 기호로 나타낸다.

$$f^{(n)}(x) = \frac{d}{dx}\left[\frac{d^{n-1}}{dx^{n-1}}[f(x)]\right] = \frac{d^n}{dx^n}[f(x)]$$

여기에서 $f^{(0)} = f$를 의미한다.

Python 예제 2.10

파이썬을 이용해 $f(x) = 3x^4 - 2x^3 + x^2 - 4x + 2$에 대하여 $f^{(4)}(x)$를 구하시오.

```
from sympy import *

x=symbols('x')
f = 3*x**4 - 2*x**3 + x**2 -4*x + 2
for i in range(1,5):
    print(diff(f,x,i))
```

```
12*x**3 - 6*x**2 + 2*x - 4
2*(18*x**2 - 6*x + 1)
12*(6*x - 1)
72
```

2.2.3 곱과 몫의 미분법

미분계수의 정의로부터 다음과 같은 곱과 몫의 미분법이 성립한다.

(1) $\frac{d}{dx}[f(x)g(x)] = f'(x)g(x) + f(x)g'(x)$

(2) $\frac{d}{dx}\left[\frac{f(x)}{g(x)}\right] = \frac{f'(x)g(x)-f(x)g'(x)}{g(x)^2}$ (단, $g(x) \neq 0$)

Python 예제 2.11

파이썬을 이용해 다음 함수의 미분을 구하시오.

(1)$f(x) = (4x^2 - 1)(7x^3 + x)$ (2)$f(x) = \dfrac{x^2 - 1}{x^4 + 1}$

```
from sympy import *
```

(continues on next page)

(continued from previous page)

```
x=symbols('x')
f=(4*x**2 -1)*(7*x**3 + x)
print('derivative of f(x)=', f, ' is ', simplify(diff(f, x)))
g= (x**2 -1)/(x**4 +1)
print('derivative of g(x)=', g, ' is ', simplify(diff(g, x)))
```

```
derivative of f(x)= (4*x**2 - 1)*(7*x**3 + x)  is  140*x**4 - 9*x**2 - 1
derivative of g(x)= (x**2 - 1)/(x**4 + 1)  is  2*x*(-x**4 + 2*x**2 + 1)/
↪(x**8 + 2*x**4 + 1)
```

2.2.4 삼각함수의 미분법

삼각함수의 미분에 대하여 미분계수의 정의로 증명하는 과정에서 삼각함수에 대하여 성립하는 여러 가지 등식을 이용해야 하는데, 여기에서는 생략한다.

삼각함수의 미분

(1) $\frac{d}{dx}[\sin x] = \cos x$

(2) $\frac{d}{dx}[\cos x] = -\sin x$

(3) $\frac{d}{dx}[\tan x] = \sec^2 x$

(4) $\frac{d}{dx}[\sec x] = \sec x \tan x$

(5) $\frac{d}{dx}[\cot x] = -\csc^2 x$

(6) $\frac{d}{dx}[\csc x] = -\csc x \cot x$

```
import sympy as sy
from sympy import *


x= symbols('x')
f1=sy.sin(x)
print(diff(f1, x))
f2=sy.cos(x)
print(diff(f2, x))
```

(continues on next page)

(continued from previous page)

```
f3=sy.tan(x)
print(diff(f3, x))
f4=sy.sec(x)
print(diff(f4, x))
f5=sy.csc(x)
print(diff(f5, x))
f6=sy.cot(x)
print(diff(f6, x))
```

```
cos(x)
-sin(x)
tan(x)**2 + 1
tan(x)*sec(x)
-cot(x)*csc(x)
-cot(x)**2 - 1
```

Python 예제 2.12

파이썬을 이용해, $f(x) = \sec x$ 일 때, $f''\left(\frac{\pi}{4}\right)$ 를 구하시오.

```
import sympy as sy
from sympy import *

x = symbols('x')
f=sy.sec(x)
diff(f, x, 2).evalf(subs={x:pi/4})
```

4.24264068711928

2.2.5 합성함수의 미분법: 연쇄법칙(The chain rule)

함수 f 가 x 에서 미분가능하고 g 가 $f(x)$ 에서 미분가능하면 $g \circ f$ 는 x 에서 미분가능하고

$$\frac{d}{dx}[(g \circ f)(x)] = g'(f(x)) \cdot f'(x)$$

가 된다.

Python 예제 2.13

연쇄법칙을 사용하여 다음을 구하고, 파이썬의 계산 결과와 비교해 보시오.

(1) $y = \cos(x^3)$ 일때, y' (2) $w = \tan x$ 이고 $x = 4t^3 + t$ 일때, $\dfrac{dw}{dt}$

(3) $\dfrac{d}{dx}\left[\tan^2 x\right]$ (4) $\dfrac{d}{dx}\left[\sqrt{x^3 + \csc x}\right]$

```
import sympy as sy
from sympy import *


x, t=symbols('x t')
f1=sy.cos(x**3)
print(diff(f1, x))
f2=sy.tan(4*t**3 + t)
print(diff(f2, t))
f3=sy.tan(x)**2
print(diff(f3, x))
f4=sy.sqrt(x**3 + sy.csc(x))
print(diff(f4, x))
```

```
-3*x**2*sin(x**3)
(12*t**2 + 1)*(tan(4*t**3 + t)**2 + 1)
(2*tan(x)**2 + 2)*tan(x)
(3*x**2/2 - cot(x)*csc(x)/2)/sqrt(x**3 + csc(x))
```

2.2.6 음함수 미분법(Implicit differentiation)

$y = f(x)$의 그래프와 $g(x, y) = C$ (C는 상수)의 그래프의 일부분이 일치할 때, $g(x, y) = C$을 $y = f(x)$의 **음함수(implicit function)** 표현이라 한다.

Python 예제 2.14

(1) $x^2 + y^2 = 1$은 $y = \pm\sqrt{1 - x^2}$의 음함수 표현이다.
(2) $x - y^2 = 0$은 $y = \pm\sqrt{x}$의 음함수 표현이다.

```
import sympy as sy
from sympy import *
```

(continues on next page)

(continued from previous page)

```
x, y = sy.symbols('x y')
plt.rcParams['figure.figsize'] = 2, 2
p1=sy.plot_implicit(Eq(x**2 + y**2,1),(x, -1, 1),(y, -1,1))
```

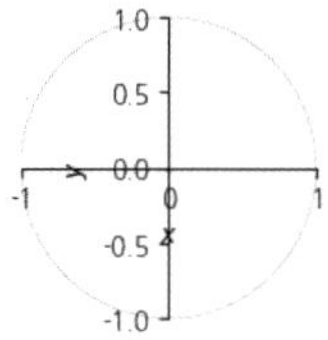

```
import sympy as sy
from sympy import *

x, y = symbols('x y')
plt.rcParams['figure.figsize'] = 2, 2
plot_implicit(Eq(x - y**2,0), (x, -1, 1), (y, -1, 1))
```

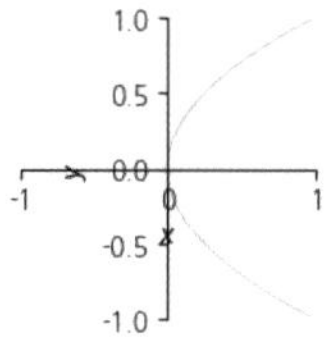

```
import sympy as sy
from sympy import *

x, y = symbols('x y')
plt.rcParams['figure.figsize'] = 2, 2
plot_implicit(Eq(x**2 - y**2,1), (x, -5, 5), (y, -5, 5))
```

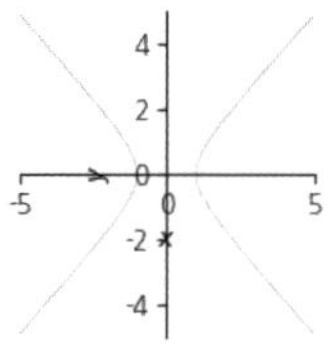

```
import sympy as sy
from sympy import *
```

(continues on next page)

(continued from previous page)

```
x, y = symbols('x y')
plt.rcParams['figure.figsize'] = 2, 2
plot_implicit(Eq(x**3+y**3-3*x*y,0), (x,-3,3), (y,-3,3), figsize=4,
              axes=True,title='Folium of Descartes')
```

Folium of Descartes

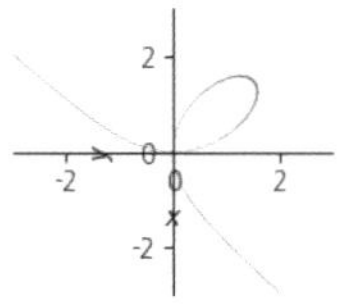

참고 2.4

음함수 $g(x,y)=C$로 주어진 변수 x, y에 대하여 $\frac{dy}{dx}$를 구하고자 할 때, y를 x에 대한 함수로 생각하고, 음함수 식의 양변을 x에 대하여 미분하면서 연쇄법칙을 적용한다. 예를 들어, 음함수 $x^2+y^2=4$에 대하여 $2x+2yy'=0$으로부터 $y'=\frac{dy}{dx}=-\frac{x}{y}$를 구한다. 한편, 주어진 음함수 $g(x,y)=C$의 변수 x, y를 어떤 매개변수 t에 관한 함수로 나타낼 수 있으면 $\frac{dy}{dx}=\frac{dy/dt}{dx/dt}$로 구할 수 있다. 예를 들어, 앞의 경우, $x=2\cos t, y=2\sin t$로 나타내어 $\frac{dy}{dx}=\frac{2\cos t}{-2\sin t}=-\frac{x}{y}$로 구할 수도 있다.

Python 예제 2.15

파이썬을 이용해 다음 질문에 답하시오.

(1) $xy=1$일 때, $\frac{dy}{dx}$를 구하시오.

(2) $5y^2+\sin y=x^2$일 때, $\frac{dy}{dx}$를 구하시오.

(3) $y^2-x+1=0$의 그래프 위의 점 $(2,-1)$에서의 접선의 방정식을 구하시오.

```
import sympy as sy
from sympy import *
x=sy.symbols('x')
y=Function('y')(x)
F=Function('F')(x,y)
F=x*y-1
```

(continues on next page)

(continued from previous page)

```
solve(diff(F,x), diff(y,x))
```

```
[-y(x)/x]
```

```
import sympy as sy
from sympy import *
x=sy.symbols('x')
y=Function('y')(x)
G=Function('G')(x,y)
G=5*y**2 + sy.sin(y)-x**2
idiff(G, y, x)
```

$$\frac{2x}{10y(x) + \cos(y(x))}$$

```
import sympy as sy
from sympy import *
x=sy.symbols('x')
y=Function('y')(x)
eq= y**2 - x + 1
diff(eq, x)
a=idiff(eq, y, x).evalf(subs={x:2, y:-1})
print("접선의 방정식: y= ", a, "*(x-2) - 1")
```

```
접선의 방정식: y=  -0.500000000000000 *(x-2) - 1
```

참고 2.5

음함수 미분법을 사용하여 $\dfrac{d}{dx}[x^r] = rx^{r-1}$ $(r \in \mathbb{Q})$임을 다음과 같이 보일 수 있다. 서로소인 두 정수 p, q $(p \neq 0)$에 대하여 $y = x^{\frac{q}{p}}$ 이면 $y^p = x^q$ 가 되고, 양변을 x에 대하여 미분하여 $py^{p-1}\dfrac{dy}{dx} = qx^{q-1}$ 로부터 $\dfrac{dy}{dx} = \dfrac{q\,x^{q-1}}{p\,y^{p-1}} = \dfrac{q}{p}\,x^{\frac{q}{p}-1}$ 이다.

Python 예제 2.16

파이썬을 이용해 주어진 함수 $x + y = \frac{y}{x}$에 대해 $y'(x), y''(x)$를 구하시오.

```python
import sympy as sy
from sympy import *
x=sy.symbols('x')
y=Function('y')(x)
F=Function('F')(x,y)
F=x+y-y/x
print("y'(x):", idiff(F, y, x))
print("y''(x):", idiff(idiff(F, y, x), y, x))
```

```
y'(x): -(x + y(x)/x)/(x - 1)
y''(x): (x + 2*y(x) - y(x)/x)/(x - 1)
```

2.2.7 로그함수의 미분법

$$e = \lim_{t\to\pm\infty}\left(1+\frac{1}{t}\right)^t = \lim_{h\to 0}(1+h)^{1/h}$$

$x > 0$ 일 때, $f(x) = \ln x$ 에 대하여

$$f'(x) = \lim_{h\to 0}\frac{f(x+h)-f(x)}{h} = \lim_{h\to 0}\frac{\ln(x+h)-\ln(x)}{h} = \lim_{h\to 0}\frac{1}{h}\ln\left(1+\frac{h}{x}\right)$$

$$= \lim_{h\to 0}\ln\left(1+\frac{h}{x}\right)^{\frac{1}{h}} = \lim_{h\to 0}\ln\left(\left(1+\frac{h}{x}\right)^{\frac{x}{h}}\right)^{\frac{1}{x}} = \ln\left(e^{\frac{1}{x}}\right) = \frac{1}{x}$$

이다. 그리고 합성합수의 미분법을 이용하여 $x < 0$ 일 때,

$$\frac{d}{dx}[\ln|x|] = \frac{d}{dx}[\ln(-x)] = \frac{1}{-x}\cdot(-1) = \frac{1}{x}$$

이다. 따라서 모든 $x \in \mathbb{R}\ (x \neq 0)$에 대하여 다음이 성립한다.

$$\frac{d}{dx}[\ln|x|] = \frac{1}{x}, \qquad \frac{d}{dx}[\log_b|x|] = \frac{d}{dx}\left[\frac{\ln|x|}{\ln b}\right] = \frac{1}{x\ln b}$$

예제 2.13

다음 함수의 미분을 구하시오.

(1) $\frac{d}{dx}[\ln(x^2+1)]$ (2) $\frac{d}{dx}\left[\ln\left(\frac{x^2\sin x}{\sqrt{x+1}}\right)\right]$ (3) $\frac{d}{dx}[\log_x 2]$

풀이 – 예제 2.13

$$(1)\frac{d}{dx}\left[\ln(x^2+1)\right]=\frac{2x}{x^2+1}$$

$$(2)\frac{d}{dx}\left[\ln\left(\frac{x^2\sin x}{\sqrt{x+1}}\right)\right]=\frac{d}{dx}\left[2\ln x+\ln(\sin x)-\frac{1}{2}\ln(x+1)\right]$$

$$=\frac{2}{x}+\frac{\cos x}{\sin x}-\frac{1}{2(x+1)}$$

$$(3)\frac{d}{dx}\left[\log_x 2\right]=\frac{d}{dx}\left[\frac{1}{\log_2 x}\right]=\frac{-1}{(\log_2 x)^2}\cdot\frac{1}{x\ln 2}=-\frac{1}{(x\ln 2)(\log_2 x)^2}=-\frac{\ln 2}{x(\ln x)^2}$$

```
import sympy as sy
from sympy import *
x=sy.symbols('x')
f=sy.log((x**2*sy.sin(x))/(sy.sqrt(x+1)))
g=sy.log(2,x)
h=sy.log(x**2 + 1)
print(sy.simplify(diff(f,x)))
print(diff(g,x))
print(diff(h,x))
```

```
(x**2/tan(x) + 3*x/2 + x/tan(x) + 2)/(x*(x + 1))
-log(2)/(x*log(x)**2)
2*x/(x**2 + 1)
```

2.2.8 역함수의 미분법

함수 $y=f(x)$ 가 $\mathbb{R}$의 열린구간 I 에서 정의된 미분가능한 단사함수이면 f 의 역함수 $x=f^{-1}(y)$ 가 존재하고 $f\left(f^{-1}(y)\right)=y$ 를 만족하므로, 합성함수 미분법을 적용하면 $f'\left(f^{-1}(y)\right)\neq 0$ 인 f 의 치역의 모든 점 y 에서

$$\frac{d}{dy}\left[f^{-1}(y)\right]=\frac{1}{f'(f^{-1}(y))}=\frac{1}{f'(x)}$$

이다. 역함수의 변수를 x 로 나타내고자 하면 원래 함수의 식에서 x 와 y 를 교환하여 $x=f(y)$ 로 나타내고, $y=f^{-1}(x)$ 의 미분을 다음과 같이 구한다.

$$\frac{d}{dx}\left[f^{-1}(x)\right]=\frac{1}{f'(y)}$$

문제에서 필요하면 위의 마지막 식을 변수 x로 나타낸다.

예제 2.14

$f(x) = x^3 + 1$에 대하여

(1) 역함수 $y = f^{-1}(x)$를 구하고, 이를 미분하여 $\frac{d}{dx}\left[f^{-1}(x)\right]$를 구하시오.

(2) 역함수 미분법을 이용하여 $\left(f^{-1}\right)'(2)$를 계산하시오.

(3) 역함수 미분법을 이용하여 $\frac{d}{dx}\left[f^{-1}(x)\right]$를 구한 결과를 변수 x로 나타내어 (1)의 결과와 일치함을 보이시오.

풀이 – 예제 2.14

(1) $y = x^3 + 1$,에서 역함수를 구하기위하여 x와 y를 교환하여 $x = y^3 + 1$,로 나타내고 정리하면 $y = (x-1)^{\frac{1}{3}}$ 이다. 즉, $f^{-1}(x) = (x-1)^{\frac{1}{3}}$ 이다. 이를 미분하면 $\frac{d}{dx}\left[f^{-1}(x)\right] = \frac{1}{3}(x-1)^{-\frac{2}{3}} = \frac{1}{3(x-1)^{\frac{2}{3}}}$ 이다.

(2) 역함수 미분법을 이용하기위하여 원래 함수의 식에서 x와 y를 교환하여 $x = f(y) = y^3 + 1$로 나타내고, $\frac{d}{dx}\left[f^{-1}(x)\right] = \frac{1}{f'(f^{-1}(x))} = \frac{1}{3(f^{-1}(x))^2}$을 구한다. $2 = f(1)$ 이므로 $\left(f^{-1}\right)'(2) = \frac{1}{3(f^{-1}(2))^2} = \frac{1}{3}$을 얻는다.

(3) 앞 (2)에서 구한 식을 x로 나타내면 $\frac{1}{3y^2} = \frac{1}{3\left((x-1)^{\frac{1}{3}}\right)^2} = \frac{1}{3(x-1)^{\frac{2}{3}}}$ 이므로 $\frac{d}{dx}\left[f^{-1}(x)\right] = \frac{1}{3(x-1)^{\frac{2}{3}}}$ 이다. 따라서 (1)의 결과와 일치한다.

```
import sympy as sy
from sympy import *
x, y=sy.symbols('x y', positive=True)
n=sy.Eq(y,x**3 + 1)
inv=sy.solve(n, x)
g=inv[0].subs(y,x)
print('f^{-1}(x)=', g)
h=sy.diff(g, x)
print("(f^(-1))'(x)=", h)
h.subs(x, 2)
```

```
f^{-1}(x)= (x - 1)**(1/3)
(f^(-1))'(x)= 1/(3*(x - 1)**(2/3))
```

$$\frac{1}{3}$$

2.2.9 지수함수의 미분법

$b > 0, b \neq 1$ 일 때, 지수함수 $y = b^x$ 가 로그함수 $y = f(x) = \log_b x$ 의 역함수임을 이용하여 지수함수 $y = f^{-1}(x) = b^x$ 의 미분을 구해보자. 역함수 미분법을 사용하기위하여 $x = f(y) = \log_b y = \dfrac{\ln y}{\ln b}$ 로 둔다.

$$\frac{d}{dx}[b^x] = \frac{d}{dx}[f^{-1}(x)] = \frac{1}{f'(y)} = \frac{1}{1/(y \ln b)} = y \ln b = b^x \ln b$$

정리하여 지수함수의 미분은 다음과 같다.

$$\frac{d}{dx}[b^x] = b^x \ln b, \qquad \frac{d}{dx}[e^x] = e^x$$

예제 2.15

다음 함수를 미분하시오.

$(1) f(x) = 2^x \qquad (2) f(x) = e^{-2x} \qquad (3) f(x) = (x^2+1)^{\sin x}$

풀이 – 예제 2.15

(1) $f'(x) = 2^x \ln 2$
(2) $f'(x) = e^{-2x}(-2) = -2e^{-2x}$
(3) $f(x) = (x^2+1)^{\sin x} = e^{\ln((x^2+1)^{\sin x})} = e^{(\sin x)\ln(x^2+1)}$ 이므로

$$\begin{aligned} f'(x) &= e^{(\sin x)\ln(x^2+1)}\left[(\cos x)\ln(x^2+1) + (\sin x)\cdot\frac{2x}{x^2+1}\right] \\ &= (x^2+1)^{\sin x}\left[(\cos x)\ln(x^2+1) + (\sin x)\cdot\frac{2x}{x^2+1}\right] \end{aligned}$$

이다.

```
import sympy as sy
from sympy import *
```

(continues on next page)

(continued from previous page)

```
x=sy.symbols('x')
simplify(diff((x**2 +1)**(sy.sin(x)), x))
```

$$\left(x^2+1\right)^{\sin(x)-1} \cdot \left(2x\sin(x) + \left(x^2+1\right)\log\left(x^2+1\right)\cos(x)\right)$$

2.2.10 역삼각함수의 미분법

삼각함수의 역함수의 미분은 다음과 같이 주어진다.

$$\frac{d}{dx}\left[\sin^{-1}x\right] = \frac{1}{\sqrt{1-x^2}}, \qquad \frac{d}{dx}\left[\cos^{-1}x\right] = -\frac{1}{\sqrt{1-x^2}} \qquad (-1 < x < 1)$$

$$\frac{d}{dx}\left[\tan^{-1}x\right] = \frac{1}{1+x^2}, \qquad \frac{d}{dx}\left[\cot^{-1}x\right] = -\frac{1}{1+x^2} \qquad (-\infty < x < \infty)$$

$$\frac{d}{dx}\left[\sec^{-1}x\right] = \frac{1}{|x|\sqrt{x^2-1}}, \qquad \frac{d}{dx}\left[\csc^{-1}x\right] = -\frac{1}{|x|\sqrt{x^2-1}} \qquad (x < -1 \text{ 또는 } x > 1)$$

예제 2.16

다음 함수의 도함수를 구하시오. (1) $f(x) = \sin^{-1}(x^3)$ (2) $f(x) = \sec^{-1}(e^x)$

풀이 – 예제 2.16

(1) $f'(x) = \dfrac{1}{\sqrt{1-(x^3)^2}} \cdot (3x^2) = \dfrac{3x^2}{\sqrt{1-x^6}}$

(2) $f'(x) = \dfrac{1}{|e^x|\sqrt{(e^x)^2-1}} \cdot e^x = \dfrac{1}{\sqrt{e^{2x}-1}}$

```
import sympy as sy
from sympy import *
x=sy.symbols('x')
diff(sy.asin(x**3), x)
```

$$\frac{3x^2}{\sqrt{1-x^6}}$$

2.2.11 연습문제

1번. 미분계수의 정의를 이용하여 접선의 기울기를 찾아 다음을 구하시오.

(1) $y = \dfrac{2}{x+1}$ 의 $(1, 1)$ 에서의 접선의 방정식
(2) 곡선 $y = \sqrt{x}$ 의 $x_0 = 4$ 에서의 접선의 방정식

2번. $f(x) = x^2 + 1$ 의 도함수를 구하고, 이를 이용하여 $x = 2$ 에서의 접선을 구하시오.

3번. $f(x) = x^3 - x$ 의 x 에 관한 미분을 구하고, $y = f(x)$ 와 $y = f'(x)$ 의 그래프를 비교하시오.

4번. $f(x) = \sqrt{x}$ 의 x 에 대한 미분을 구하고 $x = 9$ 에서의 접선의 방정식을 구하시오. 또 $\lim_{x\to 0^+} f'(x)$ 와 $\lim_{x\to\infty} f'(x)$ 의 값을 구하시오.

5번. 다음 함수의 미분을 구하시오.

(1) $f(t) = (1+t)\sqrt{t}$ (2) $f(x) = \dfrac{x^3 + 2x^2 - 1}{x+5}$

6번. 화창한 날 깃대가 드리우는 그림자의 길이는 태양의 고도에 따라 변한다. 길이가 $50\,\mathrm{m}$ 인 깃대가 드리우는 그림자의 길이를 $s\,\mathrm{m}$ 라 하고, 태양의 고도(그림자 끝에서 잰 지표면과 태양 사이의 각)를 θ 라고 할 때, 그림자의 길이 s 의 $\theta = 45^\circ$ 에서의 순간변화율을 구하시오.

7번. $\dfrac{d^{2100}}{dx^{2100}}[\cos x]$ 을 구하시오.

8번. $\lim_{x\to 0}\dfrac{\tan(x+y) - \tan y}{x}$ 을 구하시오.

9번. 연쇄법칙을 사용하여 다음을 구하시오.

(1) $\dfrac{d}{dx}\left[\tan(x^2+1)\right]$
(2) $\dfrac{d}{dx}\left[(1 + x^5 \cot x)^{-8}\right]$
(3) $\dfrac{d}{dx}\left[\sin(\sqrt{1+\cos x})\right]$

10번. $4x^2 - 2y^2 = 9$ 일 때, $\dfrac{d^2y}{dx^2}$ 을 구하시오.

11번. $x^3 + y^3 = 3xy$ 의 $\dfrac{dy}{dx}$ 를 구하고, $(3/2, 3/2)$ 에서의 접선의 방정식을 구하시오. 그리고 제1사분면의 점 중 $\dfrac{dy}{dx} = 0$ 이 되는 점을 구하시오.

12번. $y = \dfrac{x^2\sqrt[3]{2-x}}{(1+x^2)^4}$ 에 대하여 양변에 자연로그를 취하고 합성함수의 미분법을 이용하여 $\dfrac{dy}{dx}$ 를 구하시오. 그리고 이 곡선 위의 점 $(1, \frac{1}{16})$ 에서의 접선의 방정식을 구하시오.

13번. $y = \ln(\ln x)$ 에 대하여 $\dfrac{dy}{dx}$ 를 구하시오.

14번. $y = \log_2(1 - \sin^2 x)$ 에 대하여 $\dfrac{dy}{dx}$ 를 구하시오.

15번. $\displaystyle\lim_{\Delta x \to 0} \frac{\ln(e^2 + \Delta x) - 2}{\Delta x}$ 를 구하시오.

16번. $f(x) = x^5 + x + 1$ 일 때, $(f^{-1})'(3)$ 을 구하시오.

17번. 다음 함수를 미분하시오.

(1) $f(x) = \arctan(4x^2)$

(2) $f(x) = \left(\cot^{-1}(x)\right)^2$

(3) $f(x) = \dfrac{1}{\csc^{-1}(x)}$

18번. 다음 함수를 미분하시오.

(1) $f(x) = e^{x^3}$

(2) $f(x) = e^{\cos x}$

(3) $f(x) = x^{x^x}$

2.3 미분의 활용

2.3.1 함수의 증감과 오목성

정의 2.14

f 가 $\mathbb{R}$ 의 한 구간 I 에서 정의된 함수이고, 구간 I 에서

(1) $x_1 < x_2$ 이면 $f(x_1) < f(x_2)$ 일 때, f 가 이 구간에서 증가한다(increasing)고 하고,

(2) $x_1 < x_2$ 이면 $f(x_1) > f(x_2)$ 일 때, f 가 이 구간에서 감소한다(decreasing)고 한다.

(3) 모든 점에서 $f(x)$ 의 값이 같을 때, f 가 이 구간에서 상수함수(constant)라 한다.

정리 2.1

함수 f 가 닫힌구간 $[a, b]$ 에서 연속이고 열린구간 (a, b) 에서 미분가능일 때,

(1) 모든 $x \in (a, b)$ 에서 $f'(x) > 0$ 이면 f 는 $[a, b]$ 에서 증가함수이다.

(2) 모든 $x \in (a, b)$ 에서 $f'(x) < 0$ 이면 f 는 $[a, b]$ 에서 감소함수이다.

(3) 모든 $x \in (a, b)$ 에서 $f'(x) = 0$ 이면 f 는 $[a, b]$ 에서 상수함수이다.

Python 예제 2.17

파이썬을 이용해 다음에 주어진 함수가 증가함수인 구간과 감소함수인 구간을 구하시오.

(1) $f(x) = x^2 - 4x + 3$

(2) $f(x) = x^3$

```
import sympy as sy
from sympy import *
x=sy.symbols('x')
f=x**2 - 4*x + 3
print("(1) 의 증가구간:", solve(diff(f,x)>0, x))
print("(1) 의 감소구간:", solve(diff(f,x)<0, x))
```

```
(1) 의 증가구간: (2 < x) & (x < oo)
(1) 의 감소구간: (-oo < x) & (x < 2)
```

```
import sympy as sy
from sympy import *
x=sy.symbols('x')
f=x**3
print("(2) 의 증가구간:", solve(diff(f,x)>0, x))
print("(2) 의 감소구간:", solve(diff(f,x)<0, x))
```

```
(2) 의 증가구간: (x > -oo) & (x < oo) & Ne(x, 0)
(2) 의 감소구간: False
```

정의 2.15 함수의 오목성, 볼록성

f가 $\mathbb{R}$의 열린구간 I에서 미분가능일 때, f'이 I에서 증가함수이면 $y = f(x)$의 그래프는 위로 오목(concave up = convex down(아래로 볼록)) f'이 I에서 감소함수이면 $y = f(x)$의 그래프는 아래로 오목(concave down = convex up(위로 볼록))이라 한다.

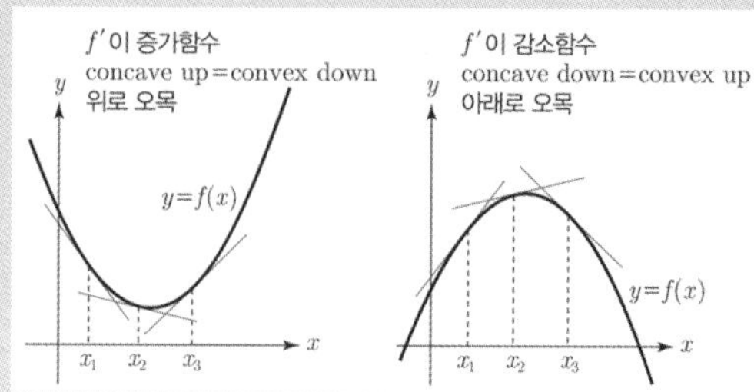

정리 2.2

f가 열린구간 I에서 두 번 미분가능한 함수일 때,
(1) 모든 $x \in I$에 대하여 $f''(x) > 0$이면 $y = f(x)$의 그래프는 I에서 위로 오목이다.
(2) 모든 $x \in I$에 대하여 $f''(x) < 0$이면 $y = f(x)$의 그래프는 I에서 아래로 오목이다.

정의 2.16 변곡점

f가 x_0를 포함하는 열린구간 I에서 연속이고 $(x_0, f(x_0))$에서 함수의 오목성이 바뀔 때, f는 x_0에서 **변곡점(inflection point)** 을 갖는다고 하고, $(x_0, f(x_0))$를 f의 그래프의 변곡점이라 한다.

Python 예제 2.18

파이썬을 이용해 다음 함수의 위로 오목인 구간과 아래로 오목인 구간을 구하고 변곡점이 있으면 모두 구하시오.

(1) $f(x) = x^3 - 3x^2 + 1$ (2) $f(x) = xe^{-x}$

```
import sympy as sy
import matplotlib.pyplot as plt
from sympy import *
x=sy.symbols('x')
f=x**3 - 3*x**2 + 1
plt.rcParams['figure.figsize'] = 4, 2
plot(f, (x,-1, 3))
print("증가구간:", solve(diff(f,x)>0, x))
print("감소구간:", solve(diff(f,x)<0, x))
print("위로 오목인 구간:", solve(diff(f,x, 2)>0, x))
print("아래로 오목인 구간:", solve(diff(f,x, 2)<0, x))
```

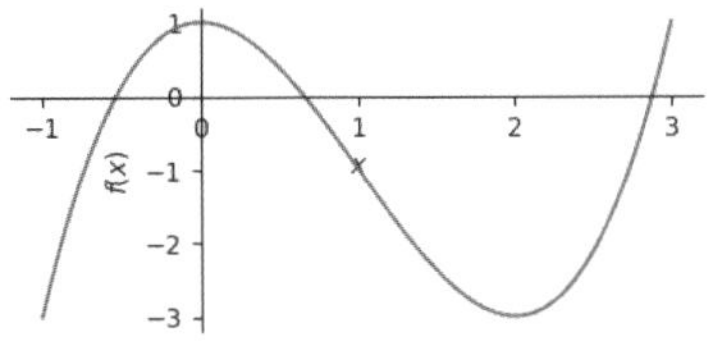


```
증가구간: ((-oo < x) & (x < 0)) | ((2 < x) & (x < oo))
감소구간: (0 < x) & (x < 2)
위로 오목인 구간: (1 < x) & (x < oo)
아래로 오목인 구간: (-oo < x) & (x < 1)
```

$x = 1$ 에서 주어진 함수의 오목성이 바뀌므로 $x = 0$ 은 변곡점이 된다.

2.3.2 함수의 극값

정의 2.17

x_0 를 포함하는 열린 구간이 존재하여 이 구간의 모든 점 x 에 대하여 $f(x_0) \geq f(x)$ 를 만족할 때, f 는 x_0 에서 **극댓값(relative maximum)** 을 갖는다고 한다. x_0 를 포함하는 열린 구간이 존재하여 이 구간의 모든 점 x 에 대하여 $f(x_0) \leq f(x)$ 를 만족할 때, f 는 x_0 에서 **극솟값(relative minimum)** 을 갖는다고 한다. 극값은 극댓값 또는 극솟값을 뜻한다.

참고 2.6

(1) $f(x) = x^2$ 은 $x = 0$ 에서 극솟값을 갖는다.
(2) $f(x) = x^3$ 은 극값을 갖지 않는다.
(3) $f(x) = x^3 - 3x + 3$ 은 $x = -1$ 에서 극대, $x = 1$ 에서 극솟값을 갖는다.

정의 2.18

함수 f 가 x_0 에서 미분불가능이거나 $f'(x_0) = 0$ 일 때, x_0 를 **임계점(critical point)** 이라한다. 특히 이 두 가지 종류의 임계점을 구분하기 위하여 수평접선을 갖는점($f'(x_0) = 0$ 인 점)을 **정류점(stationary point)** 이라 한다.

참고 2.7

아래의 그래프에서 $(x_1, f(x_1)), (x_2, f(x_2))$ 모두 임계점이고, 이 중에서 $(x_2, f(x_2))$ 는 정류점이다.

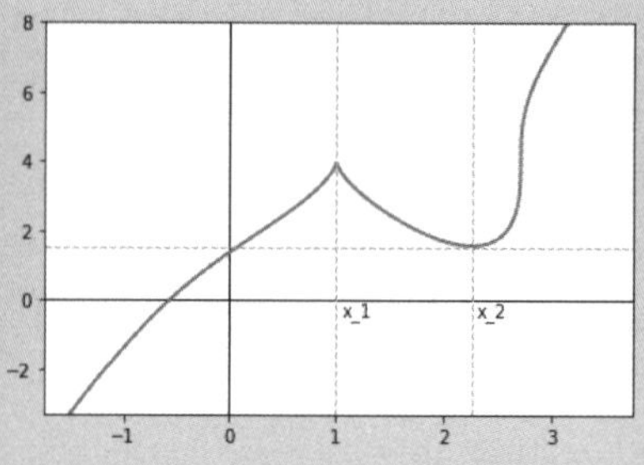

참고 2.8

함수 f가 x_0를 포함하는 열린구간에서 정의되어 있고 이 함수가 x_0에서 극값을 가지면 x_0는 함수 f의 임계점이다.

예제 2.17

함수 $f(x) = 3|x|^4 - 16|x|^3 + 30|x|^2 - 24|x|$ 의 그래프의 개형을 그리고, 임계점을 모두 찾으시오.
또 정류점, 극대점, 극소점을 모두 찾으시오.

풀이 – 예제 2.17

$f(x) = 3|x|^4 - 16|x|^3 + 30|x|^2 - 24|x|$ 의 그래프는 y축에 대하여 대칭이므로, $x \geq 0$ 인 범위에서의 그래프의 개형을 그려보자.
$x \geq 0$ 일 때, $f(x) = 3x^4 - 16x^3 + 30x^2 - 24x$ 이므로, $f'(x) = 12x^3 - 48x^2 + 60x - 24 = 12(x-1)^2(x-2) = 0$ 은 $x = 1, x = 2$ 에서 성립한다.그리고 $f(1) = -7, f(2) = -8$ 이다.이 결과로 4차 다항함수의 그래프의 $f(x) = 3x^4 - 16x^3 + 30x^2 - 24x$ 를 $x \geq 0$ 범위에서 그린 후, y축에 대칭으로 $x < 0$ 인 범위에서도 그려주면 다음과 같은 그래프를 얻는다.
따라서 임계점은 $(-2,-8)$, $(-1,-7)$, $(0,0)$, $(1,-7)$, $(2,-8)$ 이다. 또 정류점은 $(-2,-8), (-1,-7), (1,-7), (2,-8)$, 극대점은 $(0,0)$, 극소점은 $(-2,-8), (2,-8)$ 이다.
참고로, $(-1,-7), (1,-7)$ 은 변곡점이다.

```
import sympy as sy
from sympy import *
```

(continues on next page)

(continued from previous page)

```
import matplotlib.pyplot as plt
plt.rcParams['figure.figsize'] = 4, 2
x=sy.symbols('x')
f=3*abs(x)**4 - 16* abs(x)**3 + 30*abs(x)**2 -24*abs(x)
g=3*x**4 -16*x**3 + 30*x**2 - 24*x
plot(f, (x, -3, 3))
# x>0 인 영역에서 극대. 극소, 정류점 구하기
print("x>0 인 영역에서 극대:",
      solve([diff(g, x), diff(g,x,2)<0], x))
print("x>0 인 영역에서 극소:",
      solve([diff(g, x), diff(g,x,2)>0], x))
print("x>0 인 영역에서 정류점:", solve([diff(g, x)], x))
```

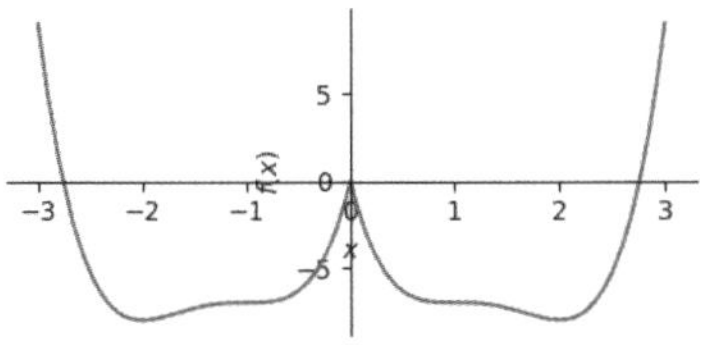


```
x>0 인 영역에서 극대: False
x>0 인 영역에서 극소: Eq(x, 2)
x>0 인 영역에서 정류점: [(1,), (2,)]
```

정리 2.3 1 계미분 판정법

함수 f가 임계점 x_0에서 연속이고, $x = x_0$의 좌우에서

(1) $f'(x)$의 부호가 음수에서 양수로 바뀌면 f는 x_0에서 극솟값을 가지고,

(2) $f'(x)$의 부호가 양수에서 음수로 바뀌면 f는 x_0에서 극댓값을 가지며,

(3) $f'(x)$의 부호가 변하지 않으면 x_0에서 극값을 갖지 않는다.

예제 2.18

파이썬을 이용해 함수 $f(x) = 3x^{5/3} - 15x^{2/3}$의 그래프를 그리고 극점을 모두 구하시오. (참고: $y = x^{2/3}$의 그래프는 $y = (x^2)^{1/3}$의 그래프와 같고 따라서 이 함수의 그래프는 y축에 대하여 대칭이고 $y^3 = x^2$의 그래프(cusp)와 같다. $y = x^{5/3} = x \cdot x^{2/3}$의 그래프는 원점에 대하여 대칭이다.)

```
import sympy as sy
from sympy import *
import matplotlib.pyplot as plt
plt.rcParams['figure.figsize'] = 4, 2
x=sy.symbols('x')
f=3*x**(5/3) - 15*x**(2/3)
g=3*x*(-x)**(2/3) - 15*(-x)**(2/3)
plot((f, (x, 0, 7)), (g, (x, -7, 0)))
print("x>0 인 영역에서 f의 정류점:",solve(diff(f,x),x))
print("g 의 정류점:",solve(diff(g,x),x))
f.subs(x,2)
```

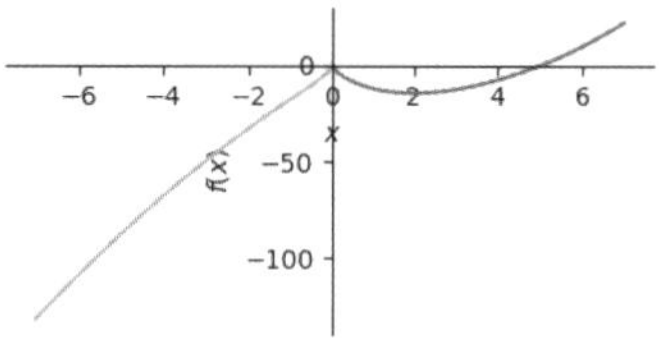


```
x>0 인 영역에서 f의 정류점: [2.00000000000000]
g 의 정류점: [2.00000000000000]
```

$$-14.2866094677138$$

풀이 – 예제 2.18

위의 그래프로 부터 극솟점은 $(2, -9\sqrt[3]{4})$, 극댓점은 $(0, 0)$ 이다.

정리 2.4 2 계미분 판정법

f 가 x_0 에서 두 번 미분 가능할 때,
(1) $f'(x_0) = 0, f''(x_0) > 0$ 이면 f 는 x_0 에서 극솟값을 가지고,
(2) $f'(x_0) = 0, f''(x_0) < 0$ 이면 f 는 x_0 에서 극댓값을 가지며,
(3) $f'(x_0) = 0, f''(x_0) = 0$ 이면 극값을 판정할 수 없다.

Python 예제 2.19

파이썬을 이용해 함수 $f(x) = x^3 - 3x + 2$ 의 그래프의 개형을 그리시오.

```
import sympy as sy
from sympy import *
import matplotlib.pyplot as plt
plt.rcParams['figure.figsize'] = 4, 2
x=sy.symbols('x')
f=x**3 - 3*x + 2
plot(f, (x, -3, 3))
print("임계점:", solve([diff(f, x)], x))
print("극대:", solve([diff(f, x), diff(f, x, 2)<0], x))
print("극소:", solve([diff(f, x), diff(f, x, 2)>0], x))
```

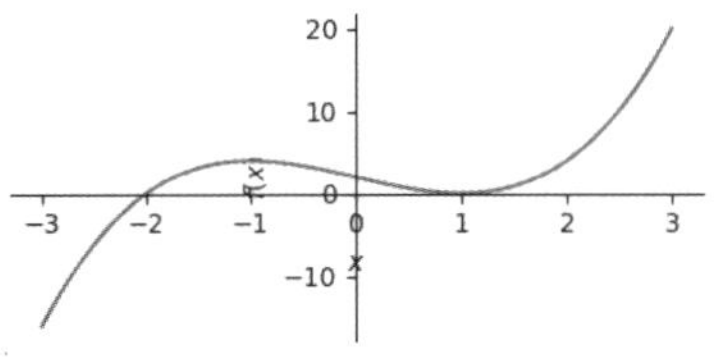


```
임계점: [(-1,), (1,)]
극대: Eq(x, -1)
극소: Eq(x, 1)
```

2.3.3 최댓값(absolute maxima), 최솟값(absolute minima)

정의 2.19

함수 f의 정의역의 모든 점 x에 대하여 $f(x_0) \geq f(x)$를 만족할 때, $f(x_0)$를 함수 f의 **최댓값(absolute maximum)** 이라 한다. 정의역의 모든 점 x에 대하여 $f(x_0) \leq f(x)$를 만족할 때, $f(x_0)$를 함수 f의 **최솟값(absolute minimum)** 이라 한다.

구간 I에서 정의된 함수 $f : I \to \mathrm{R}$의 최댓값과 최솟값을 구하기 위하여 구간 I 내에 있는 모든 임계점과 구간의 왼쪽 또는 오른쪽 끝점을 찾아, 이들 점에서 함숫값을 구하여 가장 큰 값과 가장 작은 값을 찾는다.

예제 2.19

다음 함수의 주어진 구간에서의 최댓값과 최솟값을 구하시오.

(1) $f(x) = x^4 + 4x, x \in \mathbb{R}$

(2) $f(x) = \dfrac{3x}{\sqrt{4x^2+1}}, x \in [-1, 1]$

```
import sympy as sy
from sympy import *
import matplotlib.pyplot as plt
plt.rcParams['figure.figsize'] = 4, 2
x=sy.symbols('x')
f=(3*x)/(sy.sqrt(4*x**2 +1))
plot(f, (x, -3, 3))
```

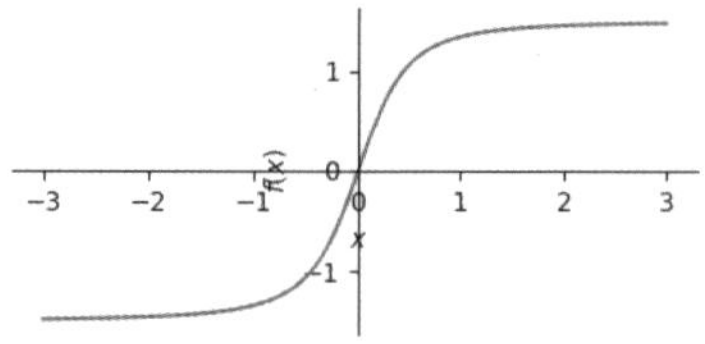

풀이 - 예제 2.19

위의 그래프로 부터 (2)의 최댓값은 $x = 1$ 에서 $\frac{3}{\sqrt{5}}$, 최솟값은 $x = -1$ 에서 $-\frac{3}{\sqrt{5}}$ 이다.

예제 2.20

250 cm^3 용량의 직원기둥 모양의 통조림통을 만들 때, 재료가 가장 적게 드는 통의 반지름과 높이를 구하시오.

2.3.4 평균값 정리

함수 $f : [a, b] \to \mathbb{R}$ 가 닫힌 구간 $[a, b]$ 에서 연속이고 열린 구간 (a, b) 에서 미분가능하면, 다음을 만족하는 점 $c \in (a, b)$ 가 존재한다.

$$\frac{f(b) - f(a)}{b - a} = f'(c)$$

즉, 두 점 a, b 사이에서 f 의 평균변화율과 같은 순간변화율을 갖는 점 c 가 존재한다.

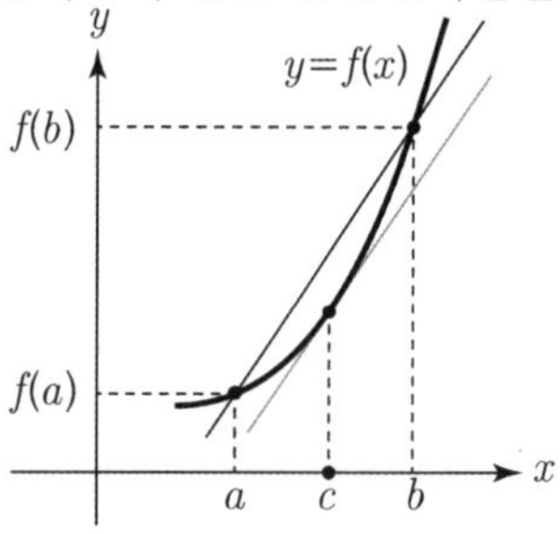

예제 2.21

직선 트랙에서 두 사람이 같은 선에서 동시에 출발하여 달려서 동시에 결승선을 통과하였다. 달리는 도중 두 사람의 속도가 같았던 시각이 반드시 존재하는 이유를 설명하시오.

풀이 – 예제 2.21

시간 구간을 $[0, a]$로 나타내고, 이 구간의 각 시각 t의 두 사람의 위치를 함수 $g(t), h(t)$로 나타내었을 때, $g(0) = h(0), g(a) = h(a)$이다. 여기에서 $f(t) = g(t) - h(t)$로 두면 $f(0) = 0, f(a) = 0$이므로, 평균값 정리에 의하여 $\dfrac{f(a) - f(0)}{a - 0} = 0 = f'(c)$인, 즉, $g'(c) = h'(c)$인 시각 c가 0과 a 사이에 존재한다. 위치함수의 미분이 속도이므로, 달리는 도중 두 사람의 속도가 같았던 시각이 존재한다.

예제 2.22

어떤 자동차가 시속 90 km 제한속도의 고속도로에서 전체 거리가 16 km인 구간단속 구간의 시작점을 시속 85 km로 통과하였고, 10분 후 종료지점을 시속 80 km로 통과하였는데 과속을 했다고 판정되는 이유를 설명하시오.

2.3.5 선형근사식(일차근사식)

앞에서 미분가능함수 $y = f(x)$의 점 $(x_0, f(x_0))$에서의 접선의 방정식은

$$y = f(x_0) + f'(x_0)(x - x_0)$$

로 주어짐을 살펴보았다. x_0 근방의 점 x에서 함수값 $f(x)$의 근사값으로 접선 상의 y값을 사용할 수 있다.

$$f(x) \approx f(x_0) + f'(x_0)(x - x_0)$$

위 근사식의 우변의 x에 대한 일차다항식 $L(x) = f(x_0) + f'(x_0)(x - x_0)$을 f의 x_0 근방에서의 **일차 근사다항식** 또는 **선형근사식(linear approximation)** 이라고 부른다

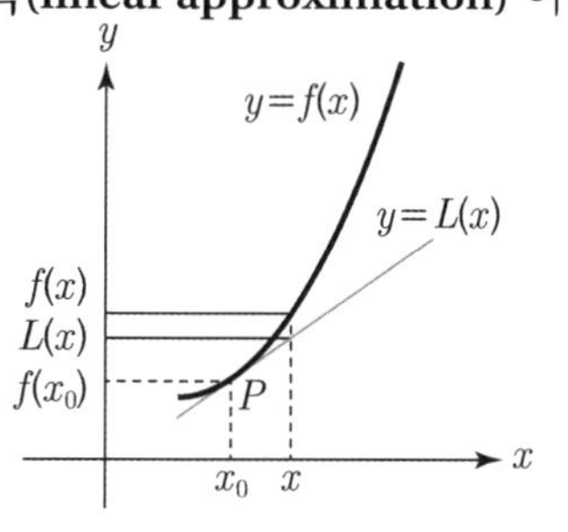

예제 2.23

$f(x) = \sqrt{x}$ 의 $x_0 = 1$ 근방에서의 일차 근사다항식 $L(x)$ 를 구하고, 이를 이용하여 $\sqrt{1.1}$ 의 근삿값을 구하시오.

풀이 – 예제 2.23

$f'(x) = \dfrac{1}{2\sqrt{x}}$ 이므로 $f'(1) = \dfrac{1}{2}$ 이다. 따라서 $x_0 = 1$ 근방에서의 1차 근사다항식은 $L(x) = 1 + \dfrac{1}{2}(x-1)$ 이다. 따라서 $\sqrt{1.1} \approx 1 + \dfrac{1}{2} \times 0.1 = 1.05$ 이다.

미분의 표현 $\dfrac{dy}{dx} = f'(x)$ 를 $dy = f'(x)\,dx$ 로 나타낸 것을 **미분형식(differential form)** 이라고 한다. 여기에서 dy 를 **differential** 이라고 부르며, $y = f(x)$ 의 접선 $y = L(x)$ 를 따라 x 변화량 dx 에 접선의 기울기를 곱한 만큼의 y 변화량을 나타낸다.

점 x_0 와 x 사이에서 곡선 $y = f(x)$ 를 따른 y 값의 차이(difference) $\Delta y = f(x) - f(x_0)$ 의 근삿값으로 접선을 따른 differential dy 를 사용할 수 있다. 즉

$$\Delta y \approx dy = f'(x)dx = f'(x)\Delta x$$

여기에서 dx, Δx 는 같은 양을 나타낸다. x 는 독립변수이므로 x 변화량을 먼저 정하고, 곡선 $y = f(x)$ 이나 접선 $y = L(x)$ 를 따른 y 변화량의 관계를 살피는 것이다.

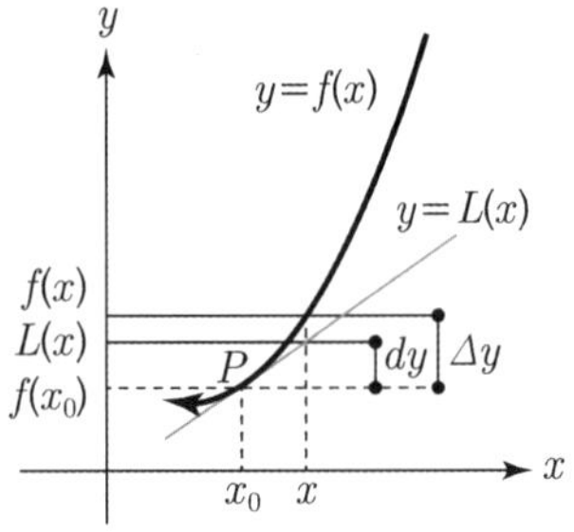

참고 2.9

x_0 를 참값, x 를 측정값으로 생각할 때, $dx = \Delta x = x - x_0$ 는 측정오차의 한계이고, 이 값으로부터 구한 함숫값 $y = f(x)$ 의 오차(error) 범위는 Δy 이다.

예제 2.24

$y = \sqrt{x}$ 이고 $dx = \Delta x = 0.1$ 일 때, $x_0 = 4$ 에서의 Δy 와 dy 를 구하여라.

풀이 – 예제 2.24

$f'(x) = \dfrac{1}{2\sqrt{x}}$ 이므로 $f'(4) = \dfrac{1}{4}$ 이다. 따라서 $x_0 = 4$ 에서의 $\Delta y = f(4+0.1) - f(4) = \sqrt{4.1} - 2$ 이고, $dy = \dfrac{1}{4} \times 0.1 = 0.025$ 이다.

예제 2.25

측정오차의 한계가 0.5 mm인 자를 사용하여 정사각형의 한 변의 길이를 측정하였더니 10 cm였다. 이 값을 이용하여 계산한 정사각형의 넓이의 오차 범위의 근삿값을 differential을 이용하여 구하시오. 그리고 이 정사각형의 계산된 넓이의 실제 오차 범위를 구하시오.

풀이 – 예제 2.25

한 변의 길이가 x 인 정사각형의 넓이는 $f(x) = x^2$ 이다. $dx = \Delta x = 0.05$ cm이므로 differential $dy = f'(x)dx = 2x\,dx$ 를 $x = 10$ 에서 구하면 $dy = 2 \cdot 10 \cdot 0.05 = 1\,\text{cm}^2$ 이다. 즉, 정사각형의 넓이의 오차 범위의 근삿값은 $\Delta y \approx 1\,\text{cm}^2$ 이다. 그리고 이 정사각형의 계산된 넓이의 실제 오차 범위는 $\Delta y = f(10+0.05) - f(10) = (10+0.05)^2 - 10^2 = 1.0025\,\text{cm}^2$ 이다.

2.3.6 뉴튼의 근사법(Newton's method)

뉴튼의 근사법은 $f(x) = 0$ 을 만족하는 근 $x = r$ 의 근삿값을 찾는 방법으로, 접선을 반복적으로 이용한다. 구하려는 실제 근에 가까운 값 x_0 를 f 의 정의역에서 하나 잡고 시작하여 수열 $x_1, x_2, \cdots, x_n, \cdots$ 을 구성하여 r 로 수렴하게 만드는 방법으로 다음과 같은 점화식을 이용한다.

$$x_{n+1} = x_n - \frac{f(x_n)}{f'(x_n)}$$

이 점화식은 $y = f(x)$ 의 $x = x_n$ 인 점에서의 접선

$$y - f(x_n) = f'(x_n)(x - x_n)$$

이 x 축과 만나는 점의 좌표를 x_{n+1} 로 잡은 것이다.

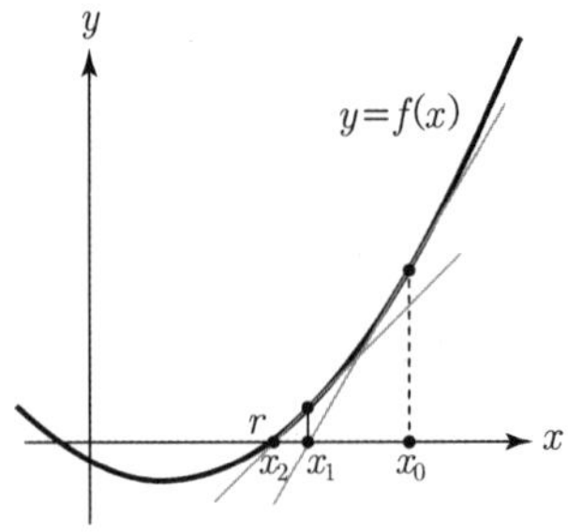

예제 2.26

$f(x) = x^2 - 2 = 0$의 해의 근삿값을 구하기 위하여 뉴튼의 근사법을 이용하여 $x_0 = \frac{3}{2}$로 잡고 x_1, x_2를 계산하시오.

풀이 – 예제 2.26

$f'(x) = 2x$ 이므로 $x - \frac{f(x)}{f'(x)} = x - \frac{x^2-2}{2x} = \frac{x}{2} + \frac{1}{x}$ 이다. 따라서 $x_1 = \frac{x_0}{2} + \frac{1}{x_0} = \frac{3}{4} + \frac{2}{3} = \frac{17}{12}$, $x_2 = \frac{x_1}{2} + \frac{1}{x_1} = \frac{17}{24} + \frac{12}{17} = \frac{577}{408} \approx 1.41421568627451$ 이다.

```
import sympy as sy
from sympy import *

x=sy.symbols('x')
f=x**2 -2
def newton(a):
    return a - f.subs(x,a)/diff(f,x).evalf(subs={x:a})

nx=4.          # 초기 값
for i in range(8):
    print("n=", i, "x_n=",nx )
    nx=newton(nx)
```

```
n= 0 x_n= 4.0
n= 1 x_n= 2.25000000000000
n= 2 x_n= 1.56944444444444
n= 3 x_n= 1.42189036381514
n= 4 x_n= 1.41423428594007
n= 5 x_n= 1.41421356252493
```

(continues on next page)

(continued from previous page)

```
n= 6 x_n= 1.41421356237310
n= 7 x_n= 1.41421356237309
```

Python 예제 2.20

뉴튼의 근사법을 함수 $y=(x-1)(x-2)(x-3)$ 에 적용하여 초기값에 따라 찾아지는 해가 어떻게 변하는지 관찰해 봅시다. $x_0=-1, x_0=1.3, x_0=1.6, x_0=2.1, x_0=2.8$, $x_0=30$ 을 각각 다음 파이썬 코드에 대입하여 어떤 수로 수렴하는지 확인해 보세요.

```
import sympy as sy
from sympy import *

x=sy.symbols('x')
f=(x-1)*(x-2)*(x-3)
def newton(a):
    return a - f.subs(x,a)/diff(f,x).evalf(subs={x:a})

nx=30          # 초기 값
for i in range(11):
    print("n=", i, "x_n=",nx )
    nx=newton(nx)
```

```
n= 0 x_n= 30
n= 1 x_n= 20.6746065504041
n= 2 x_n= 14.4616487854716
n= 3 x_n= 10.3256367060678
n= 4 x_n= 7.57724476489874
n= 5 x_n= 5.75843922632672
n= 6 x_n= 4.56618129129198
n= 7 x_n= 3.80200102534078
n= 8 x_n= 3.33876090033150
n= 9 x_n= 3.09642306210608
n= 10 x_n= 3.01138921162162
```

```
import sympy as sy
from sympy import *
```

(continues on next page)

(continued from previous page)

```
x=sy.symbols('x')
f=(x-1)*(x-2)*(x-3)
def newton(a):
    return a - f.subs(x,a)/diff(f,x).evalf(subs={x:a})

n0 = nx=30
count=0
while abs(f.subs(x,nx)) > 0.00000000001:
    nx=newton(nx)
    count = count + 1
print("초기값 x_0=", n0, "일 때, 뉴튼의 근사법을 사용한 근은 n=", count, "일 때 근사
적으로 ", nx, "이다.")
```

```
초기값 x_0= 30 일 때, 뉴튼의 근사법을 사용한 근은 n= 13 일 때 근사적으로 3.
↪00000000000000 이다.
```

참고 2.10

뉴튼 근사법을 사용하여 얻은 수열 $\{x_n\}$ 이 수렴하는지의 여부와 이 수열이 수렴할 조건, 그리고 만일 수렴할 때 실제 해 $x = a$ 에 근사적으로 구한 해 x_n 사이의 오차의 범위 등은 이 책의 범위를 벗어나므로 생략한다.
wolfram mathworld : Newton's method[3] 참조

2.3.7 함수의 멱급수 표현

먼저 간단한 예로, $|x| < 1$ 인 실수 x 를 공비로 하는 등비급수의 합을 생각하면

$$\frac{1}{1-x} = 1 + x + x^2 + x^3 + \cdots = \sum_{n=0}^{\infty} x^n$$

으로 나타낼 수 있다. 또, 비슷하게 $|x| < \frac{1}{2}$ 인 실수 x 에 대하여

$$\frac{1}{1-2x} = 1 + 2x + 4x^2 + 8x^3 + \cdots = \sum_{n=0}^{\infty} 2^n x^n$$

[3] https://mathworld.wolfram.com/NewtonsMethod.html

으로 나타낼 수 있다. 이때 우변에서 미지수 x의 거듭제곱 x^n에 계수로 어떤 수열 a_n을 곱한 항을 무한히 더한 급수를 **멱급수(power series)** 라고 부른다. 예로 든 두 함수는 x의 적당한 범위에서 멱급수로 나타낼 수 있는 것이다

정리 2.5 테일러의 정리

구간 I에서 정의된 함수 $f : I \to \mathbb{R}$가 I에서 $(n+1)$번 미분가능하면 한 점 $x_0 \in I$,를 중심으로 고정하고, $x \in I$에 대하여

$$f(x) = \left(\sum_{k=0}^{n} \frac{f^{(k)}(x_0)}{k!}(x - x_0)^k \right) + R_n(x)$$

로 나타낼 수 있고, 여기에서 나머지 항 $R_n(x)$은 x와 x_0 사이의 어떤 점 z에 대하여

$$R_n(x) = \frac{f^{(n+1)}(z)}{(n+1)!}(x - x_0)^{n+1}$$

을 만족한다.

테일러의 정리에서

$$\begin{aligned} P_n(x) &= \textstyle\sum_{k=0}^{n} \dfrac{f^{(k)}(x_0)}{k!}(x - x_0)^k \\ &= f(x_0) + \dfrac{f'(x_0)}{1!}(x - x_0) + \dfrac{f''(x_0)}{2!}(x - x_0)^2 + \cdots + \dfrac{f^{(n)}(x_0)}{n!}(x - x_0)^n \end{aligned}$$

를 함수 $f(x)$의 x_0를 중심으로 한 n차 **테일러 다항함수(Taylor polynomial)** 라고 부르고, 함수 $f(x)$와 $P_n(x)$와의 차이인 $R_n(x)$를 x_0를 중심으로 한 **나머지 항(remainder)** 이라고 부른다.

무한 번 미분가능한 함수 f에 대하여 멱급수 $\displaystyle\sum_{k=0}^{\infty} \frac{f^{(k)}(x_0)}{k!}(x - x_0)^k$을 x_0를 중심으로 하는 $f(x)$의 **테일러 급수(Taylor series)** 또는 **테일러 전개식(Taylor expansion)** 이라고 부른다. 특히 $x_0 = 0$을 중심으로 하는 테일러 급수는 **매클로린 급수(Maclaurin series)** 라고도 부른다.

테일러의 정리에 의하여 어떤 점 x에서 $\lim_{n \to \infty} R_n(x) = 0$인 것은 $f(x)$와 그 테일러 급수의 값이 같아질 필요충분조건이다.

Python 예제 2.21

파이썬의 sympy 라이브러리에서 $x = a$에서의 $(n0 - 1)$차 테일러 근사다항식을 구하는 방법은 다음과 같다.

```
series(expr, x=None, x0=a, n=n0, dir='+')
```

```
import sympy as sy
from sympy import *


x=sy.symbols('x')
f=sy.sin(x)

series(f, x, x0=0, n=4)
```

$$x - \frac{x^3}{6} + O\left(x^4\right)$$

```
import sympy as sy
from sympy import *
import matplotlib.pyplot as plt
plt.rcParams['figure.figsize'] = 5, 3

x=sy.symbols('x')
i = symbols('i j', cls=Idx)
f=sy.sin(x)
fi=Indexed('f',i)
p=plot(f, xlim=[-4*pi, 4*pi], ylim=[-5, 5], show= False,
       label='$y=sin(x)$')
for i in range(10):
    fi=series(f, x, x0=0, n=i).removeO()
    p.extend(plot(fi, xlim=[-4*pi, 4*pi], ylim=[-5, 5],
                  linecolor='g',show=False))

p.show()
```

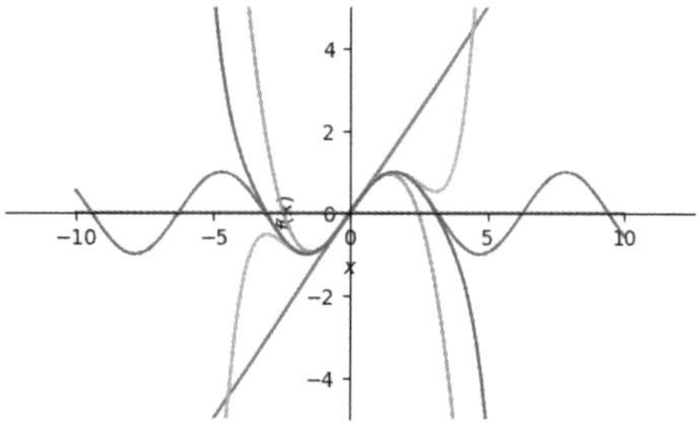

예제 2.27

다항함수 $f(x) = a_0 + a_1x + \cdots + a_nx^n$ 의 $x_0 = 0$ 을 중심으로 하는 테일러급수를 구하시오.

풀이 – 예제 2.27

$$f(0) = a_0,\ f'(0) = a_1 = 1!a_1,\ f''(0) = 2!a_2,\ \cdots,\ f^{(n)}(0) = n!a_n$$

이므로 $f(x)$ 의 0을 중심으로 한 n 차 테일러 다항함수는

$$\begin{aligned} P_n(x) &= f(0) + \frac{f'(0)}{1!}(x-0) + \frac{f''(0)}{2!}(x-0)^2 + \cdots + \frac{f^{(n)}(0)}{n!}(x-0)^n \\ &= a_0 + a_1x + \cdots + a_nx^n \end{aligned}$$

이다. 즉 $f(x)$ 의 0을 중심으로 한 n 차 테일러 다항함수는 $f(x)$ 자신이다.

예제 2.28

함수 $f(x) = e^x$ 의 $x_0 = 0$ 을 중심으로 하는 테일러전개에서 $\lim_{n\to\infty} R_n(x) = 0$ 임을 보이고 이 함수의 테일러급수를 구하시오.

풀이 – 예제 2.28

함수 $f(x) = e^x$ 에 대하여 $f'(x) = f''(x) = \cdots = f^{(n)}(x) = e^x$ 이므로

$$f(0) = f'(0) = f''(0) = \cdots = f^{(n)}(0) = 1 \quad (n = 1, 2, \cdots)$$

이다. 따라서 $f(x)$ 의 0을 중심으로 한 n 차 테일러 다항함수는

$$\begin{aligned} P_n(x) &= f(0) + \frac{f'(0)}{1!}(x-0) + \frac{f''(0)}{2!}(x-0)^2 + \cdots + \frac{f^{(n)}(0)}{n!}(x-0)^n \\ &= 1 + \frac{1}{1!}x + \frac{1}{2!}x^2 + \cdots + \frac{1}{n!}x^n \end{aligned}$$

이다. 이때 나머지 항 $R_n(x)$ 는 x 와 0 사이의 어떤 점 z 에 대하여

$$R_n(x) = \frac{e^z}{(n+1)!}\,x^{n+1}$$

를 만족하고, $|e^z| \le e^{|z|} \le e^{|x|}$ 가 성립한다. 그리고 각 실수 x 에 대하여 $\lim_{n\to\infty} \frac{|x|^{n+1}}{(n+1)!} = 0$ 이므로 $\lim_{n\to\infty} R_n(x) = 0$ 이다.

따라서 함수 e^x는 모든 실수 x에서 다음과 같이 테일러 급수로 전개된다.

$$e^x = \sum_{n=0}^{\infty} \frac{1}{n!}x^n = 1 + \frac{1}{1!}x + \frac{1}{2!}x^2 + \cdots + \frac{1}{n!}x^n + \cdots$$

예제 2.29

함수 $f : \mathbb{R} \to \mathbb{R}$, $f(x) = e^x$에 대하여 $x = 0$을 중심으로 한 2차 테일러 다항함수를 찾아 $e^{-0.1}$의 근삿값을 구하시오. 그리고 나머지 항을 이용하여 오차의 한계를 구하시오.

풀이 – 예제 2.29

$$e^{-0.1} \approx P_2(-0.1) = 1 + (-0.1) + \frac{1}{2}(-0.1)^2 = 0.905$$

이다. 그리고 나머지 항 $R_2(x)$는 x와 0 사이의 어떤 점 z에 대하여 $x = -0.1$이면 $-0.1 < z < 0$이고, 따라서 오차의 한계는

$$|R_2(-0.1)| < \frac{e^z}{3!}|-0.1|^3 < \frac{e^0}{6} \times 10^{-3} \approx 0.166 \times 10^{-3}$$

이다.

Python 예제 2.22

함수 $f(x) = e^x$에 대하여 $x = 0$을 중심으로 한 1차, 2차 테일러 다항함수를 구하고 그 그래프를 그려 함수 e^x와 가까워 지는 것을 확인해봅시다.

```
import sympy as sy
from sympy import *
import matplotlib.pyplot as plt
plt.rcParams['figure.figsize'] = 5, 3

x=sy.symbols('x')
f=sy.exp(x)
p=plot(f, xlim=[-4*pi, 4*pi], ylim=[-5, 5], show= False,
       label='$y=sin(x)$')

fi=Indexed('f',i)
```

(continues on next page)

(continued from previous page)

```
for i in range(10):
    fi=series(f, x, x0=0, n=i).removeO()
    p.extend(plot(fi, xlim=[-4*pi, 4*pi], ylim=[-5, 5],
                  show=False))

p.show()
```

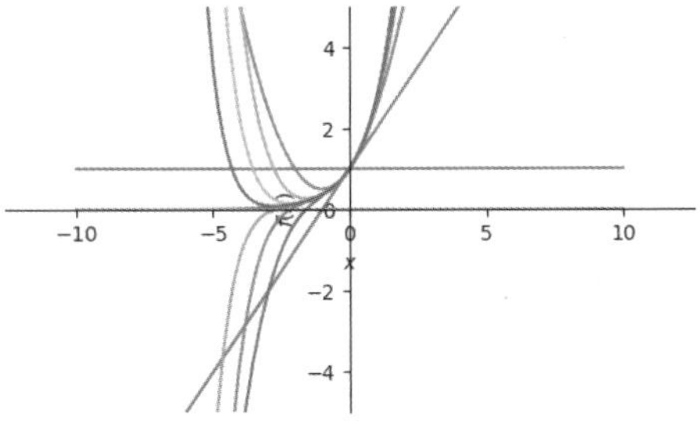

2.3.8 연습문제

1번. 야구장의 홈과 1루, 2루, 3루는 한변이 90 ft 인 정사각형모양이다. 2루에서 3루로 달리고 있는 주자의 3루에서 20 ft 떨어져 있을 때의 순간속도가 30 ft/sec 라면 이 위치에서 주자의 홈으로부터의 거리의 순간변화율은?

2번. 지면에서 로켓발사대로부터 300 ft 떨어진 곳에 카메라가 설치되어있고, 수직으로 발사된 로켓이 400 ft 높이에 도달했을 때의 속도가 880 ft/sec이다. 카메라가 지속적으로 로켓을 촬영하려면 이때 카메라 각도의 순간 변화율은 얼마여야 하는가?

3번. 용액을 깔대기에 부어서 물은 통과시키고 남은 불순물을 걸러 내려고 한다. 이 깔대기의 높이가 16 cm, 윗면의 반지름이 4 cm이고 물은 2 cm^3/min의 비율로 깔대기를 통과한다.

(1) 깔대기 속의 용액의 깊이의 변화율을 용액의 깊이에 대한 식으로 나타내시오.

(2) 깔대기 속의 용액의 깊이가 8 cm일 때, 깊이의 순간변화율은?

4번. $f(x) = \sin x$의 $x_0 = 0$ 근방에서의 1차 근사다항식을 구하고, 이를 이용하여 $\sin 2^\circ$의 근삿값을 구하시오.

5번. 측정오차의 한계가 0.2 mm인 자를 사용하여 측정한 구의 반지름이 15 cm였다. 이 값으로 계산한 구의 부피의 오차 범위의 근삿값을 differential을 이용하여 구하시오.

6번. 함수 $f(x) = 3x^4 + 4x^3 - 12x^2 + 2$가 증가함수인 구간과 감소함수인 구간을 구하시오.

7번. 다음 함수가 위로 오목인 구간과 아래로 오목인 구간을 구하고 변곡점이 있으면 모두 구하시오.

(1) $f(x) = x + 2\sin x$

(2) $f(x) = x^4$

(3) $f(t) = \dfrac{L}{1 + Ae^{-kt}}$ (k, A, L은 상수)

8번. 함수 $f(x) = 3x^5 - 5x^3$의 극값을 모두 구하시오.

9번. 함수 $f(x) = x^3(3x-4)(x+2)^2$의 그래프의 개형을 그리시오.

10번. 구간 $[1, 4]$에서 함수 $f(x) = x^3e^{-2x}$의 최댓값과 최솟값을 구하시오.

11번. 제약회사에서 액체 상태의 페니실린을 대용량으로 판매할 때, 단위당 200 달러를 받는다. x단위를 생산하는데 드는 비용은 $c(x) = 500,000 + 80x + 0.003x^2$으로 주어지고 이 공장의 최대 생산능력은 30,000 단위일 때, 최대의 이익을 내기 위하여 몇 단위를 생산하여야 할까?

12번. 시간 t일 때 배양액 속에 있는 박테리아의 수가 $N(t) = 5000\left(25 + te^{-t/20}\right)$으로 주어지고, $0 \le t \le 100$인 시간 범위동안 관찰한다.

(1) 이 배양액에 있는 박테리아 수의 최소값은?

(2) 이 시간 범위 동안에 박테리아가 가장 빨리 감소하는 시각은?

13번. $\mathbb{R}$에서 정의된 함수 $f(x) = \sin x$에 대하여 $x_0 = 0$을 중심으로 한 $n = 2k+1$ $(k \in \mathbb{N})$차 테일러 다항함수 $P_n(x)$를 구하고, 나머지항 $R_n(x)$에 대하여 $\lim\limits_{n\to\infty} R_n(x) = 0$임을 보이시오.

14번. $\mathbb{R}$에서 정의된 함수 $f(x) = \cos x$에 대하여 $x_0 = 0$을 중심으로 한 $n = 2k$ $(k \in \mathbb{N})$차 테일러 다항함수 $P_n(x)$를 구하고, 나머지항 $R_n(x)$에 대하여 $\lim\limits_{n\to\infty} R_n(x) = 0$임을 보이시오.

2.4 일변수 함수의 적분

닫힌 구간 $[a, b]$에서 연속이고 음이 아닌 함수값을 갖는 함수 f에 대하여 x축과 함수의 그래프 사이에 놓인 영역의 넓이 A를 다음과 같이 극한을 이용하여 구해보자.

먼저, x축 위의 구간 $[a, b]$를 n개의 소구간 $I_1 = [a, x_1], I_2 = [x_1, x_2], \cdots, I_n = [x_{n-1}, b]$로 나누고, 각 소구간 $I_k = [x_{k-1}, x_k]$의 길이를 Δx_k로 나타낸다. 그리고 각 소구간 I_k마다 한 점 x_k^*를 선택하여 그 점에서의 함숫값 $f(x_k^*)$를 높이로 하고 I_k를 밑변으로 하는 직사각형을 그린다. 이 직사각형들의 넓이의 합에 대하여 $n \to \infty$로 보내는 극한이 존재하면, 그 극한값이 구하고자 했던 곡선 아래의 넓이 A가 된다. 이때 함수 f는 구간 $[a,b]$에서 **적분가능(integrable)** 하다고 하며 다음과 같이 나타낸다.

$$A = \lim_{n\to\infty}\sum_{k=1}^{n} f(x_k^*)\Delta x_k = \int_a^b f(x)\,dx$$

그리고 $\int_a^b f(x)\,dx$를 f의 구간 $[a,b]$에서의 **정적분(definite integral)** 이라고 부른다. 정적분은 이와 같이 넓이의 극한으로 정의된 개념이다.

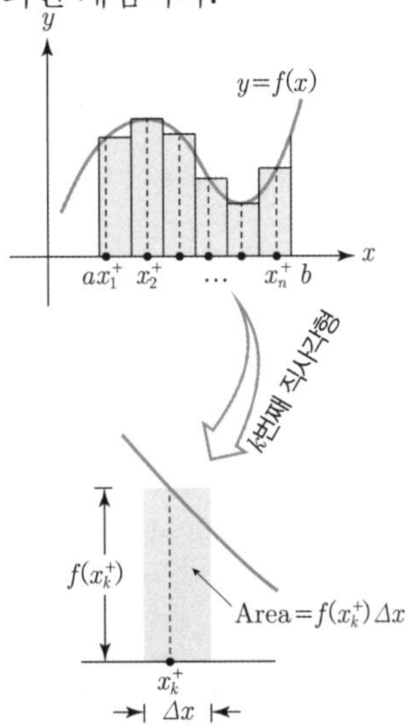

예제 2.30

$f:[a,b]\to\mathbb{R}$, $f(x)=x$에 대하여 정적분 $\int_a^b f(x)\,dx$를 극한을 이용하여 구해보자.

풀이 – 예제 2.30

구간 $[a,b]$를 n개의 소구간으로 나누는 방법으로 간편하게 n등분하기로 하고, 각 소구간 $I_k=[x_{k-1},x_k]$ 마다 오른쪽 끝점을 선택하여 $x_k^* = x_k = a + k\dfrac{(b-a)}{n}$로 하자. 이때

$\Delta x_k = \dfrac{b-a}{n}$ 이다. 이제 정적분의 정의에 의하여 다음과 같이 계산한다.

$$\begin{aligned}\int_a^b f(x)\,dx &= \lim_{n\to\infty}\sum_{k=1}^{n} f(x_k^*)\Delta x_k \\ &= \lim_{n\to\infty}\sum_{k=1}^{n}\left(a+\frac{(b-a)k}{n}\right)\frac{b-a}{n} \\ &= \lim_{n\to\infty}\frac{b-a}{n}\sum_{k=1}^{n}\left(a+\frac{(b-a)k}{n}\right) \\ &= \lim_{n\to\infty}\frac{b-a}{n}\left(an+\frac{b-a}{n}\cdot\frac{n(n+1)}{2}\right) \\ &= a(b-a)+\frac{1}{2}(b-a)^2 = \frac{1}{2}(b^2-a^2)\end{aligned}$$

참고 2.11

1) $\sum_{k=1}^{n} k = \frac{n(n+1)}{2}$,

2) $\sum_{k=1}^{n} k^2 = \frac{n(n+1)(2n+1)}{6}$,

3) $\sum_{k=1}^{n} k^3 = \left(\frac{n(n+1)}{2}\right)^2$

예제 2.31

정적분 $\int_0^1 \sqrt{1-x^2}\,dx$ 에 해당하는 영역을 그리고, 도형의 넓이를 구하는 공식을 이용하여 정적분의 값을 구하시오.

풀이 – 예제 2.31

구간 $[0,1]$ 에 해당하는 $y=\sqrt{1-x^2}$ 의 그래프는 원 $x^2+y^2=1$ 의 제1사분면에 속하는 부분이다. 따라서 반지름이 1인 원이 넓이의 $\dfrac{1}{4}$ 로서 $\int_0^1 \sqrt{1-x^2}\,dx = \dfrac{\pi}{4}$ 이다.

함수 $f(x)$ 가 $[a,b]$ 에서 연속이고 함수값이 모두 음수인 경우에는, 정적분의 값이 x 축과 함수의 그래프 사이에 놓인 영역의 넓이 A 에 음의 부호를 붙인 값이 된다.

$$\int_a^b f(x)\,dx = \lim_{n\to\infty}\sum_{k=1}^{n} f(x_k^*)\Delta x_k = -A$$

따라서 $[a, b]$ 에서 연속인 함수 f 가 양의 값과 음의 값을 모두 가지는 경우에 x 축과 함수 f 의 그래프 사이에 놓인 영역의 넓이 A 는 다음과 같이 구해야 한다.

$$A = \int_a^b |f(x)|\, dx$$

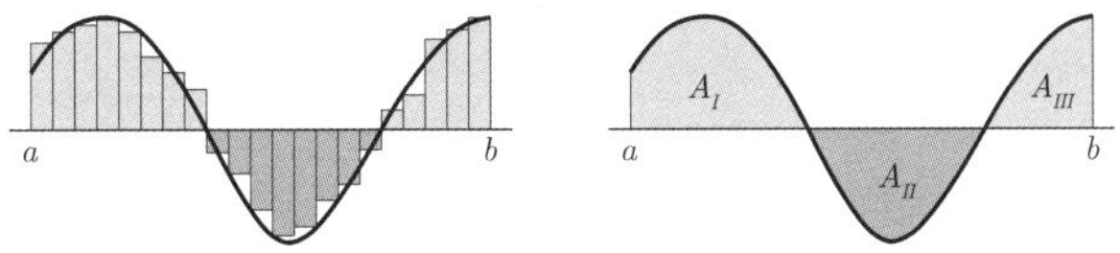

정의 2.20

구간 $[a, b]$ 에서 연속인 함수 f 에 대하여

(1) c 가 f 의 정의역의 점일 때, $\int_c^c f(x)\, dx = 0$ 으로 정의한다.

(2) $\int_b^a f(x)\, dx = -\int_a^b f(x)\, dx$ 로 정의한다.

정리 2.6

정적분에 대해 다음 성질이 성립한다.

(1) f 와 g 가 $[a, b]$ 에서 적분가능한 함수이고, $c_1, c_2 \in \mathbb{R}$ 이면

$$\int_a^b [c_1 f(x) \pm c_2 g(x)]\, dx = c_1 \int_a^b f(x)\, dx \pm c_2 \int_a^b g(x)\, dx.$$

(2) f 가 세 점 a, b, c 를 포함하는 구간에서 적분가능하면

$$\int_a^b f(x)\, dx = \int_a^c f(x)\, dx + \int_c^b f(x)\, dx.$$

(3) f 와 g 가 구간 $[a, b]$ 에서 적분가능하고, $\forall x \in [a, b]$, $f(x) \geq g(x)$ 이면

$$\int_a^b f(x)\, dx \geq \int_a^b g(x)\, dx.$$

예제 2.32

도형의 넓이와 정적분의 성질을 이용하여 다음을 구하시오.

(1) $\int_1^0 \sqrt{1-x^2}\, dx$ (2) $\int_0^1 \left(5 - 3\sqrt{1-x^2}\right) dx$

참고 2.12

어떤 구간 I에서 정의된 함수 $f(x)$가 모든 $x \in I$에 대하여 $|f(x)| \leq M$을 만족하는 양수 M이 존재할 때, $f(x)$가 **유계(bounded)** 라 한다. 닫힌 구간 $[a, b]$에서 정의된 유계인 함수는 유한개의 점에서 불연속인 경우도 적분가능하다. 그러나 주어진 함수 f가 $[a, b]$에서 유계가 아니면 f는 $[a, b]$에서 적분가능하지 않다.

2.4.1 역도함수와 부정적분

정의 2.21

열린구간 I에서 정의되고 미분가능한 함수 $F(x)$가 이 구간의 모든 점에 대해 $F'(x) = f(x)$를 만족할 때, $F(x)$를 $f(x)$의 **역도함수(antiderivative)** 라 한다.

정리 2.7

열린구간 I에서 정의된 함수 $f : I \to \mathbb{R}$에 대하여 F가 f의 역도함수이면, $F(x)+C$도 f의 역도함수이다. 그리고 f의 임의의 역도함수는 $F(x)+C$, (C는 상수)꼴로 표현된다.

위 정리에서 f의 일반적인 역도함수를 나타내는 표현을 기호 $\int f(x)\,dx = F(x) + C$로 표현한다. 이때 $\int f(x)\,dx$를 f의 **부정적분(indefinite integral)** 이라고 부른다.

정리 2.8 삼각함수의 미분과 부정적분

$$\frac{d}{dx}[\sin x] = \cos x \qquad \frac{d}{dx}[\cos x] = -\sin x$$
$$\frac{d}{dx}[\tan x] = \sec^2 x \qquad \frac{d}{dx}[\cot x] = -\csc^2 x$$
$$\frac{d}{dx}[\sec x] = \sec x \tan x \qquad \frac{d}{dx}[\csc x] = -\csc x \cot x$$

$$\int \cos x\,dx = \sin x + C \qquad \int \sin x\,dx = -\cos x + C$$
$$\int \sec^2 x\,dx = \tan x + C \qquad \int \csc^2 x\,dx = -\cot x + C$$
$$\int \sec x \tan x\,dx = \sec x + C \qquad \int \csc x \cot x\,dx = -\csc x + C$$

정리 2.9 지수, 로그 함수의 미분과 부정적분

$$\frac{d}{dx}[\ln|x|] = \frac{1}{x} \qquad \frac{d}{dx}[\log_b x] = \frac{1}{x \ln b}$$
$$\frac{d}{dx}[b^x] = b^x \ln b \qquad \frac{d}{dx}[e^x] = e^x$$

$$\int \frac{1}{x}\,dx = \ln|x| + C \qquad \int \frac{1}{x\ln b}\,dx = \log_b|x| + C$$
$$\int b^x\,dx = \frac{1}{\ln b}\,b^x + C \qquad \int e^x\,dx = e^x + C$$

정리 2.10 역삼각함수의 미분과 부정적분

$$\frac{d}{dx}[\sin^{-1}x] = \frac{1}{\sqrt{1-x^2}} \qquad \frac{d}{dx}[\cos^{-1}x] = -\frac{1}{\sqrt{1-x^2}}$$
$$\frac{d}{dx}[\tan^{-1}x] = \frac{1}{1+x^2} \qquad \frac{d}{dx}[\cot^{-1}x = -\frac{1}{1+x^2}$$
$$\frac{d}{dx}[\sec^{-1}x] = \frac{1}{|x|\sqrt{x^2-1}} \qquad \frac{d}{dx}[\csc^{-1}x] = -\frac{1}{|x|\sqrt{x^2-1}}$$

$$\int \frac{1}{\sqrt{1-x^2}}\,dx = \sin^{-1}x + C \qquad \int \frac{1}{\sqrt{1-x^2}}\,dx = -\cos^{-1}x + C$$
$$\int \frac{1}{1+x^2}\,dx = \tan^{-1}x + C \qquad \int \frac{1}{1+x^2}\,dx = -\cot^{-1}x + C$$
$$\int \frac{1}{|x|\sqrt{x^2-1}}\,dx = \sec^{-1}x + C \qquad \int \frac{1}{|x|\sqrt{x^2-1}}\,dx = -\csc^{-1}x + C$$

정리 2.11

$F(x)$ 가 $f(x)$ 의 역도함수, $G(x)$ 가 $g(x)$ 의 역도함수이고 a 가 상수일 때, 다음이 성립한다.

(1) $\int af(x)\,dx = aF(x) + C$

(2) $\int [f(x) \pm g(x)]\,dx = [F(x) \pm G(x)] + C$

Python 예제 2.23

python의 sympy 라이브러리에서 적분은 다음과 같이 계산한다.

```
integrate(f, x)              # 부정적분
integrate(f, (x, a, b))      # 정적분
```

다음 부정적분을 구하시오.

(1) $\int x^3\,dx$

(2) $\int \sqrt{x}\,dx$

(3) $\int 4\cos x\,dx$

(4) $\int (x + x^4)\,dx$

```
import sympy as sy
from sympy import *

x=sy.symbols('x')
integrate(x + x**4, x)
```

$$\frac{x^5}{5} + \frac{x^2}{2}$$

2.4.2 치환적분법

미분의 연쇄법칙(chain rule)이 다음과 같음을 살펴보았다.

$$\frac{d}{dx}[F(g(x))] = F'(g(x)) \cdot g'(x).$$

이로부터 $F'(g(x)) \cdot g'(x)$의 역도함수를 생각하여

$$\int F'(g(x)) \cdot g'(x)\,dx = F(g(x)) + C$$

를 얻는다. 여기에서 $u = g(x)$로 치환하면, $\frac{du}{dx} = g'(x)$, 즉 $du = g'(x)\,dx$이므로

$$\int F'(u)\,du = F(u) + C$$

와 같이 새로운 변수 u에 대한 적분으로 계산할 수 있다. 이러한 방법을 **치환적분법(integration by substutution)** 이라고 한다.

예제 2.33

치환적분법을 이용하여 다음 부정적분을 구하시오.

(1) $\int \frac{x}{1+3x^2}\,dx$

(2) $\int \sin(x+9)\,dx$

(3) $\int \frac{1}{(\frac{1}{3}x-8)^5}\,dx$

2.4.3 부분적분법(integration by part)

두 함수의 곱의 미분이 다음과 같음을 살펴보았다.

$$\frac{d}{dx}[f(x)g(x)] = f'(x)g(x) + f(x)g'(x).$$

이로부터 역도함수를 생각하면

$$\int [f'(x)g(x) + f(x)g'(x)]\ dx = f(x)g(x) + C$$

이고, 식을 다시 정리하여

$$\int f(x)g'(x)\,dx = f(x)g(x) - \int f'(x)g(x)\,dx$$

이라는 **부분적분법(integration by parts)** 공식을 얻는다.

우변에서 적분상수는 좌우의 부정적분에 포함되어 있다고 본다. 여기에서 $u = f(x), v = g(x)$,로 치환하여 부분적분법을 나타내면

$$\int u\,dv = uv - \int v\,du$$

이다.

예제 2.34

부분적분법을 이용하여 $\int x\cos x\,dx$를 구하시오.

```
import sympy as sy
from sympy import *


x=sy.symbols('x')
integrate(x*sy.cos(x), x)
```

$$x\sin(x) + \cos(x)$$

2.4.4 미적분학의 기본정리

정리 2.12

f가 $[a, b]$에서 정의된 연속함수이고 F가 f의 역도함수이면

$$\int_a^b f(x)\,dx = F(b) - F(a)$$

이다.

예제 2.35

미분적분학의 기본정리 1을 이용하여 주어진 함수의 역도함수를 찾아 다음 정적분을 계산하시오.

(1) $\int_1^2 x\,dx$

(2) $\int_0^\pi \cos x\,dx$

(3) $\int_0^{\ln 3} 5e^x\,x$

(4) $\int_0^6 f(x)\,dx$, 여기에서 $f(x) = \begin{cases} x^2, & x < 2 \\ 3x - 2, & x \geq 2 \end{cases}$.

```
import sympy as sy
from sympy import *

x=sy.symbols('x')
integrate(sy.cos(x), (x, 0, pi))
```

0

정리 2.13 미적분학의 기본정리 2

구간 I에서 연속인 함수 f와 임의의 상수 $a \in I$에 대하여

$$F(x) = \int_a^x f(t)\,dt$$

는 구간 I 에서 f 의 역도함수이다. 즉

$$\frac{d}{dx}\left[\int_a^x f(t)\,dt\right] = f(x)$$

가 성립한다.

예제 2.36

미분적분학의 기본정리 2를 이용하여 다음을 구하시오.

(1) $\frac{d}{dx}\left[\int_1^x t^3\,dt\right]$

(2) $\frac{d}{dx}\left[\int_1^x \frac{\sin x}{x}\,dx\right]$

```
import sympy as sy
from sympy import *

x, t=sy.symbols('x, t')
diff(integrate(sy.cos(t), (t, 0, x)), x)
```

$$\cos(x)$$

2.4.5 정적분에 대한 치환적분

정리 2.14

g' 이 구간 $[a, b]$ 에서 연속이고 f 가 g 의 치역 $g([a, b])$ 를 포함하는 구간에서 연속이면 다음이 성립한다.

$$\int_a^b f(g(x))g'(x)dx = \int_{g(a)}^{g(b)} f(u)du$$

예제 2.37

치환적분법을 이용하여 다음 정적분을 계산하시오.

(1) $\int_0^2 x(x^2+1)^3\,dx$

(2) $\int_0^{\pi/8} \sin^5(2x)\cos(2x)\,dx$

```
import sympy as sy
from sympy import *

x=sy.symbols('x')
integrate(x*(x**2+1)**3, (x, 0, 2))
```

78

2.4.6 적분을 이용한 로그함수의 정의

지수함수의 역함수로 로그함수를 정의하였는데, 적분을 이용하여 로그함수를 먼저 정의하고 이의 역함수로 지수함수를 정의하기도한다. 이때 자연로그함수 $\ln x$를 다음과 같이 정의한다.

$$\ln x = \int_1^x \frac{1}{t}\, dt$$

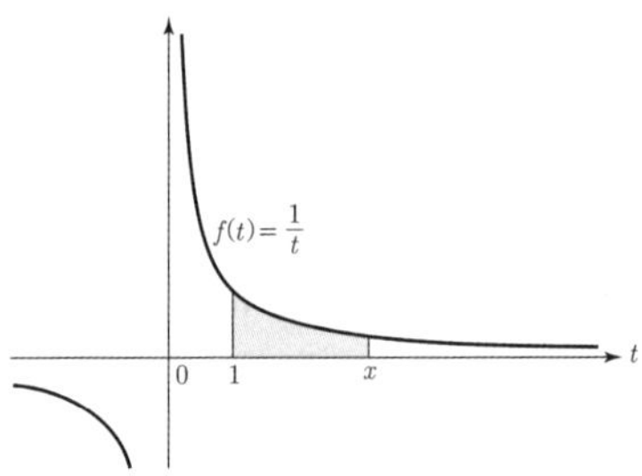

이와 같이 정의한 함수 $\ln x$의 정의역에 속하는 x는 1과 함께 함수 $f(t) = \dfrac{1}{t}$이 연속인 범위에 있어야 하므로 $x \in (0, \infty)$이다. 또한 조화급수 $\displaystyle\sum_{n=1}^{\infty} \frac{1}{n}$의 값이 ∞로 발산함을 이용하면 $\ln x$의 치역이 $(-\infty, \infty)$이고, $\lim_{x\to 0^+} \ln x = -\infty$, $\lim_{x\to\infty} \ln x = \infty$임을 보일 수 있다. 그리고 $\dfrac{d}{dx}[\ln x] = \dfrac{1}{x} > 0$이므로 $\ln x$가 정의역에서 증가함수이고, 따라서 역함수를 가진다. 이 역함수를 e^x라고 정의한다.

예제 2.38

$\ln x = \int_1^x \frac{1}{t}\, dt$로 정의한 ln 함수에 대하여 등식 $\ln(ab) = \ln a + \ln b$가 성립함을 미분을 이용하여 보이시오. (a, b는 양의 실수)

풀이 – 예제 2.38

$g(x) = \ln(ax)$로 두면 $\dfrac{d}{dx}[g(x) - \ln x] = \dfrac{1}{ax} \cdot a - \dfrac{1}{x} = 0$이므로 $g(x) - \ln x = C$ (C는 상수)이다. 여기에 $x = 1$을 대입해보면 $g(1) - 0 = C$, 즉 $\ln a = C$이다. 따라서

$\ln(ax) = g(x) = \ln x + C = \ln x + \ln a$ 가 성립한다. 이 등식은 모든 $x > 0$ 에 대하여 성립하므로 $x = b$ 를 대입하여 등식 $\ln(ab) = \ln a + \ln b$ 를 얻는다.

2.4.7 연습문제

1번. $x_k^* = a + k\Delta x$ 라 할때, 극한으로 구하는 정적분의 정의를 이용하여 $[a,b] = [0,1]$ 위에서 $f(x) = x^2$ 과 x 축 사이 영역의 넓이를 구하시오.

2번. x_k^* 를 각 구간의 중점이라 할 때, 극한으로 구하는 정적분의 정의를 이용하여 $[a,b] = [0,3]$ 위에서 $f(x) = 9 - x^2$ 과 x 축 사이 영역의 넓이를 구하시오.

3번. 다음 정적분에 해당하는 영역을 그리고, 도형의 넓이를 구하는 공식을 이용하여 적분값을 구하시오.

(1) $\displaystyle\int_1^4 2\,dx$ (2) $\displaystyle\int_{-1}^2 (x+2)\,dx$ (3) $\displaystyle\int_0^2 (x-1)\,dx$

4번. 도형의 넓이와 정적분의 성질을 이용하여 다음을 구하시오.

(1) $\displaystyle\int_0^{-2} \sqrt{4-x^2}\,dx$ (2) $\displaystyle\int_0^{\sqrt{2}} (x - \sqrt{2-x^2})\,dx$

5번. 다음 부정적분을 구하시오.

(1) $\displaystyle\int \frac{\cos x}{\sin^2 x}\,dx$ (2) $\displaystyle\int \frac{t^2 - 2t^4}{t^4}\,dt$ (3) $\displaystyle\int \frac{x^2}{x^2+1}\,dx$

6번. 치환적분법을 이용하여 다음 적분을 구하시오.

(1) $\displaystyle\int t^4 \sqrt[3]{3-5t^5}\,dt$ (2) $\displaystyle\int \frac{e^{\sqrt{x}}}{\sqrt{x}}\,dx$ (3) $\displaystyle\int \left(\frac{1}{x} + \sec^2 \pi x\right) dx$

(4) $\displaystyle\int \sin^3 x \cos x\,dx$ (5) $\displaystyle\int x^2\sqrt{x-1}\,dx$ (6) $\displaystyle\int \frac{x}{\sqrt{9-4x^2}}\,dx$

(7) $\displaystyle\int \cos(5x)\,dx$ (8) $\displaystyle\int (x^2+1)^5 \cdot 2x\,dx$ (9) $\displaystyle\int \frac{x}{\sqrt{2-x^2}}\,dx$

(10) $\displaystyle\int \cos^3 x\,dx$ (11) $\displaystyle\int \frac{e^x}{\sqrt{1-e^{2x}}}\,dx$ (12) $\displaystyle\int \frac{\sec^2(1/x)}{x^2}\,dx$

7번. 부분적분법을 이용하여 다음 적분을 구하시오.

(1) $\displaystyle\int \ln x\,dx$ (2) $\displaystyle\int t^2 e^t\,dt$

(3) $\displaystyle\int \tan^{-1} x\,dx$ (4) $\displaystyle\int \sin^2 x\,dx$

8번. 미분적분학의 기본정리 1을 이용하여 주어진 함수의 역도함수를 찾아 다음 정적분을 계산하시오.

(1) $\displaystyle\int_0^{\pi/3} \sec^2 x\,dx$　　(2) $\displaystyle\int_{-e}^{-1} \frac{1}{x}\,dx$

(3) $\displaystyle\int_{-1/2}^{1/2} \frac{x}{\sqrt{1-x^2}}\,dx$　　(4) $\displaystyle\int_4^0 x^2\,dx$

9번. 치환적분법을 이용하여 다음 정적분을 계산하시오.

(1) $\displaystyle\int_0^{3/4} \frac{1}{1-x}\,dx$　　(2) $\displaystyle\int_0^{\ln 3} e^x(1+e^x)^{1/2}\,dx$

2.5 적분의 활용

2.5.1 두 곡선 사이의 넓이

구간 $[a,b]$의 모든 점 x에서 $f(x) \ge g(x)$일 때, 두 곡선 $y=f(x)$, $y=g(x)$과 두 직선 $x=a$, $x=b$로 둘러싸인 영역의 넓이 A는 다음과 같이 구할 수 있다.

$$A = \int_a^b f(x)\,dx - \int_a^b g(x)\,dx = \int_a^b [f(x)-g(x)]\,dx$$

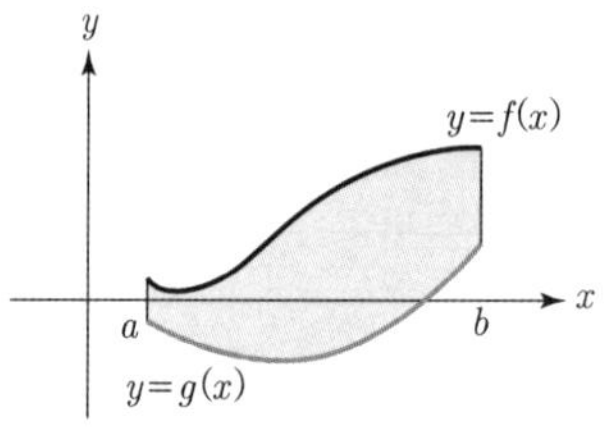

예제 2.39

$y=1-x^2$의 그래프와 x축의 구간 $[0,2]$ 사이 영역의 넓이 A를 구하시오.

풀이 – 예제 2.39

$y=f(x)=1-x^2$에 대하여 $[0,1]$에서는 $f(x)\ge 0$이고, $[1,2]$에서는 $f(x)\le 0$이므로

$$\begin{aligned} A &= \int_0^2 |f(x)|\,dx = \int_0^1 f(x)\,dx + \int_1^2 [-f(x)]\,dx \\ &= \int_0^1 [1-x^2]\,dx + \int_1^2 [x^2-1]\,dx \\ &= \left[x-\frac{1}{3}x^3\right]_0^1 + \left[\frac{1}{3}x^3 - x\right]_1^2 = 2 \end{aligned}$$

예제 2.40

함수 $f(x) = 2x(x^2 - 4x + 2)$ 와 $g(x) = x^2$ 에 대하여 두 곡선 $y = f(x)$ 와 $y = g(x)$ 로 둘러싸인 부분의 넓이 A 를 구하시오.

풀이 – 예제 2.40

먼저 두 곡선의 교점의 x 좌표는 $f(x)-g(x) = 0$, 즉 $2x(x^2-4x+2)-x^2 = 2x^3-9x^2+4x = 0$, $x(2x-1)(x-4) = 0$ 으로부터 $x = 0, x = \frac{1}{2}, x = 4$ 이다. 3차함수의 그래프의 개형에 따라 구간 $[0, \frac{1}{2}]$ 에서는 $f(x) \geq g(x)$ 이고, $[\frac{1}{2}, 4]$ 에서는 $f(x) \leq g(x)$ 임을 알 수 있다. 따라서

$$\begin{aligned} A &= \int_0^4 |f(x) - g(x)|\,dx = \int_0^{\frac{1}{2}} [f(x) - g(x)]\,dx + \int_{\frac{1}{2}}^4 [g(x) - f(x)]\,dx \\ &= \int_0^{\frac{1}{2}} [2x^3 - 9x^2 + 4x]\,dx - \int_{\frac{1}{2}}^4 [2x^3 - 9x^2 + 4x]\,dx \\ &= \left[\frac{1}{2}x^4 - 3x^3 + 2x^2\right]_0^{\frac{1}{2}} - \left[\frac{1}{2}x^4 - 3x^3 + 2x^2\right]_{\frac{1}{2}}^4 \\ &= \frac{5}{32} - \left(-\frac{1029}{32}\right) = \frac{517}{16} \end{aligned}$$

```
import sympy as sy
from sympy import *
import matplotlib.pyplot as plt
plt.rcParams['figure.figsize'] = 4, 3

x=sy.symbols('x')
plot(2*x*(x**2 -4*x +2),x**2, (x,0, 4.5) )

solve(Eq(2*x*(x**2 -4*x +2),x**2), x)
```

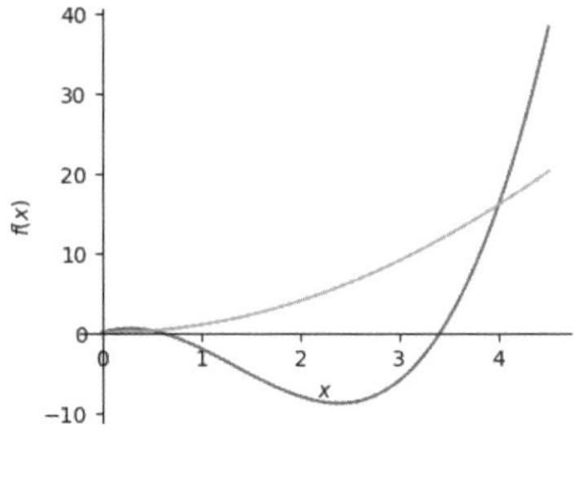

```
[0, 1/2, 4]
```

```
integrate(abs(2*x*(x**2 -4*x +2)-x**2), (x, 0, 4))
```

$$\frac{517}{16}$$

참고 2.13

구간 $[c, d]$의 모든 점 y에서 $v(y) \leq w(y)$일 때, 두 곡선 $x = v(y), x = w(y)$와 두 직선 $y = c, y = d$로 둘러싸인 영역의 넓이 A는 다음과 같이 구할 수 있다.

$$A = \int_c^d w(y)\,dy - \int_c^d v(y)\,dy = \int_c^d [w(y) - v(y)]\,dy$$

Python 예제 2.24

파이썬을 이용해 $y^2 = 4x$와 $y = 2x - 4$로 둘러싸인 영역의 넓이를 구하시오.

```
import sympy as sy
from sympy import *
import matplotlib.pyplot as plt
plt.rcParams['figure.figsize'] = 4, 3
x,y=sy.symbols('x y')
p=plot_implicit(Eq(y**2, 4*x),xlim=[-3,3], ylim=[-3,3], show=False)
p.extend(plot_implicit(Eq(y, 2*x-4), show=False))
p.show()

solve([Eq(y**2, 4*x), Eq(y, 2*x-4)], x, y)
```

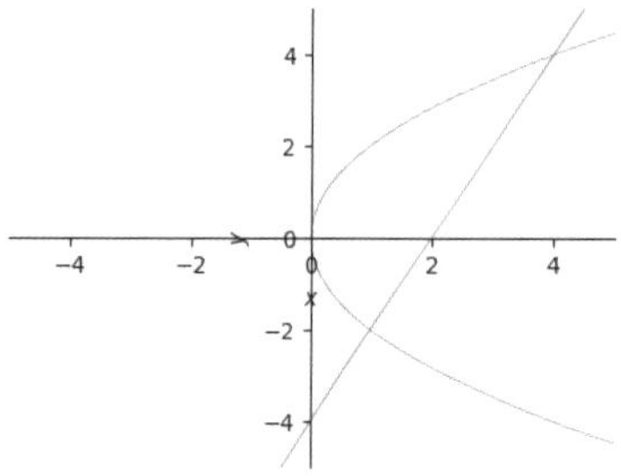

```
[(1, -2), (4, 4)]
```

```
integrate(y/2 + 2 - y**2/4, (y, -2, 4))
```

9

예제 2.41

$\dfrac{x^2}{a^2} + \dfrac{y^2}{b^2} = 1, (a > 0, b > 0)$으로 주어진 타원의 넓이가 πab 임을 보이시오.

2.5.2 적분의 평균값 정리

함수 $f : [a, b] \to \mathbb{R}$ 가 닫힌 구간 $[a, b]$ 에서 연속이면, 다음을 만족하는 점 $c \in (a, b)$ 가 존재한다.

$$\frac{1}{b-a}\int_a^b f(x)\,dx \;=\; f_{\text{ave}} \;=\; f(c)$$

즉, 구간 $[a, b]$ 에서 f 의 그래프 아래 영역과 같은 넓이를 가지는 직사각형의 높이인 함수값 $f(c)$ 를 가지는 점 c 가 존재한다.

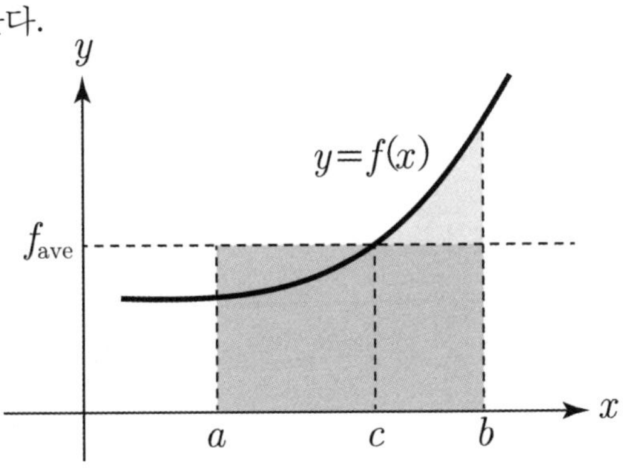

예제 2.42

구간 $[-1, 2]$ 에서 함수 $f(x) = 1 + x^2$ 의 평균값 f_{ave} 을 구하고, $f_{\text{ave}} = f(c)$ 인 점 $c \in [-1, 2]$ 를 찾으시오.

```
import sympy as sy
from sympy import *


x=sy.symbols('x ')
```

(continues on next page)

(continued from previous page)

```
solve(Eq(1 + x**2, (1/3)*integrate(1+x**2, (x, -1, 2))), x)
```

```
[-1.00000000000000, 1.00000000000000]
```

2.5.3 근사적 적분

실제적인 실험이나 데이터 분석 문제에서 수집된 자료에 대하여 직접적분을 이용하여 넓이나 부피, 미분방정식의 해를 구하는 것이 불가능한 경우가 있다. 적분하고자 하는 함수의 역도함수를 찾을 수 없거나, 또는 아예 적분하고자 하는 함수를 수학적인 식으로 표현할 수도 없는 경우에는 앞에서 다루었던 적분법들을 적용할 수 없다. 이러한 경우, 적분값을 근사적으로 구해야 한다. 근사적으로 적분을 구하는 다양한 방법과 그 방법의 정확도에 대한 연구가 수치해석(numerical analysis) 분야에서 다루어지고 있다. 여기에서는 세 가지 방법으로 **중점법(midpoint rule)**, **사다리꼴법(trapezoidal rule)**, **심슨법(Simpson's rule)** 을 소개한다. 이때 공통적으로 구간 $[a, b]$를 n 등분하여 $\Delta x = \dfrac{b-a}{n}$ 로 하고, 점 $x_k = a + k\Delta x$, $(k = 0, 1, 2, \cdots, n)$를 잡아 n 개의 소구간 $[x_0, x_1]$, $[x_1, x_2]$, $\cdots$, $[x_{n-1}, x_n]$ 으로 나눈다.

정리 2.15 중점법

정적분의 정의로부터 다음 근사식을 얻는다.

$$\int_a^b f(x)\,dx \approx M_n = \Delta x \sum_{k=1}^{n} f(\overline{x}_k)$$

여기에서 $\overline{x}_k$, $(k = 1, 2, \cdots, n)$는 각 소구간의 중점 $\overline{x}_k = \dfrac{1}{2}(x_{k-1} + x_k) = a + \left(k - \dfrac{1}{2}\right)\Delta x$ 이다.

Python 예제 2.25

중점법으로 $\int_0^1 5x^4\,dx$ 의 근삿값을 구해봅시다.

```
import numpy as np
from math import *
from tabulate import tabulate
import matplotlib.pyplot as plt
```

(continues on next page)

(continued from previous page)

```
%matplotlib inline
def midp(f,a,b,N=50):
    '''함수 f(x)의 a부터 b까지의 정적분을 중점법으로 계산

    변수의 의미
    -----------
    f : 함수
    a , b : 적분구간 [a,b]
    N : 구간을 분할하는 수

    입력 방법
    ---------
    >>> midp(lambda x : 3*x**2,0,1,10)
    0.9975000000000002
    '''
    dx = (b-a)/N
    x = np.linspace(a,b,2*N+1)
    y = f(x)
    S = dx * np.sum(y[1::2])
    return S

table=[[i, midp(lambda x : 5*x**4, 0, 1, i)]
       for i in range (5, 100,10)]
print(tabulate(table, headers=['n', '중점법 계산 결과']))
```

```
  n       중점법 계산 결과
---  ------------------
  5            0.9669
 15            0.996299
 25            0.998667
 35            0.99932
 45            0.999589
 55            0.999725
 65            0.999803
 75            0.999852
 85            0.999885
 95            0.999908
```

정리 2.16 사다리꼴법(trapozoidal rule)

각 소구간마다 양끝점의 함수값을 양변의 높이로 갖는 사다리꼴을 세워 그 넓이의 합으로 다음 근사식을 얻는다.

$$\int_a^b f(x)\,dx \approx T_n = \frac{\Delta x}{2}\left[f(x_0) + 2f(x_1) + 2f(x_2) + \cdots + 2f(x_{n-1}) + f(x_n)\right]$$

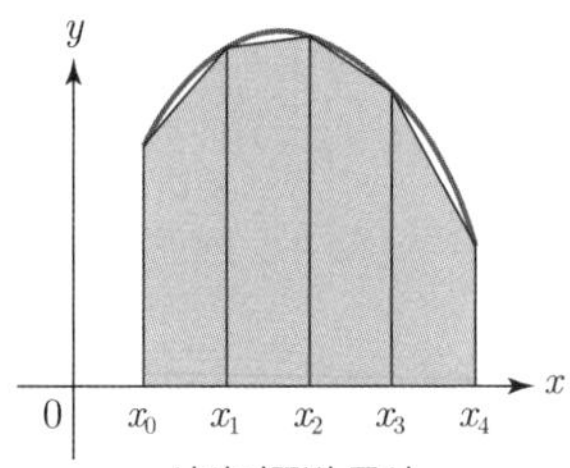

사다리꼴법 근사

증명 2.1

사다리꼴 도형의 넓이 공식을 이용하여 그 합을 구하면

$$\sum_{k=1}^{n} \frac{f(x_{k-1}) + f(x_k)}{2} \cdot \Delta x = \frac{\Delta x}{2} \sum_{k=1}^{n} \left[f(x_{k-1}) + f(x_k)\right]$$

이고, 나열하여 나타내면 정리의 근사식의 우변을 얻게 된다.

```
import numpy as np
from math import *
from tabulate import tabulate
import matplotlib.pyplot as plt
%matplotlib inline
def trap(f,a,b,N=50):
    '''함수 f(x)의 a부터 b까지의 정적분을 사다리꼴법으로 계산

    변수의 의미
    ----------
    f : 함수
    a , b : 적분구간 [a,b]
    N : 구간을 분할하는 수

    입력 방법
```

(continues on next page)

(continued from previous page)

```
    ---------
    >>> trap(lambda x : 3*x**2,0,1,10)
    1.0050000000000001
    '''
    dx = (b-a)/N
    x = np.linspace(a,b,N+1)
    y = f(x)
    S = dx*(1/2) * (np.sum(y[0::1]) + np.sum(y[1:N:1]))
    return S

table=[[i, trap(lambda x : 5*x**4, 0, 1, i)]
       for i in range (5, 100,10)]
print(tabulate(table, headers=['n', '사다리꼴법 계산 결과']))
```

```
  n    사다리꼴법 계산 결과
---  ----------------------
  5                 1.0664
 15                 1.0074
 25                 1.00267
 35                 1.00136
 45                 1.00082
 55                 1.00055
 65                 1.00039
 75                 1.0003
 85                 1.00023
 95                 1.00018
```

정리 2.17 심슨법(Simpson's rule)

구간 $[a, b]$를 짝수개의 소구간으로 나누고, 연이은 두 개의 소구간씩 짝을 지어 세 점 $P_0(x_0, f(x_0))$, $P_1(x_1, f(x_1))$, $P_2(x_2, f(x_2))$를 지나는 이차함수(포물선)를 찾는다. 이런 작업을 반복하여 연이은 세 점 $P_{2i}(x_{2i}, f(x_{2i}))$, $P_{2i_1}(x_{2i+1}, f(x_{2i+1}))$, $P_{2i+2}(x_{2i+2}, f(x_{2i+2}))$를 지나는 이차함수를 각각 찾아, 각 소구간과 해당 이차함수의

그래프 사이의 넓이를 구하여 더한 합으로 다음 근사식을 얻는다.

$$\begin{aligned}\int_a^b f(x)\,dx &\approx S_n \\ &= \frac{\Delta x}{3}[f(x_0)+4f(x_1)+2f(x_2)+4f(x_3)+\cdots \\ &\qquad +2f(x_{n-2})+4f(x_{n-1})+f(x_n)]\end{aligned}$$

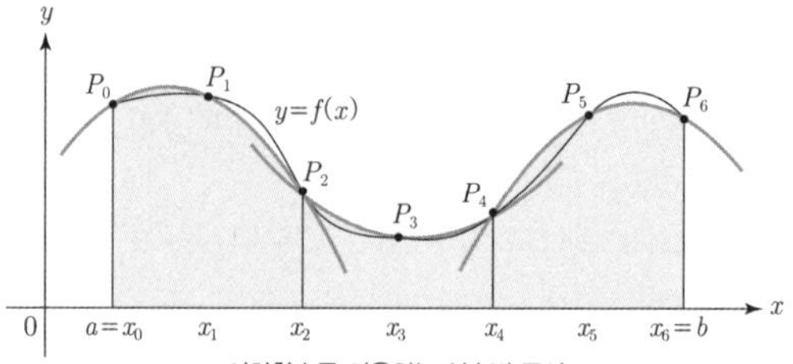

이차함수를 이용하는 심슨법 근사

증명 2.2

$\Delta x = h$로 두자. 평행이동을 해도 도형의 넓이가 변하지 않으므로, 계산이 간편하도록 연이은 세 점 $(-h, y_0)$, $(0, y_1)$, (h, y_2)을 지나는 이차함수 $y = Ax^2+Bx+C$를 생각하면

$$y_0 = Ah^2 - Bh + C, \qquad y_1 = C, \qquad y_2 = Ah^2 + Bh + C$$

이고, 따라서 이 이차함수와 x축의 구간 $[-h, h]$ 사이 영역의 넓이는 다음과 같다.

$$\int_{-h}^{h} (Ax^2 + Bx + C)\, dx = \frac{h}{3}(2Ah^2 + 6C) = \frac{h}{3}(y_0 + 4y_1 + y_2).$$

그 다음으로, 연이은 세 점 $(-h, y_2)$, $(0, y_3)$, (h, y_4)를 지나는 이차함수와 x축의 구간 $[-h, h]$ 사이 영역의 넓이도 마찬가지로 계산하면 $\frac{h}{3}(y_2 + 4y_3 + y_4)$이다. 이렇게 각 소구간과 해당 이차함수의 그래프 사이의 넓이를 구하여 더하면 정리의 근사식을 얻게 된다.

```
import numpy as np
from tabulate import tabulate
import matplotlib.pyplot as plt
from math import *
%matplotlib inline
def simps(f,a,b,N=50):
    '''함수 f(x)의 a부터 b까지의 정적분을 심슨법으로 계산

```

(continues on next page)

(continued from previous page)

```
    변수의 의미
    ----------
    f : 함수
    a , b : 적분구간 [a,b]
    N : 구간을 분할하는 수

    입력 방법
    ---------
    >>> simps(lambda x : 3*x**2,0,1,10)
    1.0000000000000002
    '''
    if N % 2 == 1:
        raise ValueError("N 은 짝수이어야 함.")
    dx = (b-a)/N
    x = np.linspace(a,b,N+1)
    y = f(x)
    S = dx*(1/3) * (np.sum(y[0:-1:2]) + 4*np.sum(y[1::2])
                    + np.sum(y[2::2]))
    return S

table=[[i, simps(lambda x : 5*x**4, 0, 1, i)]
       for i in range (2, 20,2)]
print(tabulate(table, headers=['n', '심슨법 계산 결과']))
```

```
  n    심슨법 계산 결과
---  ------------------
  2             1.04167
  4             1.0026
  6             1.00051
  8             1.00016
 10             1.00007
 12             1.00003
 14             1.00002
 16             1.00001
 18             1.00001
```

2.5.4 입체의 부피

함수 $f:[a,b]\to[0,\infty)$의 그래프와 x축의 구간 $[a,b]$ 사이의 영역을 x축 둘레로 회전하여 얻어지는 입체 S의 부피를 적분을 이용하여 구해보자.

x축의 구간 $[a,b]$를 n등분하여 소구간 $I_1, I_2, \cdots, I_n$으로 나누고, 각 소구간의 길이를 $\Delta x = \dfrac{b-a}{n}$로 나타낸다. 그리고 각 소구간 I_k,마다 x_k^*를 중점으로 선택하여 그 점에서의 함숫값 $f(x_k^*)$를 높이로 하고 I_k를 밑변으로 하는 직사각형을 그린다. 이 직사각형을 x축 둘레로 회전하여 얻어지는 입체 S_k의 부피는

$$\mathrm{vol}(S_k) = \left(\pi\left(f(x_k^*)\right)^2\right)\Delta x = A(x_k^*)\Delta x$$

이다. 여기에서 $A(x_k^*) = \pi\left(f(x_k^*)\right)^2$는 입체 S를 점 x_k에서 x축에 수직으로 자른 단면의 넓이이다. 이제 이 부피들의 합의 극한을 취하면 입체 S의 부피를 얻는다.

$$\mathrm{vol}(S) = \lim_{n\to\infty}\sum_{k=1}^{n} A(x_k^*)\Delta x = \int_a^b A(x)\,dx$$

즉, 입체 S의 부피는 점 x에서 축에 수직으로 자른 단면의 넓이 $A(x)$를 축의 구간 $[a,b]$에서 적분한 값이다. 이렇게 부피를 구하는 방법은 회전체를 비롯하여 일반적인 입체에 대해서도 적용된다. 입체 S가 어떤 곡선 $y=f(x)$를 축에 대하여 회전하여 얻어진 경우

$$\mathrm{vol}(S) = \int_a^b \pi\left(f(x)\right)^2\,dx$$

이다.

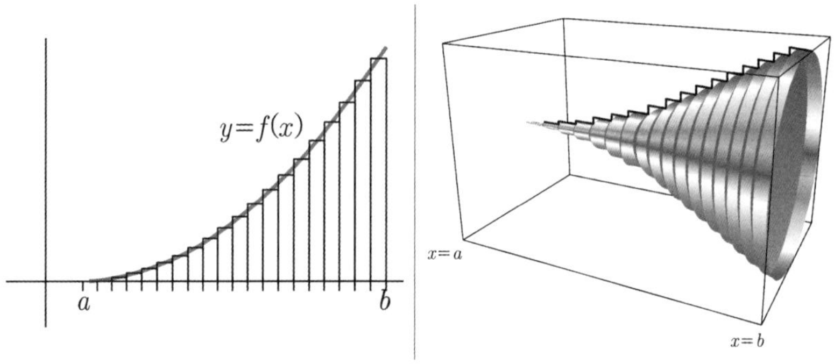

예제 2.43

밑면이 각 변의 길이가 a인 정사각형이고 높이가 h인 피라미드의 부피를 구하시오.

예제 2.44

$y=\sqrt{x}, y=0, x=1, x=4$로 둘러싸인 영역을 x축 둘레로 회전하여 얻어지는 입체의 부피를 구하시오.

예제 2.45

반지름이 r인 구의 부피를 적분을 이용하여 구하시오.

Python 예제 2.26

구간 $[0,2]$에서 함수 $z=x(x-1)(2x-3)+1$의 그래프를 z축 둘레로 회전한 곡면을 3차원 그래프로 나타내봅시다.

```
# 측면곡선의 모양을 확인합니다.

from sympy import *
import matplotlib.pyplot as plt
plt.rcParams['figure.figsize'] = 3, 2
x=symbols('x')
f=x*(x-1)*(2*x-3) + 1

plot(f, (x, 0, 2))
```

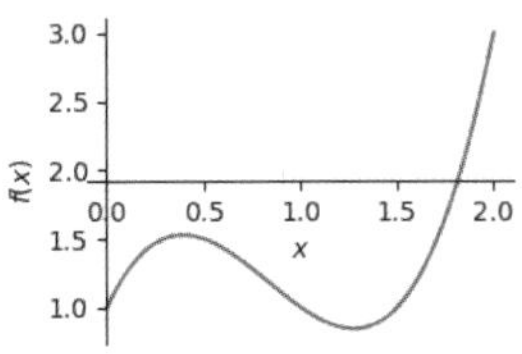


```
<sympy.plotting.plot.Plot at 0x10a9b5e90>
```

```
from mpl_toolkits.mplot3d import Axes3D
from matplotlib import pyplot as plt
import numpy as np

fig = plt.figure(figsize=(3,3))
ax = fig.add_subplot(111, projection='3d')
```

(continues on next page)

(continued from previous page)

```
# 회전할 곡선을 그립니다.
t = np.linspace(0, 2, 50)
z1 = t*(t-1)*(2*t-3) + 1
y1 = 0*t
ax.plot(t, y1, z1, color='black',linewidth=3 )

# 곡면의 mesh를 극좌표로 줍니다.
r = np.linspace(0, 2, 50)
p = np.linspace(0, 2*np.pi, 50)
R, P = np.meshgrid(r, p)
Z = R*(R-1)*(2*R -3) + 1

# 극좌표를 직교좌표로 변환합니다
X, Y = R*np.cos(P), R*np.sin(P)

# 곡면을 그립니다
ax.plot_surface(X, Y, Z, cmap=plt.cm.coolwarm)

ax.set_zlim(0, 3)
ax.set_xlim(-2, 2)
ax.set_xlabel(r'$x$')
ax.set_ylabel(r'$y$')
ax.set_zlabel(r'$z$')
ax.view_init(-25,15)

plt.show()
```

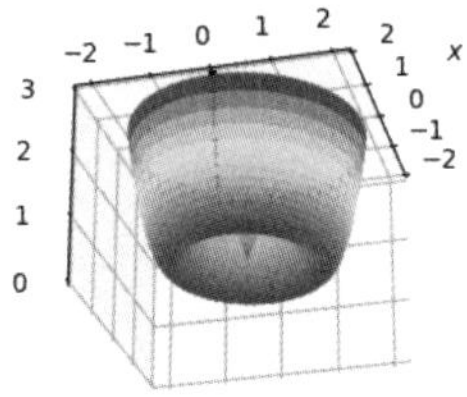

2.5.5 곡선의 길이

함수 $f : [a, b] \to \mathbb{R}$가 구간 $[a, b]$에서 미분가능하며, $f'(x)$가 연속일 때, 곡선 $y = f(x)$의 길이 L을 구해보자.

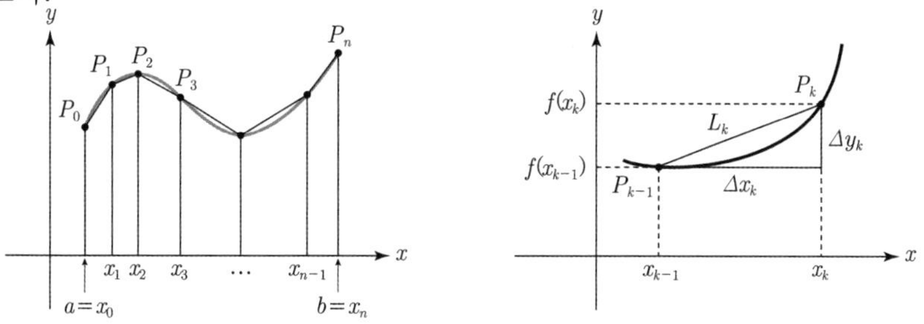
(a) (b)

구간 $[a, b]$를 n개의 소구간 $I_1 = [a, x_1], I_2 = [x_1, x_2], \cdots, I_n = [x_{n-1}, b]$로 나누고, 각 소구간 $I_k = [x_{k-1}, x_k]$의 길이를 Δx_k,로 나타낸다. 이때 점 $(x_{k-1}, f(x_{k-1}))$과 점 $(x_k, f(x_k))$ 사이의 거리 L_k는

$$L_k = \sqrt{(x_k - x_{k-1})^2 + (f(x_k) - f(x_{k-1}))^2}$$

이다. 이 값들을 더하여 극한을 구하면 전체 곡선의 길이 L을 얻는다.

$$\begin{aligned} L &= \lim_{\max \Delta x_k \to 0} \sum_{k=1}^{n} \sqrt{1 + \left(\frac{f(x_k) - f(x_{k-1})}{x_k - x_{k-1}} \right)^2} \cdot \Delta x_k \\ &= \lim_{\max \Delta x_k \to 0} \sum_{k=1}^{n} \sqrt{1 + \left(f'(x_k^*)\right)^2} \cdot \Delta x_k \\ &= \int_a^b \sqrt{1 + \left(f'(x)\right)^2}\, dx \end{aligned}$$

가 된다. 위 식에서 x_k^*는 점 x_{k-1}과 x_k 사이의 어떤 점이다(평균값정리).

비슷한 방법으로, 매개곡선 $(x(t), y(t))$의 $a \le t \le b$인 부분의 길이 L은 다음과 같다.

$$L = \int_a^b \sqrt{\left(x'(t)\right)^2 + \left(y'(t)\right)^2}\, dt$$

예제 2.46

곡선 $y = 2x^{\frac{3}{2}}$ 위의 점 $(1, 2)$에서 점 $(2, 4\sqrt{2})$까지의 길이를 구하시오.

예제 2.47

매개곡선 $(r\cos t, r\sin t)$, $0 \le t \le 2\pi$로 주어지는 반지름이 r인 원의 둘레를 구하시오.

2.5.6 적분을 이용하는 미분방정식 풀이

함수와 그 함수의 미분이 포함된 식을 **미분방정식(differential equation)** 이라고 한다. 미분방정식의 **차수** 또는 **계(order)** 는 포함된 미분의 최고 차수를 말한다. 예를 들어,

$$y'' + y = 0$$

은 2계 미분방정식이며, 함수 $y = \cos x$ 또는 $y = \sin x$, 일반적으로는 $y = C_1 \cos x + C_2 \sin x$ (C_1, C_2 는 상수)가 이 미분방정식을 만족하는 해(solution)가 됨을 확인할 수 있다. 미분방정식의 해는 미지의 상수를 포함하는 **일반해(general solution)** 로 주어지는데, 어떤 점에서의 함수값에 대한 추가 조건이 주어지면 미지의 상수가 정해져 하나의 함수만 해가 된다. 예를 들어,

$$y'' + y = 0, \quad y(0) = 2, \quad y'(0) = 3$$

를 만족하는 해는 $y = 2\cos x + 3\sin x$ 뿐이다. 이러한 문제를 **초기값 문제(initial value problem)** 라고 하고, 그 해를 **특수해(particular solution)** 라고 부른다.

예제 2.48

xy 평면의 곡선 $y = y(x)$ 가 점 $(3, 4)$ 를 지나며, 곡선 위의 각 점 (x, y) 에서의 접선의 기울기가 x^2 일 때, 함수 $y = y(x)$ 의 식을 구하는 초기값 문제

$$\frac{dy}{dx} = x^2, \qquad y(3) = 4$$

의 해를 구하시오.

미분방정식의 가장 기본적인 형태는 다음과 같이 함수 y 와 그 함수의 미분들 $y', y'', \cdots, y^{(n)}$ 의 일차결합, 즉 계수(y 와는 상관없는 상수 또는 x 에 대한 다른 함수들)를 곱하여 더한 꼴의 n 계 **선형미분방정식(linear differential equations)** 이다.

$$a_n(x)\, y^{(n)} + a_{n-1}(x)\, y^{(n-1)} + \cdots + a_1(x)\, y' + a_0(x) = 0$$

예를 들어, $y' + 3y = e^x$ 는 1계 선형미분방정식이고, $x^2y'' + 3xy' + 2y = 0$ 은 2계 선형미분방정식인데, $y'' + y\,y' = 0$ 이나 $y' + \sin y + x^2 = 1$ 과 같은 미분방정식은 선형이 아니다. 여기에서는 선형미분방정식에 대한 소개만 하고, 일반적인 풀이법을 다루지는 않기로 한다.

Python 예제 2.27

Python의 sympy 라이브러리에는 ODE라는 모듈이 있고 여기서 상미분방정식을 풀 수 있는 도구를 제공합니다.

```
dsolve(eqn, f(x), hint)
```

자세한 내용은 https://docs.sympy.org/latest/modules/solvers/ode.html 을 참고하세요.

desolve 명령으로 1계 선형미분방정식 $y' + 3y = e^x$ 의 일반해와 초기값 $y(0) = 1$ 이 주어진 경우의 특수해를 구해봅시다.

```
from sympy import *
import sympy as sy

# y' + 3y = e^x

x=symbols('x')
y=Function("y")(x)
dsolve(Derivative(y,x)+3*y - exp(x), y)
```

$$y(x) = C_1 e^{-3x} + \frac{e^x}{4}$$

```
from sympy import *
import sympy as sy

# y' + 3y = e^x, y(0)=1

x=symbols('x')
y=Function("y")(x)
dsolve(Derivative(y,x)+3*y - exp(x), y, ics={y.subs(x,0): 1})
```

$$y(x) = \frac{e^x}{4} + \frac{3e^{-3x}}{4}$$

미분방정식의 또다른 특별한 형태로 다음과 같은 **변수분리형(separable type)** 1계 미분방정식에 대하여 풀이법을 살펴보자.

$$y' = \frac{g(x)}{h(y)}, \qquad 즉, \quad \frac{dy}{dx} = \frac{g(x)}{h(y)}$$

이러한 형태의 미분방정식은 일반적으로 선형이 아닐 수 있으며, $g(x)$, $h(y)$, $h'(y)$ 가 각각 연속함수이면 미분방정식의 초기값 문제가 유일하며 연속인 해를 가진다는 사실이 밝혀져 있다. 이

미분방정식의 특징은 다음과 같이 양변에 변수를 분리하여 나타낼 수 있는 것이다.

$$h(y)\,dy = g(x)\,dx$$

여기에서 양변에 적분기호를 취하면

$$\int h(y)\,dy = \int g(x)\,dx$$

가 되고, 좌변의 y에 대한 적분과 우변의 x에 대한 적분을 각각 계산하여

$$H(y) = G(x) + C$$

로 나타낸다. 이 식 자체 또는 이 식을 정리하여 y를 x에 대한 함수로 나타낸 것이 처음에 주어졌던 미분방정식의 일반해가 된다.

예제 2.49

미분방정식 $y' = 2xy$의 일반해를 구하시오. 그리고 초기값이 다음과 같을 때 특수해를 각각 구하시오.

(1) $y(0) = 1$

(2) $y(0) = -3$

풀이 – 예제 2.49

주어진 미분방정식을 다음과 같이 양변에 변수를 분리하여 나타낸다.

$$\frac{dy}{dx} = 2xy \;\Rightarrow\; \frac{1}{y}\,dy = 2x\,dx$$

이제 양변에 적분을 취하여 계산하면

$$\ln|y| = x^2 + C, \qquad \text{즉,} \quad |y| = e^{x^2+C} = k\,e^{x^2} \quad (k = e^C \text{ 는 상수})$$

로 일반해를 얻는다.

(1) 일반해에 주어진 초기조건을 대입하면 $|1| = k\,e^0$ 으로부터 $k = 1$이고, 초기값이 양수, 즉 $y(0) = 1 > 0$이므로 특수해는 $y = e^{x^2}$ 이다.

(2) 일반해에 주어진 초기조건을 대입하면 $|-3| = k\,e^0$ 으로부터 $k = 3$이고, 초기값이 음수, 즉 $y(0) = -3 < 0$이므로 특수해는 $y = -3e^{x^2}$ 이다.

```
from sympy import *
import sympy as sy
```

(continues on next page)

(continued from previous page)

```
# y' = 2xy, y(0)=1

x=symbols('x')
y=Function("y")(x)
dsolve(Derivative(y,x)-2*x*y, y, ics={y.subs(x,0): 1})
```

$$y(x) = e^{x^2}$$

2.5.7 연습문제

1번. $y = x^2$ 과 $y = x + 6$ 의 그래프로 둘러싸인 부분의 넓이를 구하시오.

2번. $x = y^2$ 과 $y = x - 2$ 의 그래프로 둘러싸인 영역의 넓이를 구하시오.

3번. $y = x^2$ 의 그래프와 이 곡선 위의 점 $(2, 4)$ 에서의 접선, 그리고 x 축으로 둘러싸인 부분의 넓이를 구하시오.

4번. $y = x^3, y = 8, x = 0$ 으로 둘러싸인 영역을 y 축 둘레로 회전하여 얻어지는 입체의 부피를 구하시오. 같은 영역을 x 축 둘레로 회전하여 얻어지는 입체의 부피를 구하시오.

5번. 곡선 $y = x^2 - \frac{1}{8}\ln x$ 위의 점 $(1, 1)$ 에서 점 $\left(e,\ e^2 - \frac{1}{8}\right)$ 까지의 길이를 구하시오.

6번. 매개곡선 $(1 + 3t^2,\ 4 + 2t^3), 0 \le t \le 1$ 의 길이를 구하시오.

7번. $n = 4$ 로 하여 $\int_0^1 2x\,dx$ 의 근삿값을 중점법, 사다리꼴법, 심슨법으로 각각 구하시오.

8번. 1계 선형 미분방정식 $y' - y = e^{2x}$ 에 대하여 $y = Ce^x + e^{2x}$ 가 해가 됨을 확인하시오. 그리고 초기값 문제 $y' - y = e^{2x}, y(0) = 3$ 의 해를 구하시오.

9번. 다음 초기값 문제의 해를 구하시오.

(1) $y' = \cos x, y(0) = 1$

(2) $(4y - \cos y)y' - 3x^2 = 0, y(0) = 0$

(3) $\frac{dy}{dx} = -4xy^2, y(0) = 1$

10번. 미분방정식 $(3y^3 + 2)\,y' = e^x y$ 의 일반해를 구하시오. 그리고 초기값이 다음과 같을 때 특수해를 각각 구하시오.

(1)$y(0) = 1$ (2)$y(0) = 2$

제 3 장 벡터함수와 다변수함수의 미적분

3.1 벡터함수와 다변수 함수

앞에서 실수집합의 부분집합에서 정의된 실함수 $f : U \to \mathbb{R}$의 극한과 연속, 미분과 적분에 대하여 다루었다. 이번 절에서는 이러한 일변수 함수의 개념을 확장하여 실수집합의 부분집합에서 정의되어 있지만 함수값이 벡터인 함수(벡터함수)와 일반적인 n차원 벡터공간의 부분집합에서 정의된 실함수(다변수함수)에 대하여 살펴본다.

3.1.1 벡터함수와 다변수 함수의 정의

정의 3.1

U가 실수 전체의 집합 $\mathbb{R}$ 또는 이 집합의 부분집합이고 n이 자연수일 때

$$\gamma : U \to \mathbb{R}^n, \ \ \gamma(t) = (x_1(t), x_2(t), \cdots, x_n(t))$$

를 **벡터함수(vector valued function)** 라 한다. 그리고 $x_i(t)$를 이 벡터함수의 i번째 성분이라 한다.

$y = x^2$으로 주어진 함수의 그래프는 $\{(x, x^2) | x \in \mathbb{R}\}$이고 이 그래프 위의 점은 벡터함수 $\gamma(x) = (x, x^2)$로 표현할 수 있다. 또한 임의의 실수 $t \in \mathbb{R}$에 대해 $f(t) = (\cos t, \sin t)$로 정의된 함수는 벡터함수이고 이 함수의 그래프는 t가 증가함에 따라 평면위의 반지름이 1인 원을 반시계방향으로 돈다. 이와같이 평면 또는 공간에서 점이 움직여가는 자취를 묘사하는데 벡터함수는 유용하게 사용된다.

정의 3.2

실수 전체의 집합 $\mathbb{R}$ 또는 이 집합의 열린부분집합 U 에서 정의된 벡터함수

$$f : U \to \mathbb{R}^n,\ \ f(t) = (x_1(t), x_2(t), \cdots, x_n(t))$$

와 $a \in U$ 에 대해

$$\lim_{t \to a} f(t) = (\lim_{t \to a} x_1(t), \cdots, \lim_{t \to a} x_n(t))$$

를 의미한다. $a \in U$ 에 대해

$$\lim_{t \to a} f(t) = f(a)$$

를 만족할 때 벡터함수 f 가 점 $a \in U$ 에서 연속이라 하고, U 위의 모든 점에서 f 가 연속일때, f 를 U 에서 연속이라 한다. 따라서 f 가 연속함수이면 f 의 각 성분 $x_i(t)$ 도 연속함수이다.

Python 예제 3.1

Python에서 매개변수로 표현된 함수의 그래프를 그리는 방법은 다음과 같다.
(1) matplotlib를 이용

```
plot([x], y, [fmt], *, data=None, **kwargs)
plot([x], y, [fmt], [x2], y2, [fmt2], ..., **kwargs)
```

참고: matplotlib.pyplot.plot[1]
(2) sympy의 plotting.plot 이용

```
plot_parametric((expr_x, expr_y), range)
plot3d_parametric_line(expr_x, expr_y, expr_z, range, **kwargs)
```

참고: sympy.plotting[2]
다양한 매개변수 함수의 그래프를 그려 봅시다.

```
import numpy as np
import matplotlib.pyplot as plt
from math import *

t=np.linspace(0, 2*pi, 200)
x=np.cos(t)
```

(continues on next page)

[1] https://matplotlib.org/stable/api/_as_gen/matplotlib.pyplot.plot.html
[2] https://docs.sympy.org/latest/modules/plotting.html

(continued from previous page)

```
y=np.sin(t)

plt.figure(figsize=(2,2))
plt.axhline(0, color='black', linewidth=1)
plt.axvline(0, color='black', linewidth=1)
plt.plot(x,y)
```

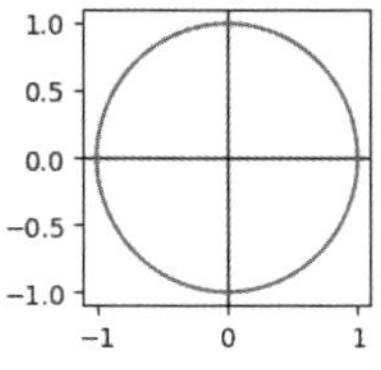

```
import matplotlib.pyplot as plt
from mpl_toolkits.mplot3d import Axes3D
import numpy as np
from math import *

fig = plt.figure(figsize=(3,3))
ax = plt.axes(projection='3d')

t=np.linspace(0, 4*pi, 100)
x= t* np.cos(t)
y= t**2 * np.sin(t)
z= t**3

ax.plot(x, y, z)
plt.show()
```

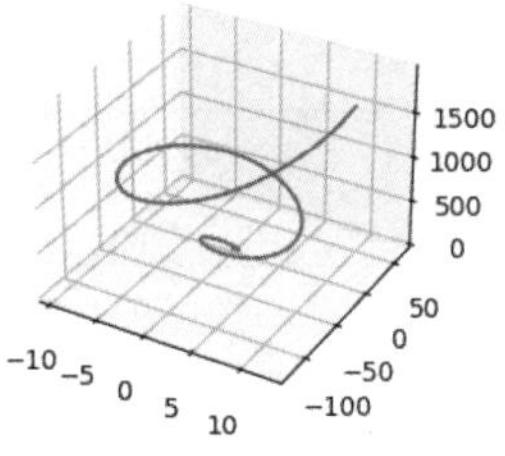

```
import sympy as sy
from sympy.plotting import *
```

(continues on next page)

(continued from previous page)

```
import matplotlib.pyplot as plt
plt.rcParams['figure.figsize'] = 2, 2
x=sy.symbols('x')

plot3d_parametric_line(x**2 - sy.sin(x), x**3 + 3*sy.cos(x),
                       sy.sin(2*x), (x, 0, 5))
```

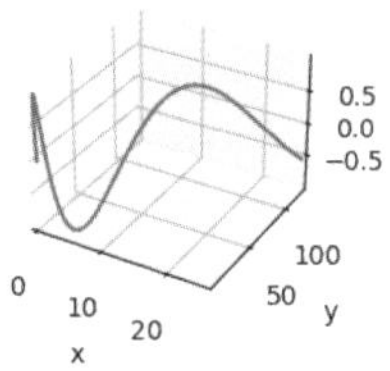

정의 3.3

U가 n차원 벡터공간 $\mathbb{R}^n$ 또는 이의 부분집합일 때, 함수

$$f : U \to \mathbb{R}$$

를 n 변수함수라 하고, $n \geq 2$ 일 때 **다변수함수(multivariable function)** 라 한다.

참고 3.1

$f(x, y) = x + y$는 2변수함수이고 $g(x, y, z) = x^2 + y + xz$은 3변수함수이다.

Python 예제 3.2

python에서 1변수 함수의 그래프를 그리는 방법은 다음과 같다.
(1) matplotlib 라이브러리의 Axes3d 모듈 이용

```
plot_surface(X, Y, Z, *args, **kwargs)
```

(2) sympy 라이브러리 plotting.plot 이용

```
plot3d(expr, range_x, range_y, **kwargs)
```

다양한 2변수 함수의 그래프를 그려 봅시다.

```
import sympy as sy
from sympy.plotting import *
import matplotlib.pyplot as plt
plt.rcParams['figure.figsize'] = 3○○, 3
x, y = sy.symbols('x y')
plot3d(sy.sin(pi*((x)**2+(y)**2))/2,(x,-1,1),(y,-1,1))
```

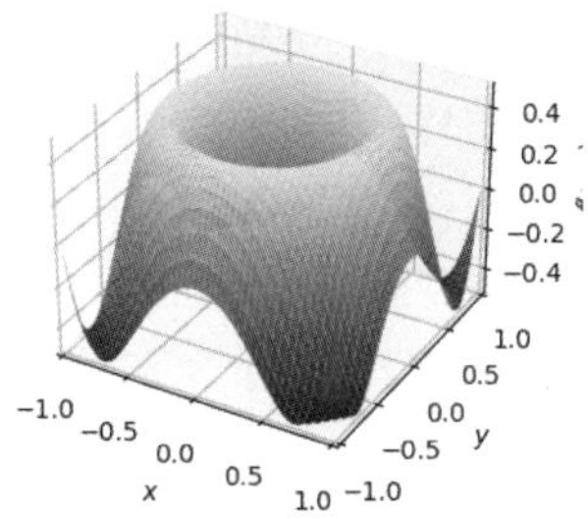


```
import sympy as sy
from sympy.plotting import *
import matplotlib.pyplot as plt
plt.rcParams['figure.figsize'] = 3, 3
x, y = sy.symbols('x y')

plot3d((x**2 + y**2, (x, -5, 5), (y, -5, 5)),
       (-x**2 -y**2, (x, -2, 2), (y, -2, 2)))
```

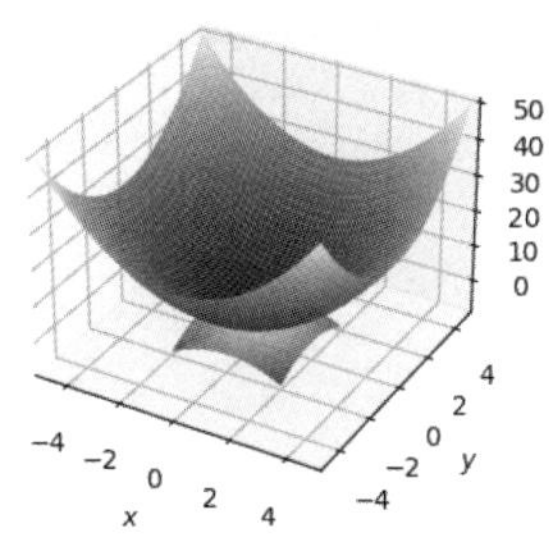

3.1.2 벡터의 외적

정의 3.4

공간의 두 벡터 $\mathbf{v} = (v_1, v_2, v_3)$, $\mathbf{w} = (w_1, w_2, w_3)$에 대하여 **외적(cross product, 벡터곱** 은

$$\mathbf{v} \times \mathbf{w} = \det \begin{bmatrix} \mathbf{i} & \mathbf{j} & \mathbf{k} \\ v_1 & v_2 & v_3 \\ w_1 & w_2 & w_3 \end{bmatrix}$$

$$= (v_2w_3 - v_3w_2)\mathbf{i} + (v_3w_1 - v_1w_3)\mathbf{j} + (v_1w_2 - v_2w_1)\mathbf{k}$$

로 정의된다. 따라서 공간의 두 벡터의 외적은 다시 공간의 벡터가 된다. (여기서 $\mathbf{i} = (1,0,0)$, $\mathbf{j} = (0,1,0)$, $\mathbf{k} = (0,0,1)$ 이다.)

예제 3.1

두 벡터 $\mathbf{v} = (1,1,0)$, $\mathbf{w} = (0,1,1)$의 외적 $\mathbf{v} \times \mathbf{w}$를 구하여라.

풀이 – 예제 3.1

$$\mathbf{v} \times \mathbf{w} = \det \begin{bmatrix} \mathbf{i} & \mathbf{j} & \mathbf{k} \\ 1 & 1 & 0 \\ 0 & 1 & 1 \end{bmatrix} = \mathbf{i} - \mathbf{j} + \mathbf{k} = (1,-1,1)$$

이다. 그리고 $\mathbf{i} \times \mathbf{j} = \mathbf{k}$, $\mathbf{j} \times \mathbf{k} = \mathbf{i}$, $\mathbf{k} \times \mathbf{i} = \mathbf{j}$가 성립한다.

Python 예제 3.3

Python에서 벡터의 외적은 다음과 같이 계산한다.

(1) numpy

```
numpy.cross(a, b)
```

(2) sympy

```
v.cross(w)
```

```
import numpy as np

v=[1,1,0]
w=[0,1,1]
np.cross(v, w)
```

```
array([ 1, -1,  1])
```

```
import sympy as sy
from sympy import *

v=Matrix([1,1,0])
w=Matrix([0,1,1])
v.cross(w)
```

$$\begin{bmatrix} 1 \\ -1 \\ 1 \end{bmatrix}$$

```
import sympy as sy
from sympy import *
from sympy.vector import CoordSys3D

C= CoordSys3D('C')
v= 1*C.i + 1*C.j + 0* C.k
w= 0*C.i + 1*C.j + 1* C.k
v.cross(w)
```

$$\hat{\mathbf{i}}_{\mathbf{C}} - \hat{\mathbf{j}}_{\mathbf{C}} + \hat{\mathbf{k}}_{\mathbf{C}}$$

정리 3.1

임의의 $\mathbf{u}, \mathbf{v}, \mathbf{w} \in \mathbb{R}^3$ 와 임의의 $k \in \mathbb{R}$ 에 대하여 외적은 다음을 만족한다.

(1) $\mathbf{v} \times \mathbf{w} = -\mathbf{w} \times \mathbf{v}$

(2) $\mathbf{u} \times (\mathbf{v} + \mathbf{w}) = \mathbf{u} \times \mathbf{v} + \mathbf{u} \times \mathbf{w}$

(3) $k(\mathbf{v} \times \mathbf{w}) = (k\mathbf{v}) \times \mathbf{w} = \mathbf{v} \times (k\mathbf{w})$

(4) $\mathbf{v} \times \mathbf{v} = \mathbb{0}$

(5) $\mathbf{v} \times \mathbb{0} = \mathbb{0}$

증명 3.1

행렬식은 행벡터 $\mathbf{r}_1, \mathbf{r}_2, \mathbf{r}_3$와 실수 k에 대하여 다음 성질을 만족한다.

$$\det \begin{bmatrix} \mathbf{r}_1 \\ \mathbf{r}_2 \\ \mathbf{r}_3 \end{bmatrix} = -\det \begin{bmatrix} \mathbf{r}_1 \\ \mathbf{r}_3 \\ \mathbf{r}_2 \end{bmatrix} = \det \begin{bmatrix} \mathbf{r}_1 \\ \mathbf{r}_2 + k\,\mathbf{r}_3 \\ \mathbf{r}_3 \end{bmatrix}$$

$$k \det \begin{bmatrix} \mathbf{r}_1 \\ \mathbf{r}_2 \\ \mathbf{r}_3 \end{bmatrix} = \det \begin{bmatrix} \mathbf{r}_1 \\ k\,\mathbf{r}_2 \\ \mathbf{r}_3 \end{bmatrix} = \det \begin{bmatrix} \mathbf{r}_1 \\ \mathbf{r}_2 \\ k\,\mathbf{r}_3 \end{bmatrix}$$

따라서 (1), (3), (4)를 바로 얻는다. (2)는 행렬식의 정의로 부터 바로 얻어지고 (5)는 외적의 정의로부터 당연하다.

정리 3.2

u, **v**, **w**가 공간의 일차독립인 서로 다른 세 벡터일 때,

(1) **v**와 **w**로 만들어지는 평행사변형의 면적은 $\|\mathbf{v} \times \mathbf{w}\|$이다.

(2) $\mathbf{u} = (u_1, u_2, u_3)$, $\mathbf{v} = (v_1, v_2, v_3)$, $\mathbf{w} = (w_1, w_2, w_3)$에 대해

$$\mathbf{u} \cdot (\mathbf{v} \times \mathbf{w}) = \det \begin{bmatrix} u_1 & u_2 & u_3 \\ v_1 & v_2 & v_3 \\ w_1 & w_2 & w_3 \end{bmatrix}$$

이고 이를 스칼라 삼중적이라 한다. 스칼라 삼중적의 크기는 세 벡터 **u**, **v**, **w**로 만들어지는 평행육면체의 부피와 같다.

(3) $(\mathbf{v} \times \mathbf{w}) \cdot \mathbf{v} = 0$, $(\mathbf{v} \times \mathbf{w}) \cdot \mathbf{w} = 0$

증명 3.2

(1) 다음 그림과 같이 두 벡터 $\mathbf{u}, \mathbf{v}$에 의해 생성되는 평행사변형을 생각하자. 이 평행사변형의 넓이는

$$\begin{aligned}\|\mathbf{u}\| \times h &= \|\mathbf{u}\|\|\mathbf{v}\| \sin\alpha = \|\mathbf{u}\|\|\mathbf{v}\|\sqrt{1-\cos^2\alpha} \\ &= \|\mathbf{u}\|\|\mathbf{v}\|\sqrt{1-\left(\frac{\mathbf{u}\cdot\mathbf{v}}{\|\mathbf{u}\|\|\mathbf{v}\|}\right)^2} = \sqrt{(\|\mathbf{u}\|\|\mathbf{v}\|)^2-(\mathbf{u}\cdot\mathbf{v})^2}\end{aligned}$$

이고, 좌표를 대입하여 직접 계산하면

$$\sqrt{(\|\mathbf{u}\|\|\mathbf{v}\|)^2-(\mathbf{u}\cdot\mathbf{v})^2} = \|\mathbf{u}\times\mathbf{v}\|$$

가 성립한다.

(2) 행렬식의 정의로 부터

$$\begin{aligned}\det\begin{bmatrix} u_1 & u_2 & u_3 \\ v_1 & v_2 & v_3 \\ w_1 & w_2 & w_3 \end{bmatrix} &= u_1 \det\begin{bmatrix} v_2 & v_3 \\ w_2 & w_3 \end{bmatrix} - u_2 \det\begin{bmatrix} v_1 & v_3 \\ w_1 & w_3 \end{bmatrix} + u_3 \det\begin{bmatrix} v_1 & v_2 \\ w_1 & w_2 \end{bmatrix} \\ &= u_1(v_2w_3 - v_3w_2) + u_2(v_3w_1 - v_1w_3) + u_3(v_1w_2 - v_2w_1) \\ &= \mathbf{u}\cdot(\mathbf{v}\times\mathbf{w})\end{aligned}$$

가 성립한다. 이제 $|\mathbf{u}\cdot(\mathbf{v}\times\mathbf{w})|$가 $\mathbf{u}, \mathbf{v}, \mathbf{w}$로 생성되는 평행육면체의 부피가 됨을 보이자. 주어진 평행육면체의 부피는 평행육면체의 밑면의 넓이와 평행육면체의 높이의 곱으로 구해진다. 평행육면체의 밑면은 두 벡터 $\mathbf{v}, \mathbf{w}$로 생성되는 평행사변형이고 이의 넓이는

$$\|\mathbf{v}\times\mathbf{w}\|$$

이다. 이제 높이를 구하자. 밑면에 수직한 벡터는 $\mathbf{v}\times\mathbf{w}$와 평행하므로 높이는 $\mathbf{u}$ 벡터를 $\mathbf{v}\times\mathbf{w}$로 정사영한 벡터의 크기와 같고 이는

$$\mathrm{Proj}_{\mathbf{v}\times\mathbf{w}}(\mathbf{u}) = \frac{\mathbf{u}\cdot(\mathbf{v}\times\mathbf{w})}{(\mathbf{v}\times\mathbf{w})\cdot(\mathbf{v}\times\mathbf{w})}\mathbf{v}\times\mathbf{w}$$

이고 이 벡터의 크기는 $\frac{|\mathbf{u}\cdot(\mathbf{v}\times\mathbf{w})|}{\|\mathbf{v}\times\mathbf{w}\|}$ 이다. 따라서 평행육면체의 부피는 $|\mathbf{u}\cdot(\mathbf{v}\times\mathbf{w})|$ 이다.

(3) 앞의 (2)로 부터 $\mathbf{v}\cdot(\mathbf{v}\times\mathbf{w}) = \det\begin{bmatrix}\mathbf{v}\\ \mathbf{v}\\ \mathbf{w}\end{bmatrix} = 0, \mathbf{w}\cdot(\mathbf{v}\times\mathbf{w}) = \det\begin{bmatrix}\mathbf{w}\\ \mathbf{v}\\ \mathbf{w}\end{bmatrix} = 0$

예제 3.2

공간상의 세 점 $P(1,0,0)$, $Q(0,1,0)$, $R(0,0,1)$ 이 주어졌을 때, ΔPQR의 면적과 사면체 $OPQR$의 부피를 구하여라.

풀이 – 예제 3.2

ΔPQR의 면적은 $\overrightarrow{PQ}$와 $\overrightarrow{PR}$로 생성되는 평행사변형 면적

$$\|\overrightarrow{PQ} \times \overrightarrow{PR}\| = \|(Q-P) \times (R-P)\| = \|(1,1,1)\| = \sqrt{3}$$

의 반과 같으므로 $\frac{\sqrt{3}}{2}$이다. 또한 사면체 $OPQR$의 부피는 세 벡터 $\overrightarrow{OP}, \overrightarrow{OQ}, \overrightarrow{OR}$로 생성되는 평행육면체의 부피의 $\frac{1}{6}$과 같으므로

$$\frac{1}{6}|\det \begin{bmatrix} 1 & 0 & 0 \\ 0 & 1 & 0 \\ 0 & 0 & 1 \end{bmatrix}| = \frac{1}{6}$$

```
import numpy as np

def ParallelArea(P, Q, R):
    return np.linalg.norm(np.cross(Q-P, R-P))
P=np.array([1,0,0])
Q=np.array([0,1,0])
R=np.array([0,0,1])
ParallelArea(P,Q,R)
```

```
1.7320508075688772
```

```
def scalarTripleProduct(u, v, w):
    return u@np.cross(v,w)
scalarTripleProduct(P,Q,R)
```

1

3.1.3 공간에서 직선의 방정식과 평면의 방정식

공간에 서로 다른 두 점 $P(x_0, y_0, z_0)$, $Q(x_1, y_1, z_1)$ 이 주어지면 이 두 점을 지나는 직선은 유일하게 결정된다.

이 직선의 방정식을 이해하려면 직선 $\overleftrightarrow{PQ}$ 위의 임의의 점 X 를 $\overrightarrow{OP}$ 와 $\overrightarrow{PQ}$ 를 사용하여 나타내면 된다.

$$\overrightarrow{OX} = \overrightarrow{OP} + t\overrightarrow{PQ}, \quad t \in \mathbb{R}$$

을 만족하는 유일한 실수 t 가 존재하고 따라서 이 직선은

$$X(t) = P + t(Q - P) = (x_0, y_0, z_0) + t(x_1 - x_0, y_1 - y_0, z_1 - z_0)$$

와 같은 벡터함수로 나타낼 수 있다.

만일 직선 위의 한 점 $P = (x_0, y_0, z_0)$ 와 이 직선의 방향벡터 $\mathbf{v} = (a, b, c)$ 가 주어졌으면, 이 직선의 방정식은

$$X(t) = P + t\mathbf{v} = (at + x_0, bt + y_0, ct + z_0)$$

가 되고, 만일 $abc \neq 0$ 이면 이 직선의 방정식은

$$\frac{x - x_0}{a} = \frac{y - y_0}{b} = \frac{z - z_0}{c}$$

로 나타낼 수 있다.

이제 공간에 놓여있는 임의의 두 직선의 위치관계를 살펴보자. 두 직선 $X_1(t) = \mathbf{v}_1 t + P_1$, $X_2(t) = \mathbf{v}_2 t + P_2$ 가 $\mathbf{v}_1 \parallel \mathbf{v}_2$ 이고 두직선이 만나지 않을 때, 이 두 직선이 **평행(parallel)** 하다고 한다. 공간에 있는 두 직선은 평행하지 않더라도 서로 만나지 않을 수있다. 이런 경우를 **꼬인위치(skew position)** 라 한다. 따라서 공간에서 두 직선의 위치관계는 (1) 겹친다, (2) 한점에서 만난다, (3) 평행하다, (4) 꼬인위치에 있다, 와 같이 4가지이다.

예제 3.3

(1) 점 $(1, 2, -3)$ 을 지나고 $\mathbf{v} = 4\mathbf{i} + 5\mathbf{j} - 7\mathbf{k}$ 에 평행인 직선을 구하시오.

(2) $(2, 4, -1)$ 과 $(5, 0, 7)$ 을 지나는 직선을 구하고 이 직선과 xy 평면과의 교점을 구하시오.

(3) 두 직선

$$L_1 \; : \; x = 1 + 4t, y = 5 - 4t, z = -1 + 5t$$
$$L_2 \; : \; x = 2 + 8t, y = 4 - 3t, z = 5 + t$$

의 위치관계를 구하시오.

풀이 – 예제 3.3

(1) 점 $(1,2,-3)$을 지나고 벡터 $\mathbf{v}=(4,5,-7)$에 평행한 직선이므로 이 직선의 방정식은

$$X(t)=(1,2,-3)+t(4,5,-7)=(4t+1,5t+2,-7t-3)$$

과 같이 벡터함수로 나타낼 수 있다. 또는 이 직선의 방향벡터의 각 성분이 0이 아니므로

$$\frac{x-1}{4}=\frac{y-2}{5}=\frac{z+3}{-7}$$

로 나타내도 된다.

(2) 점 $P(2,4,-1)$을 지나고 방향벡터는 $(5,0,7)-(2,4,-1)=(3,-4,8)$과 평행하므로 직선의 방정식은 $X(t)=(3t+2,-4t+4,8t-1)$로 주어진다. xy 평면의 z좌표는 0이므로 $8t-1=0$으로부터 $t=\frac{1}{8}$이고 $X(\frac{1}{8})=(\frac{19}{8},\frac{28}{8},0)$이 교점의 좌표이다.

(3) 직선 L_1의 방향벡터는 $\mathbf{v}_1=(4,-4,5)$에 평행하고 L_2의 방향벡터는 $\mathbf{v}_2=(8,-3,1)$에 평행하다. 이 두 벡터는 평행하지 않으므로 두 직선은 평행일 수 없다. 이제 이 두 직선이 서로 만나는지를 확인하자. 만일 이 두 직선이 한점에서 만나면

$$1+4t=2+8s,\ 5-4t=4-3s,\ -1+5t=5+s$$

를 만족하는 실수 $s,t\in\mathbb{R}$가 존재해야 한다. 첫 두 식을 연립하면 $s=0, t=1/4$이고 이 값은 세번째 식을 만족하지 않으므로 두 직선은 서로 만나지 않는다. 따라서 꼬인위치에 있다.

```
import sympy as sy
from sympy import *
s, t = sy.symbols('s t')
solve([Eq(1 + 4*t, 2 + 8*s), Eq(5-4*t, 4-3*s),
       Eq(-1 + 5*t, 5+s)], s, t)
```

```
[]
```

3.1.4 평면의 방정식

공간에서 한 직선 위에 있지 않은 서로 다른 세 점 P, Q, R을 지나는 평면은 유일하다. 이 때, 두 벡터 $\overrightarrow{PQ}, \overrightarrow{PR}$은 서로 일차독립이다. 따라서 이 두 벡터에 의해 생성되는 모든 벡터들의 집합

$$\{s\overrightarrow{PQ} + t\overrightarrow{PR} \mid s, t \in \mathbb{R}\}$$

은 원점을 시작점으로 하는 두 벡터 $Q - P, R - P$에 의해 생성되는 평면

$$\{s(Q - P) + t(R - P) \mid s, t \in \mathbb{R}\}$$

을 P만큼 평행이동한 평면이 된다.

그러므로 세 점 P, Q, R을 지나는 직선은 점 P를 지나고 $N = (Q-P) \times (R-P)$에 수직한 평면이다. 이와 같은 벡터 N을 평면의 **법벡터(normal vector)** 라 한다.

마찬가지로 평면위의 한 점 $P_0 = (x_0, y_0, z_0)$가 주어지고 이 평면과 수직인 벡터(법선벡터 (normal vector)) $\mathbf{N} = (a, b, c)$가 주어지면 평면이 유일하게 결정된다. 이 때 평면의 방정식은 $\mathbf{N} \cdot (X - P_0) = 0$이 되고 이 식을 풀어 쓰면

$$a(x - x_0) + b(y - y_0) + c(z - z_0) = 0$$

이다. 따라서 $ax + by + cz + d = 0$을 만족하는 점들의 집합은 공간에서 (a, b, c)에 수직이고 $ax_0 + by_0 + cz_0 + d = 0$을 만족하는 점 (x_0, y_0, z_0)를 지나는 평면이다.

공간에 놓여있는 두 평면 $N_1 \cdot (X - P_1) = 0, N_2 \cdot (X - P_2) = 0$의 위치관계는

$N_1 \parallel N_2$이고 $N_1 \cdot (P_2 - P_1) \neq 0$이면 서로 평행하다.

$N_1 \parallel N_2$이고 $N_1 \cdot (P_2 - P_1) = 0$이면 일치한다.

N_1과 N_2가 평행하지 않으면 두 평면은 한 직선에서 만난다.

두 평면이 서로 평행이지 않을 때 두 평면의 교집합으로 주어지는 직선의 방향벡터는 $N_1 \times N_2$가 되고, 두 평면 사이의 사잇각은 두 평면의 단위법벡터의 사잇각

$$\cos\theta = \frac{|N_1 \cdot N_2|}{\|N_1\|\|N_2\|}$$

중 $0 \leq \theta \leq \frac{\pi}{2}$인 각 θ를 의미한다.

예제 3.4

다음을 구하시오.
(1) 점 $P(3, -1, 7)$을 지나고 $N = (4, 2, -5)$ 에 수직인 평면의 방정식
(2) 두 평면 $3x - 4y + 5z = 0, -6x + 8y - 10z - 4 = 0$의 위치관계
(3) 세 점 $A(1, 2, -1), B(2, 3, 1), C(3, -1, 2)$를 지나는 평면의 방정식

풀이 – 예제 3.4

(1) $N\cdot(X-P)=(4,2,-5)\cdot(x-3,y+1,z-7)=4x+2y-5z+25=0$
(2) 법벡터 $N_1=(3,-4,5), N_2=(-6,8,-10)$은 $N_2=-2N_1$ 이므로 두 평면은 평행하거나 일치한다. 첫 평면위의 점 $P_1(0,0,0)$과 두번째 평면위의 점 $P_2(1,0,-1)$에 대하여 $(P_2-P_1)\cdot N_1=(1,0,-1)\cdot(3,-4,5)=-2\neq 0$ 이므로 두 평면은 평행하다.
(3) $N=(B-A)\times(C-A)=(1,1,2)\times(2,-3,3)=(9,1,-5)$ 이므로 평면의 방정식은 $9(x-1)+(y-2)-5(z+1)=9x+y-5z-16=0$ 이다.

공간에 놓여 있는 평면 $N\cdot(X-X_0)=0$과 직선 $X(t)=Vt+X_1$의 위치관계는

- $N\cdot V\neq 0$ 이면 한 점에서 만난다
- $N\cdot V=0$ 이고 $N\cdot(X_1-X_0)\neq 0$ 이면 서로 만나지 않는다.
- $N\cdot V=0$ 이고 $N\cdot(X_1-X_0)=0$ 이면 직선이 평면위에 있다.

와 같이 세 가지로 분류된다.

3.1.5 거리 문제

공간에 놓여있는 점과 평면, 직선과 직선, 평행한 두 평면사이의 거리 문제는 다음과 같이 생각할 수 있다.

- 점 $P(x_0,y_0,z_0)$에서 평면 $ax+by+cz+d=0$까지의 거리는 주어진 평면위의 임의의 점 $Q(x_1,y_1,z_1)$에 대하여

$$d=|\mathrm{Proj}_{(a,b,c)}(\overrightarrow{QP})|=\frac{|(a,b,c)\cdot\overrightarrow{QP}|}{\|(a,b,c)\|}=\frac{|ax_0+by_0+cz_0+d|}{\sqrt{a^2+b^2+c^2}}$$

로 주어진다.

- 평행한 두 평면 $N\cdot(X-X_1)=0, N\cdot(X-X_2)=0$ 사이의 거리는

$$d=|\mathrm{Proj}_N(\overrightarrow{X_1X_2})|$$

  로 주어진다.

- 꼬인위치에 있는 두 직선 $X(t)=Vt+X_1, Y(t)=Wt+X_2$ 사이의 거리는

$$d=|\mathrm{Proj}_{V\times W}(\overrightarrow{X_1X_2})|$$

  로 주어진다.

예제 3.5

다음을 구하시오.

(1) 점 $(1, -4, -3)$ 에서 $2x - 3y + 6z = -1$,로 주어진 평면까지의 거리

(2) 평행한 두 평면 $x + 2y - 2z = 3$, $2x + 4y - 4z = 7$ 사이의 거리

(3) 두 직선 $X(t) = (4, -4, 5)t + (1, 5, -1)$, $Y(t) = (8, -3, 1)t + (2, 4, 5)$ 사이의 거리

풀이 – 예제 3.5

(1) $d = \dfrac{|2 \cdot 1 + (-3) \cdot (-4) + 6 \cdot (-3) + 1|}{\sqrt{2^2 + (-3)^2 + 6^2}} = \dfrac{3}{7}$

(2) 첫번째 평면 위의 점 $P_1(-1, 2, 0)$과 두번째 평면위의 점 $P_2(-1/2, 2, 0)$에 대해

$$d = \text{Proj}_{(1,2,-2)}(1/2, 0, 0) = \frac{1/2}{\sqrt{1+4+4}} = \frac{1}{6}$$

(3) $V \times W = (4, -4, 5) \times (8, -3, 1) = (11, 36, 20)$ 이고 $(2, 4, 5) - (1, 5, -1) = (1, -1, 6)$ 이므로

$$d = \text{Proj}_{(11,36,20)}(1, -1, 6) = \frac{95}{\sqrt{1817}}$$

3.1.6 이차곡면

앞에서 공간에 놓여있는 평면은 x, y, z에 대한 일차식 $ax + by + cz + d = 0$의 해로 주어지는 점들의 집합으로 나타내었고, 공간의 직선은 서로 평행하지 않은 두 평면의 교집합으로 이해하였다. 이제 x, y, z에 대한 2차 이하의 다항식의 해집합이 만드는 다양한 곡면과 공간 곡선의 모양을 살펴보도록 한다. 먼저 2차원 평면에서의 거리를 3차원 공간으로 확장하여 다음과 같이 정의한다.

정의 3.5

3차원 공간의 두 점 $X_1 = (x_1, y_1, z_1)$, $X_2 = (x_2, y_2, z_2)$ 사이의 거리는

$$d(X_1, X_2) = \sqrt{(x_1 - x_2)^2 + (y_1 - y_2)^2 + (z_1 - z_2)^2}$$

으로 주어진다. 이 함수 $d : \mathbb{R}^3 \times \mathbb{R}^3 \to \mathbb{R}$를 **유클리드 거리함수(Euclidean metric)** 라 한다.

정의 3.6 이차곡면

공간에서 다음과 같은 일반적인 2차식의 해집합으로 얻어지는 곡면을 **이차곡면(quadric surface)** 이라 한다.

$$ax^2 + by^2 + cz^2 + 2fxy + 2gxz + 2hyz + 2px + 2qy + 2rz + d = 0$$

이 식을 행렬로 표현하면,

$$\begin{bmatrix} x & y & z & 1 \end{bmatrix} \left[\begin{array}{ccc|c} a & f & h & p \\ f & b & g & q \\ h & g & c & r \\ \hline p & q & r & d \end{array}\right] \begin{bmatrix} x \\ y \\ z \\ 1 \end{bmatrix} = [0]$$

으로 이해할 수 있다. 따라서 이차곡면의 기하적 특성은 위 표현에서 계수와 상수로 이루어진 행렬의 특성에 따라 달라진다. 이와 같이 기하적인 문제와 대수적인 문제가 서로 밀접한 관련이 있는 주제들이 많이 있다. 여기에서는 이차곡면에 대하여 주어진 식의 그래프의 개형을 그려보는 정도만 다루고, 그 모양의 자세한 분류는 생략하기로 한다.

Python 예제 3.4

다음에 주어진 곡면은 괄호속에 놓인 xz 평면의 곡선을 z축 방향으로 회전하여 얻을 수 있다.

(1) $x^2 + y^2 + z^2 = 1$ $(x^2 + z^2 = 1)$

(2) $x^2 + y^2 - z^2 = 0$ $(x - z = 0)$

(3) $x^2 + y^2 - z^2 = 1$ $(x^2 - z^2 = 1)$

(4) $x^2 - y^2 - z^2 = -1$ $(x^2 - z^2 = -1)$

python을 이용하여 이 곡면의 그래프를 그리려면 먼저 괄호안의 평면곡선을 $(u(t), v(t))$로 매개화 한 후,

$$(x, y, z) = (u(t)\cos s, u(t)\sin s, v(t))$$

가 됨을 이용하면 된다.

```
from mpl_toolkits.mplot3d import Axes3D
from matplotlib import pyplot as plt
import numpy as np

fig = plt.figure()
```

(continues on next page)

(continued from previous page)

```
ax1 = fig.add_subplot(2, 2, 1, projection='3d')
r = np.linspace(0, 2*np.pi, 50)
p1 = np.linspace(0, 2*np.pi, 50)
R, P1 = np.meshgrid(r, p1)
X1 = np.cos(P1)*np.cos(R)
Y1 = np.cos(P1)*np.sin(R)
Z1 = np.sin(P1)
ax1.plot_surface(X1, Y1, Z1, cmap=plt.cm.coolwarm)

ax2 = fig.add_subplot(2, 2, 2, projection='3d')
p2 = np.linspace(-2, 2, 50)
R, P2 = np.meshgrid(r, p2)
X2 = P2*np.cos(R)
Y2 = P2*np.sin(R)
Z2 = P2
ax2.plot_surface(X2, Y2, Z2, cmap=plt.cm.coolwarm)
ax2.view_init(0, 50)

ax3 = fig.add_subplot(2, 2, 3, projection='3d')
p3 = np.linspace(-2, 2, 50)
R, P3 = np.meshgrid(r, p3)
X3 = np.cosh(P3)*np.cos(R)
Y3 = np.cosh(P3)*np.sin(R)
Z3 = np.sinh(P3)
ax3.plot_surface(X3, Y3, Z3, cmap=plt.cm.coolwarm)
ax3.view_init(0, 50)

ax4 = fig.add_subplot(2, 2, 4, projection='3d')
p4 = np.linspace(0, 1, 50)
R, P4 = np.meshgrid(r, p3)
X4 = np.sinh(P4)*np.cos(R)
Y4 = np.sinh(P4)*np.sin(R)
Z4 = np.cosh(P4)
ax4.plot_surface(X4, Y4, Z4, cmap=plt.cm.coolwarm)
ax4.plot_surface(X4, Y4, -Z4, cmap=plt.cm.coolwarm)
ax4.view_init(0, -50)
plt.show()
```

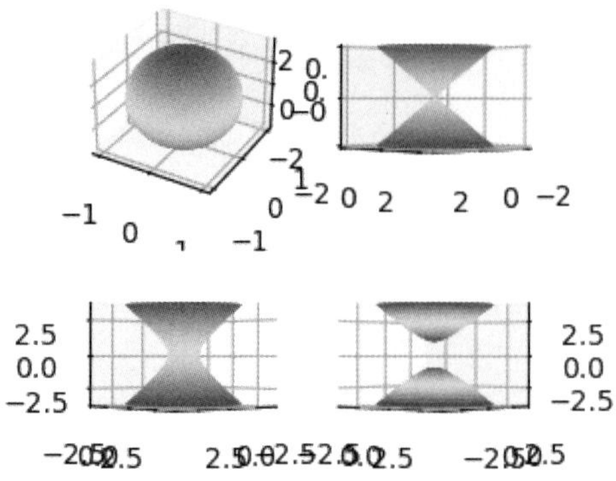

Python 예제 3.5

Sympy plotting backends[3] 를 이용해 곡면의 그래프를 그려 봅시다. Sympy plotting backends는 다음과 같이 설치할 수 있습니다.

```
pip install sympy_plot_backends
```

설치 후 곡면을 그리는 방법은 다음과 같습니다.

```
from sympy import *
from spb import *
u, v = symbols("u, v")
# x, y, z 좌표의 매개변수 표현
expr = (
    x(u,v),
    y(u,v),
    z(u,v)
)
# 그림을 그릴 u와 v의 범위를 설정합니다.
plot3d_parametric_surface(*expr, (u, u0, u1), (v, v0, v1),
"expr", backend=KB, use_cm=True)
```

그러면 결과물로 얻어지는 곡면의 그래프를 움직이면서 관찰할 수 있습니다.

```
from sympy import *
from spb import *
u, r = symbols("u, r")
```

(continues on next page)

[3]https://sympy-plot-backends.readthedocs.io/en/v3.1.1/install.html

(continued from previous page)

```
# 일엽쌍곡면

expr = (
    cosh(r) * cos(u),
    cosh(r) * sin(u),
    sinh(r)
)
plot3d_parametric_surface(*expr, (u, 0, 2 * pi), (r, -2, 2),
                          "expr", backend=KB, use_cm=True)
```

위의 코드를 실행한 결과물은 다음과 같습니다.

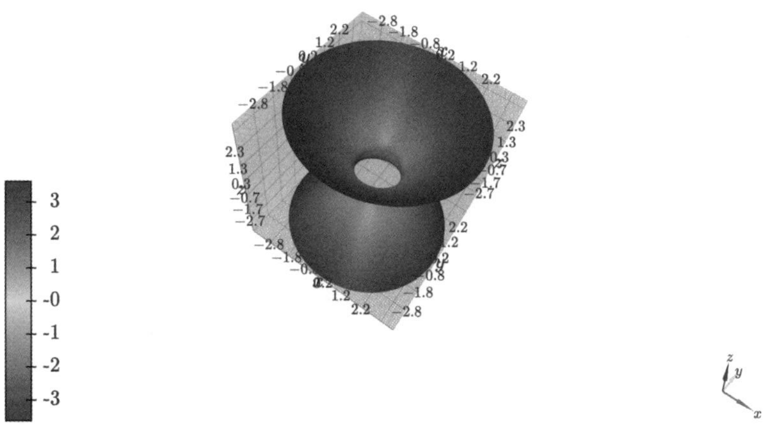

3.1.7 연습문제

1번. 원점 $O(0,0,0)$과 세 점 $P(1,1,0), Q(0,1,1), R(1,0,1)$에 대하여 다음 질문에 답하시오.

(1) ΔPQR의 면적을 구하시오.

(2) 사면체 $OPQR$의 부피를 구하시오.

(3) 직선 $\overleftrightarrow{QR}$의 매개변수방정식을 구하시오

(4) 두 직선 $\overleftrightarrow{OP}, \overleftrightarrow{QR}$ 사이의 최단거리를 구하시오.

(5) 세 점 P, Q, R을 지나는 평면의 방정식을 구하시오.

(6) 원점 O에서 세 점 P, Q, R을 지나는 평면까지의 거리를 구하시오.

2번. 다음에 주어진 2차곡면의 그래프를 그리고, 이 곡면이 구면, 타원면, 추면, 일엽쌍곡면, 이엽쌍곡면, 포물면 중 어디에 해당하는지 살펴보시오.

(1) $x^2 + y^2 - z^2 = 9$

(2) $z = xy - x^2$

(3) $z^2 = 4x^2 + y^2 + 8x - 2y + 4z$

(4) $4x^2 - y^2 + 4z^2 = 16$

3번. 공간의 두 곡면 $x^2 + y^2 = 1$과 $z = x^2 - y^2$의 교집합으로 주어지는 곡선의 매개변수방정식을 구하시오.

4번. 공간의 구면 $x^2 + y^2 + z^2 = r^2$, $(r > 0)$ 위의 임의의 점 $P(x_0, y_0, z_0)$에서 $\overrightarrow{OP}$와 점 P에서 이 구면에 대한 접선은 항상 수직함을 보이시오.

3.2 다변수함수의 미분

정의 3.7

$D \subset \mathbb{R}^n$에서 정의된 함수

$$f : D \to \mathbb{R}^1$$

을 n 변수 실함수라 한다. 이 때

$$G_f = \{(x_1, x_2, \cdots, x_n, f(x_1, x_2, \cdots, x_n)) \mid (x_1, x_2, \cdots, x_n) \in D\}$$

을 f의 그래프라 한다. 또한

$$\{(x_1, x_2, \cdots, x_n) \in D \mid f(x_1, x_2, \cdots, x_n) = c\}$$

를 c-**등위면(level set)** 이라한다. 2 변수함수 $z = f(x, y)$의 등위면들의 집합을 f의 **등고선 그래프(contour plot)** 라한다.

Python 예제 3.6

$f(x, y) = x^2 - y^2$의 그래프와 등고선 그래프는 다음과 같다.

```
import numpy as np
from sympy.plotting.plot import Plot, ContourSeries
import matplotlib.pyplot as plt

```

(continues on next page)

(continued from previous page)

```
x = np.linspace(-1, 1, 100)
y = x.reshape(-1, 1)
h = x**2 - y**2
lev = np.linspace(-1, 1, 10)
plt.figure(figsize=(3,3))
cs = plt.contourf(h, levels=lev, extend='both')
cs.changed()
```

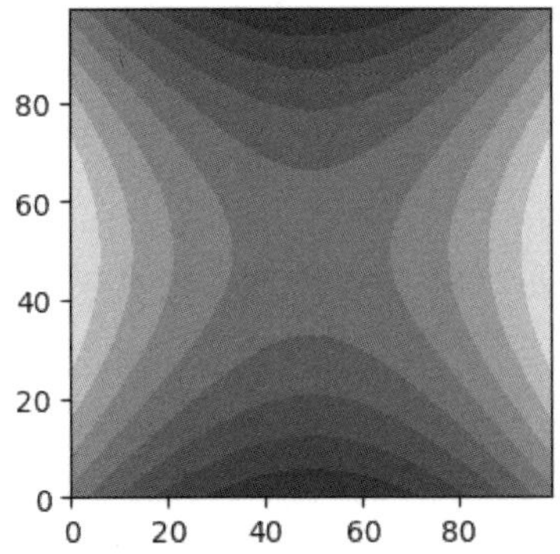

정의 3.8

(x_0, y_0)를 포함하는 열린 집합 D에서 정의된 2변수함수 $f : D \to \mathbb{R}^1$가 임의의 $\epsilon > 0$에 대하여 $0 < \|(x, y) - (x_0, y_0)\| < \delta$를 만족하면 $|f(x, y) - L| < \epsilon$인 $\delta > 0$가 존재할 때,

$$\lim_{(x,y)\to(x_0,y_0)} f(x, y) = L$$

으로 표현한다.

예제 3.6

$\displaystyle\lim_{(x,y)\to(0,0)} \frac{-xy}{x^2 + y^2}$이 존재하지 않음을 보이시오.

풀이 – 예제 3.6

$\displaystyle\lim_{(t,0)\to(0,0)} f(t, 0) = 0, \lim_{(t,t)\to(0,0)} f(t, t) = \frac{-1}{2}$이므로 극한이 경로에 의존한다, 따라서 극한이 존재하지 않는다.

정의 3.9

(x_0, y_0)를 포함하는 열린집합 D에서 정의된 다변수함수 $f : D \to \mathbb{R}$가 $f(x_0, y_0)$가 정의되어 있고 $\lim_{(x,y)\to(x_0,y_0)} f(x,y) = f(x_0, y_0)$일 때, f가 (x_0, y_0)에서 연속이라 한다. f가 D의 모든 점에서 연속일 때, f를 D에서 연속이라 한다.

정리 3.3

다변수 함수의 연속성은 다음과 같은 성질을 만족한다.

(1) $\mathbb{R}^n$에서 정의된 다항함수는 항상 연속함수이다.

(2) 분모와 분자가 다항함수인 유리함수는 분모가 0이 아닌 점에서 연속이다.

(3) $g, h : \mathbb{R} \to \mathbb{R}$에 대하여 g가 x_0에서 연속이고 h가 y_0에서 연속이면, $f(x,y) = g(x)h(y)$로 정의된 2변수함수는 (x_0, y_0)에서 연속이다.

(4) $h : \mathbb{R}^2 \to \mathbb{R}$이 (x_0, y_0)에서 연속이고 $g : \mathbb{R} \to \mathbb{R}$이 $h(x_0, y_0)$에서 연속이면 $f = g \circ h$는 (x_0, y_0)에서 연속이 된다.

(5) $\alpha : \mathbb{R} \to \mathbb{R}^2$, $\alpha(t) = (x(t), y(t))$가 t_0에서 연속이고 $h : \mathbb{R}^2 \to \mathbb{R}$이 $\alpha(t_0)$에서 연속이면 $f(t) = h \circ \alpha(t)$는 t_0에서 연속이다.

예제 3.7

(1) $\lim_{(x,y)\to(-1,2)} \frac{xy}{x^2+y^2}$을 구하시오.

(2) $f(x,y) = \frac{x^3y^2}{1-xy}$가 연속인 점들을 모두 찾으시오.

(3) $\lim_{(x,y)\to(0,0)} (x^2+y^2)\ln(x^2+y^2)$을 구하시오.

풀이 – 예제 3.7

(1) 주어진 함수가 $(x,y) \neq (0,0)$인 모든 점에서 연속이므로 다음이 성립한다.

$$\lim_{(x,y)\to(-1,2)} \frac{xy}{x^2+y^2} = \frac{(-1)\cdot 2}{(-1)^2+2^2} = -\frac{2}{5}$$

(2) 분모와 분자가 모두 다항식이므로 각각 연속함수이고 따라서 분모가 0이 아닌 점에

서 주어진 함수는 연속함수가 된다. 그러므로 $\{(x,y) \in \mathbb{R}^2 \mid xy \neq 1\}$ 에서 연속이다.

(3) $x = r\cos\theta, y = r\sin\theta$ 로 나타내면 $(x,y) \to (0,0)$ 인 것과 $r \to 0$ 인 것은 동치이다. 그러므로

$$\lim_{(x,y)\to(0,0)} (x^2+y^2)\ln(x^2+y^2) = \lim_{r\to 0} r^2 \ln r^2 = \lim_{r\to 0} 2r^2 \ln r = 0$$

이다.

```
import sympy as sy
from sympy import *

x, y = sy.symbols('x y')
sy.limit(sy.limit((x*y)/(x**2 + y**2), x, 0), y, 0)
```

0

```
import sympy as sy
from sympy import *

x, y = sy.symbols('x y')
sy.limit(sy.limit((x**2 + y**2)*sy.ln(x**2 + y**2), x, 0), y, 0)
```

0

3.2.1 방향미분과 편미분

정의 3.10

2변수함수 $f : \mathbb{R}^2 \to \mathbb{R}$ 에 대하여

- $\displaystyle\lim_{\Delta x\to 0} \frac{f(x_0+\Delta x, y_0) - f(x_0, y_0)}{\Delta x}$ 가 존재할 때, 이 극한을 $\frac{\partial f}{\partial x}(x_0, y_0)$ 또는 $f_x(x_0, y_0)$ 로 표시하고 x **에 대한 편미분(partial derivative)** 이라 한다.
- $\displaystyle\lim_{\Delta y\to 0} \frac{f(x_0, y_0+\Delta y) - f(x_0, y_0)}{\Delta y}$ 가 존재할 때, 이 극한을 $\frac{\partial f}{\partial y}(x_0, y_0)$ 또는 $f_y(x_0, y_0)$ 로 표시하고 y **에 대한 편미분(partial derivative)** 이라 한다.
- 영벡터가 아닌 임의의 벡터 $\mathbf{v}$ 에 대하여 $\displaystyle\lim_{t\to 0} \frac{f((x_0, y_0)+t\mathbf{v}) - f(x_0, y_0)}{t}$ 가 존재할 때, 이 극한을 $D_{\mathbf{v}}f(x_0, y_0)$ 로 표시하고 함수 f 의 점 (x_0, y_0) 에서 $\mathbf{v}$**-방향미분** 이라 한다.

- f 가 (x_0, y_0) 에서 미분가능할 때, $(f_x(x_0, y_0), f_y(x_0, y_0))$ 를 f 의 **기울기벡터(gradient)** 라 하고, $f'(x_0, y_0)$ 또는 $\text{grad} f(x_0, y_0)$ 또는 $\nabla f(x_0, y_0)$ 로 나타낸다.

참고 3.2

$\frac{\partial f}{\partial x}(x_0, y_0) = D_{(1,0)} f(x_0, y_0)$ 이고 이를 간단하게 $D_1 f(x_0, y_0)$ 로 나타낸다. 같은 방법으로 $\frac{\partial f}{\partial y}(x_0, y_0) = D_{(0,1)} f(x_0, y_0)$ 이고 이를 간단하게 $D_2 f(x_0, y_0)$ 로 나타낸다.

정리 3.4 연쇄법칙

열린집합 $U \subset \mathbb{R}^n$ 에서 정의된 미분가능한 함수 $f : U \to \mathbb{R}$ 와 구간 $I \subset \mathbb{R}$ 에서 정의된 미분가능한 벡터함수 $\gamma : I \to U$ 에 대해 합성함수 $f \circ \gamma : I \to \mathbb{R}$ 의 미분은 다음과 같다.

$$\frac{d}{dt}(f \circ \gamma)(t) = \nabla f(\gamma(t)) \cdot \gamma'(t)$$

참고 3.3

임의의 벡터 $\mathbf{v}$ 에 대해

$$D_{\mathbf{v}} f(P) := \lim_{t \to 0} \frac{f(P + t\mathbf{v}) - f(P)}{t} = \frac{d}{dt} f(P + t\mathbf{v}) \Big|_{t=0}$$

으로 나타내면, 연쇄법칙에 의해

$$D_{\mathbf{v}} f(P) = \nabla f(P) \cdot \mathbf{v}$$

으로 구할 수 있다.

예제 3.8

(1) $f(x, y) = 2x^3y^2 + 2y + 4x$ 일 때, $f_x(1, 3)$, $f_y(1, 3)$ 을 구하시오.

(2) $f(x, y) = 3xy + 2y^2$ 일 때, 곡면 $z = f(x, y)$ 의 $(1, -2)$ 에서의 $\mathbf{v} = (-3/5,\ 4/5)$-방향미분을 구하시오.

풀이 – 예제 3.8

(1) $f_x(x,y)$를 구하려면 x만 변수로 생각하고 y는 상수처럼 생각하고 계산하면 된다. 따라서

$$f_x(x,y) = 6x^2y^2 + 0 + 4$$

이고 $f_x(1,3) = 58$이다. $f_y(x,y)$를 구하려면 y만 변수로 생각하고 x는 상수처럼 생각하고 계산하면 된다. 따라서

$$f_y(x,y) = 4x^3y + 2 + 0$$

이고 $f_y(1,3) = 14$이다.

(2) $\nabla f(x,y) = (3y, 3x+4y)$이므로 $\nabla f(1,-2) = (-6,-5)$이고

$$D_{(-3/5,\,4/5)}f(1,-2) = \nabla f(1,-2)\cdot \mathbf{v} = (-6,-5)\cdot(-3/5,\,4/5) = -\frac{2}{5}$$

이다.

Python 예제 3.7

Python sympy에서 편미분을 하는 방법은 다음과 같다.

```
# x 에 대해 n 번, y에 대해 n번 편미분
diff(function, x, m, y, n)
# x= a, y=b 에서 함수값 계산
diff(function, x, m, y, n).evalf(subs={x:a, y:b}
```

$f(x,y) = x^2 + 2xy + y^3$의 $(x,y) = (1,3)$에서의 기울기벡터를 구하시오.

```
from sympy import *
x, y = symbols('x y')
f=x**2+2*x*y+y**3

print("기울기벡터:", (diff(f, x), diff(f, y)))
(diff(f, x).evalf(subs={x:1, y:3}),
 diff(f, y).evalf(subs={x:1, y:3}))
```

```
기울기벡터: (2*x + 2*y, 2*x + 3*y**2)
```

```
(8.00000000000000, 29.0000000000000)
```

참고 3.4

주어진 다변수함수의 편미분이 모든 점에서 존재하더라도 이 다변수 함수가 연속이 아닐 수 있다. 예를 들어,

$$f(x,y) = \begin{cases} -\frac{xy}{x^2+y^2}, & \text{if } (x,y) \neq (0,0) \\ 0, & \text{if } (x,y) = (0,0) \end{cases}$$

로 정의된 함수는 $(x,y) \neq (0,0)$ 인 모든 점에서는 연속이고, 편미분이 존재한다. 그런데 $(x,y) = (0,0)$ 에서는

$$f_x(0,0) = \lim_{\Delta x \to 0} \frac{f(\Delta x, 0) - f(0,0)}{\Delta x} = 0, \qquad f_y(0,0) = \lim_{\Delta y \to 0} \frac{f0, \Delta y) - f(0,0)}{\Delta y} = 0$$

이므로 편미분이 존재하지만, f 는 $(0,0)$ 에서 연속이 아니다.

예제 3.9

$x^2 + y^2 + z^2 = 1$의 $(2/3, 1/3, 2/3)$ 에서의 y축 방향 기울기를 구하시오.

풀이 – 예제 3.9

z를 (x,y)에 관한 음함수로 보고 y에 대한 편미분을 하면

$$2y + 2z\frac{\partial z}{\partial y} = 0$$

이므로 $\frac{\partial z}{\partial y}|_{(2/3,1/3,2/3)} = -1/2$ 이다.

참고 3.5

$f : D \to \mathbb{R}$ 이 열린집합에서 정의된 2변수함수이고 이 함수의 모든 2계편미분이 존재하고 연속이면

$$f_{xy} = f_{yx}$$

이다. 이 책에서 다루는 대부분의 함수는 무한번 미분가능한 함수이고, 이 경우 미분의 순서를 고려하지 않고 원하는 순서대로 미분을 하면 된다.

예제 3.10

(1) $f(x,y)=x^2y^3+x^4y$의 2계 편미분을 모두 구하시오.

(2) $g(x,y)=y^2e^x+y$일 때, g_{xyy}를 구하시오.

```
from sympy import *
x, y = symbols('x y')

f= x**2 * y**3 + x**4 * y
g=y**2*exp(x) + y

for i in range(3):
    print(i, 2-i, diff(f, x, i, y, 2-i))

print( diff(g, x, y, y))
```

```
0 2 6*x**2*y
1 1 2*x*(2*x**2 + 3*y**2)
2 0 2*y*(6*x**2 + y**2)
2*exp(x)
```

3.2.2 다변수함수의 일차근사식

일변수 실함수 $f:\mathbb{R}\to\mathbb{R}$이 x_0에서 미분가능하다는 것은

$$f'(x_0)=\lim_{\Delta x\to 0}\frac{f(x_0+\Delta x)-f(x_0)}{\Delta x}$$

인 것을 의미하고, 이 때

$$\lim_{\Delta x\to 0}\left(\frac{f(x_0+\Delta x)-f(x_0)}{\Delta x}-f'(x_0)\right)=\lim_{\Delta x\to 0}\frac{f(x_0+\Delta x)-f(x_0)-f'(x_0)\Delta x}{\Delta x}=0$$

이 성립한다. 이러한 성질을 2변수함수의 경우로 확장하여 다변수함수의 미분가능성을 정의한다.

2변수 함수 $f:\mathbb{R}^2\to\mathbb{R}$이 (x_0,y_0)에서 편미분 $f_x(x_0,y_0)$, $f_y(x_0,y_0)$가 존재하고

$$\lim_{(\Delta x,\Delta y)\to(0,0)}\frac{f(x_0+\Delta x,y_0+\Delta y)-f(x_0,y_0)-f_x(x_0,y_0)\Delta x-f_y(x_0,y_0)\Delta y}{\|(\Delta x,\Delta y)\|}=0$$

을 만족할 때, f가 (x_0,y_0)에서 **미분가능하다(differentiable)** 고 말한다.

참고 3.6

다변수 함수 f 에 대하여 다음이 성립한다.

- f 가 X_0 에서 미분가능하면 f 는 X_0 에서 연속이다.
- f 가 X_0 에서 모든 1계 편미분이 존재하고 연속이면 f 는 X_0 에서 미분가능이다.

정의 3.11

다변수함수 f 가 X_0 근방에서 매끈한 그래프를 갖는 경우 크기가 아주 작은 벡터 $V \in \mathbb{R}^n$ 에 대하여 근사적으로

$$f(X_0 + V) \approx f(X_0) + \nabla f(X_0) \cdot V$$

가 된다. $X = X_0 + V$ 라 하면

$$f(X) \approx f(X_0) + \nabla f(X_0) \cdot (X - X_0)$$

가 되고

$$L(X) = f(X_0) + \nabla f(X_0) \cdot (X - X_0)$$

를 f 의 $X = X_0$ 에서의 **일차근사식(linear approximation)** 이라 한다.

예제 3.11

2변수함수 $f(x,y) = x^2 + xy + y^2$ 에 대해 다음 질문에 답하시오.

(1) $\nabla f(0,0)$ 을 구하시오.

(2) $f(x,y)$ 의 $(1,1)$ 에서의 1차 근사식을 구하시오.

풀이 – 예제 3.11

(1) $\nabla f(x,y) = (2x + y, x + 2y)$ 이고 $\nabla f(0,0) = (0,0)$ 이다.

(2) $L(x,y) = f(1,1) + \nabla f(1,1) \cdot (X - (1,1)) = 3 + (3,3) \cdot (x-1, y-1) = 3x + 3y - 3$ 이다.

3.2.3 연습문제

1번. python을 사용하여 $z = \sin x \cos y$로 주어지는 2변수함수의 등고선그래프를 그리시오.

2번. $f(x,y) = e^x \sin y$일 때, $f_x(0,0)$, $f_y(0,0)$, $f_{xx}(0,0)$, $f_{xy}(0,0)$, $f_{yy}(0,0)$을 구하시오.

3번. $f(x,y) = xe^{-y} + 5y$이고 $\mathbf{v} = (1,1)$일 때, $D_{\mathbf{v}}f(0,0)$을 구하시오.

3.3 이차판별법과 라그랑쥬 승수법

정의 3.12

평면의 집합 $U \subset \mathbb{R}^2$에서 정의된 2변수 함수 $f : U \to \mathbb{R}$와 점 $P \in U$에 대하여

- 임의의 $X \in U$에 대해 $f(X) \leq f(P)$면 P가 f의 **최대점(maximum point)** 이고 $f(P)$가 f의 **최댓값(maximum value)** 이다.
- 임의의 $X \in U$에 대해 $f(X) \geq f(P)$면 P가 f의 **최소점(minimum point)** 이고 $f(P)$가 f의 **최솟값(minimum value)** 이다.
- 임의의 $X \in V \subset U$에 대해 $f(X) \leq f(P)$인 P를 포함하는 열린집합 V가 존재하면 P가 f의 **극대점(local maximum point)** 이고 $f(P)$가 f의 **극댓값(local maximum value)** 이다.
- 임의의 $X \in V \subset U$에 대해 $f(X) \geq f(P)$인 P를 포함하는 열린집합 V가 존재하면 P가 f의 **극소점(local minimum point)** 이고 $f(P)$가 f의 **극솟값(local minimum value)** 이다.

정의 3.13

2변수 함수 $f : U \to \mathbb{R}$와 임의의 벡터 $\mathbf{v}$에 대해

$$D_{\mathbf{v}}f(P) = \nabla f(P) \cdot \mathbf{v} = 0, \qquad \text{즉}, \nabla f(P) = \mathbb{0}$$

인 점 $P \in U$를 함수 f의 **임계점(critical point)** 이라 한다.

정리 3.5

점 P가 다변수함수 $f : U \to \mathbb{R}$의 극점이면 P는 f의 임계점이다.

증명 3.3

P가 f의 극대점인 경우만 생각하자. 임의의 벡터 $\mathbf{v}$에 대해 점 P를 지나는 직선을 $\ell(t) = P + t\mathbf{v}$라 하면 실함수 $f(\ell(t))$는 $t = 0$에서 극댓값을 가지므로

$$\frac{d}{dt}f(\ell(t))|_{t=0} = \nabla f(P) \cdot \ell'(0) = \nabla f(P) \cdot \mathbf{v} = 0$$

이다. 따라서 임의의 벡터 $\mathbf{v}$에 대해 $D_{\mathbf{v}}f(P) = 0$이다.

참고 3.7

2변수 함수 $f(x,y) = xy$를 생각하면 $\nabla f(0,0) = (0,0)$이므로 $(0,0)$은 f의 임계점이다. 그러나 이 점은 f의 극대점도 아니고 극소점도 아니다. 이러한 점을 **안장점(saddle point)** 이라 한다. 임계점에서의 접평면은 xy-평면에 평행하다.

예제 3.12

$f(x,y) = x^4 - 4xy + y^4$의 임계점을 모두 구하시오.

풀이 – 예제 3.12

$\nabla f(x,y) = (4x^3 - 4y, -4x + 4y^3) = (0,0)$으로부터 임계점은 $x^3 = y, y^3 = x$를 만족하는 점이다. 이 연립방정식을 풀면 $x^9 - x = 0, y^9 - y = 0$이므로

$$(x,y) = (0,0),\ (1,1),\ (-1,-1)$$

이다.

```
from sympy import *
from sympy.plotting import plot3d
import matplotlib.pyplot as plt
plt.rcParams['figure.figsize'] = 3, 3
x, y = symbols('x y', real=True)
f = x**4 - 4*x*y + y**4
plot3d(f, (x, -2, 2), (y, -2, 2))
solve([Eq(diff(f, x),0), Eq(diff(f, y),0)], x, y)
```

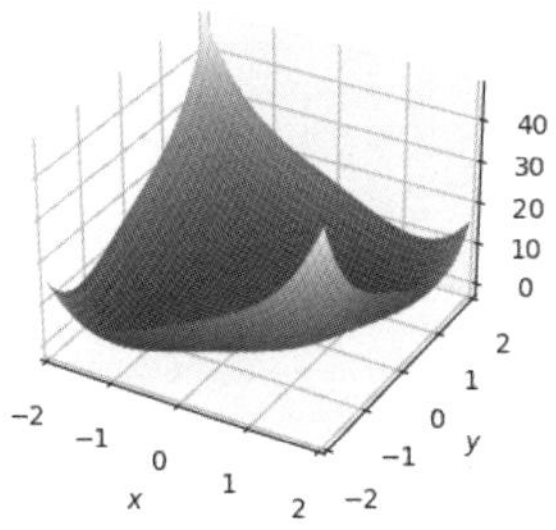


```
[(-1, -1), (0, 0), (1, 1)]
```

3.3.1 이변수함수의 이차판정법

매끈한 2변수함수 f의 정의역에 놓인 점 $P(x_0, y_0)$ 근방에서의 1차 근사다항식은

$$L(x,y) = f(P) + D_1 f(P)\,(x - x_0) + D_2 f(P)\,(y - y_0)$$

이고, 2차 근사다항식은

$$\begin{aligned} Q(x,y) &= f(P) + D_1 f(P)\,(x - x_0) + D_2 f(P)\,(y - y_0) \\ &\quad + \frac{1}{2}\left(D_1^2 f(P)\,(x - x_0)^2 + 2D_1 D_2 f(P)\,(x - x_0)(y - y_0) + D_2^2 f(P)\,(y - y_0)^2\right) \end{aligned}$$

이다. 1차 근사다항식은 2변수함수의 그래프에서 접평면을 주고, 2차 근사다항식은 2변수 함수의 그래프 개형과 밀접한 관련이 있다.

예제 3.13

$f(x,y) = x^3 + xy^2 + x^2y + xy + x + y + y^3$의 점 $P(0,0)$에서의 1차 근사다항식과 2차 근사다항식을 구하시오.

풀이 – 예제 3.13

$$D_1 f = 3x^2 + y^2 + 2xy + y + 1, \qquad D_2 f = 2xy + x^2 + x + 1 + 3y^2$$

$$D_1^2 f = 6x + 2y, \qquad D_1 D_2 f = 2y + 2x + 1, \qquad D_2^2 f = 2x + 6y$$

이므로

$$L(x,y) = x + y, \qquad Q(x,y) = x + y + \frac{1}{2}(2xy) = x + y + xy$$

```python
from sympy import *
x, y = symbols('x y')
f =  x**3 + x* y**2 + x**2  * y + x* y + x + y+ y**3
f.series(x, 0, 2).removeO().series(y, 0, 2).removeO()
```

$$x + y\,(x+1)$$

두번 미분가능한 1변수 실함수 $f(x)$의 2계 도함수 $f''(x)$는 주어진 함수의 오목/볼록 여부를 알려준다. 마찬가지로 2변수 실함수 $f(x,y)$의 임계점에서의 이차근사다항식은 다음 정리에서 볼 수 있듯이 이 함수의 그래프의 모양에 대한 정보를 갖고 있다.

정리 3.6

2변수 실함수 $f : U \to \mathbb{R}$가 f의 임계점 $P(x_0, y_0)$ 근방에서 연속인 모든 2계 편미분을 갖고, **헤세행렬(Hessian matrix)**

$$H_f(P) = \begin{bmatrix} f_{xx}(P) & f_{xy}(P) \\ f_{yx}(P) & f_{yy}(P) \end{bmatrix}$$

의 행렬식을

$$D = f_{xx}(P)f_{yy}(P) - f_{xy}(P)f_{yx}(P)$$

라 하면 다음이 성립한다.

(1) $D > 0$이고 $f_{xx}(P) > 0$이면 f는 P에서 극소값을 갖는다.
(2) $D > 0$이고 $f_{xx}(P) < 0$이면 f는 P에서 극대값을 갖는다.
(3) $D < 0$이면 P는 안장점이다.
(4) $D = 0$이면 판정할 수 없다.

예제 3.14

$f(x,y) = x^4 - 4xy + y^4$의 각각의 임계점이 극대점, 극소점, 안장점 중 어디에 해당하는지 판정하시오.

풀이 - 예제 3.14

$f(x,y)$의 임계점은 $(0,0), (1,1), (-1-1)$ 임은 이미 앞에서 다루었다. 이제 2차판정법을 이용하여 각각의 임계점 주변의 그래프 개형을 알아보자.

$$H_f(x,y) = \begin{bmatrix} 12x^2 & -4 \\ -4 & 12y^2 \end{bmatrix}, D(x,y) = 144x^2y^2 - 16$$

이고 이로부터 $(0,0)$ 에서 $D(0,0) = -16 < 0$ 이므로 안장점, $(1,1)$ 에서 $f_{xx}(1,1) = 12 > 0$, $D(1,1) = 144 - 16 > 0$ 이므로 극소점, $(-1,-1)$ 에서 $f_{xx}(-1,-1) = 12 > 0$, $D(-1,-1) = 144 - 16 > 0$ 이므로 극소점이다.

```
from sympy import *

x, y = symbols('x y', real=True)
f = x**4 -4*x*y + y**4
Hess= lambda a : Matrix([
    [diff(f, x,2).evalf(subs={x:a[0], y:a[1]}),
     diff(f, x, y).evalf(subs={x:a[0], y:a[1]})],
    [diff(f, y, x).evalf(subs={x:a[0], y:a[1]}),
     diff(f,y,2).evalf(subs={x:a[0], y:a[1]})]])

crit=solve([Eq(diff(f, x),0), Eq(diff(f, y),0)], x, y)

for i in range(len(crit)):
    temp = Hess(crit[i])
    if (temp.det()>0 and temp[0,0]>0):
        print("임계점", crit[i], "는 극소점")
    if (temp.det()>0 and temp[0,0]<0):
        print("임계점", crit[i], "는 극대점")
    if temp.det()<0:
        print("임계점", crit[i], "는 안장점")
    if temp.det()==0:
        print("임계점", crit[i],"판정 못함")
```

```
임계점 (-1, -1) 는 극소점
임계점 (0, 0) 는 안장점
임계점 (1, 1) 는 극소점
```

Python 예제 3.8

$f(x, y) = x^3 + y^3 - 3x - 3y$의 모든 임계점을 구하고, 각 임계점이 극대점, 극소점, 안장점 중 어느 것인지 판정하시오.

```
from sympy import *

x, y = symbols('x y', real=True)
f = x**3 + y**3 - 3*x -3*y
Hess= lambda a : Matrix([
    [diff(f, x,2).evalf(subs={x:a[0], y:a[1]}),
     diff(f, x, y).evalf(subs={x:a[0], y:a[1]})],
    [diff(f, y, x).evalf(subs={x:a[0], y:a[1]}),
     diff(f,y,2).evalf(subs={x:a[0], y:a[1]})]])

crit=solve([Eq(diff(f, x),0), Eq(diff(f, y),0)], x, y)

for i in range(len(crit)):
    temp = Hess(crit[i])
    if (temp.det()>0 and temp[0,0]>0):
        print("임계점", crit[i], "는 극소점")
    if (temp.det()>0 and temp[0,0]<0):
        print("임계점", crit[i], "는 극대점")
    if temp.det()<0:
        print("임계점", crit[i], "는 안장점")
    if temp.det()==0:
        print("임계점", crit[i],"판정 못함")
```

```
임계점 (-1, -1) 는 극대점
임계점 (-1, 1) 는 안장점
임계점 (1, -1) 는 안장점
임계점 (1, 1) 는 극소점
```

3.3.2 Lagrange multiplier

예제 3.15

영역 $D = \{(x,y)|x^2+y^2 \leq 1\}$ 에서 함수 $f(x,y) = xy$ 의 최댓값과 최솟값을 구하시오.

풀이 – 예제 3.15

함수 f 가 주어진 영역 D 의 내부의 점 P 에서 최댓값 혹은 최솟값을 갖는다면 P 는 f 의 임계점이어야 한다. $\nabla f(x,y) = (y,x) = (0,0)$ 인 점은 $(0,0)$ 뿐이고 $H_f(0,0) = \begin{bmatrix} 0 & 1 \\ 1 & 0 \end{bmatrix}$ 이므로 안장점이고 따라서 최대점 또는 최대점이 될 수 없다. 이제 함수 f 를 D 의 경계인 원 $x^2+y^2=1$ 에 제한하고 이 원 위에서 f 의 최댓값과 최솟값을 구해보자. 원을 $\gamma(t) = (\cos t, \sin t), 0 \leq t \leq 2\pi$, 로 매개화하면 이 위에서의 함수값은

$$f(\cos t, \sin t) = \cos t \sin t = \frac{1}{2}\sin(2t), \quad 0 \leq t \leq 2\pi$$

이므로 $x^2+y^2=1$ 에 제한했을 때, 최댓값은 $t = \frac{\pi}{4}, \frac{5\pi}{4}$ 에서 $\frac{1}{2}$ 이고 최솟값은 $t = \frac{3\pi}{4}, \frac{7\pi}{4}$ 에서 $-\frac{1}{2}$ 이다. 따라서 $(x,y) = \pm(\frac{\sqrt{2}}{2}, \frac{\sqrt{2}}{2})$ 에서 최대 $\frac{1}{2}$, $(x,y) = \pm(-\frac{\sqrt{2}}{2}, \frac{\sqrt{2}}{2})$ 에서 최소 $-\frac{1}{2}$ 이다.

정리 3.7

이변수함수 f 와 g 가 $S : g(x,y) = 0$ 을 포함하는 어떤 열린집합에서 연속인 1계편미분을 갖고 S 위의 임의의 점에서 $\nabla g \neq \mathbf{0}$ 라고 가정하자. 그러면 $(x_0,y_0) \in S$ 가 $f|_S$ 의 최대점 또는 최소점이라면 $\nabla f(x_0,y_0) \parallel \nabla g(x_0,y_o)$ 이 된다.

증명 3.4

$P(x_0,y_0)$ 가 $f|_S$ 의 최대점 또는 최소점이라 가정하자. 그러면 $\gamma(0) = P$ 인 임의의 미분가능곡선 $\gamma : I \to S$ 에 대해 $f \circ \gamma(t)$ 는 $t=0$ 에서 극값을 가지므로

$$\frac{d}{dt} f \circ \gamma(0) = \nabla f(P) \cdot \gamma'(0) = 0$$

$$\frac{d}{dt} g \circ \gamma(0) = \nabla g(P) \cdot \gamma'(0) = 0$$

이므로 $\nabla g(P)$ 도 곡면 S 에 수직이다. 그러므로 $\nabla f(P) \parallel \nabla g(P)$ 이고 이 두 벡터는 일차

종속이다.

참고 3.8

위의 정리에서 $S : g(x, y) = 0$를 **제약조건(constraint)** 이라한다.

예제 3.16

제약조건 $S : x^2 + y^2 = 1$일 때 $f(x, y) = xy$의 최댓값과 최솟값을 라그랑즈 승수법을 이용해 구하시오.

풀이 – 예제 3.16

f가 점 $P(x_0, y_0)$에서 최댓값 또는 최솟값을 갖는다면 $\nabla f(x, y) = (y, x)$와 $\nabla g(x, y) = (2x, 2y)$는 평행하고 따라서 $(y, x) = \lambda(2x, 2y)$인 실수 λ가 존재해야 한다. 연립방정식 $\begin{cases} y = 2\lambda x \\ x = 2\lambda y \end{cases}$ 로 부터 $xy(4\lambda^2 - 1) = 0$이어야 하므로 $\lambda = \pm\frac{1}{2}$ 또는 $xy = 0$이다. 만일 $x = 0$이면 $y = 0$이 되어서 이 점 $(0, , 0)$은 제약조건 $x^2 + y^2 = 1$을 만족시키지 못한다. 따라서 $xy \neq 0$이고 이로부터 $\lambda = \pm\frac{1}{2}$ 이어야 한다. 그러므로 $y = \pm x$이고 이를 제약조건에 대입하면 $x = \pm\frac{\sqrt{2}}{2}$이다. 따라서 $(x, y) = \pm(\frac{\sqrt{2}}{2}, \pm\frac{\sqrt{2}}{2})$이다. $f(\pm(\frac{\sqrt{2}}{2}, \frac{\sqrt{2}}{2})) = \frac{1}{2}$, $f(\pm(\frac{\sqrt{2}}{2}, -\frac{\sqrt{2}}{2})) = -\frac{1}{2}$이므로 최댓값은 $\pm(\frac{\sqrt{2}}{2}, \frac{\sqrt{2}}{2})$에서 $\frac{1}{2}$, 최솟값은 $\pm(\frac{\sqrt{2}}{2}, -\frac{\sqrt{2}}{2}))$에서 $-\frac{1}{2}$이다.

```
from sympy import *
x, y, lamb= symbols('x y lamb', real=True)
f = x*y
g=  x**2 + y**2 -1
h= f - lamb*g
Hess= lambda a : Matrix([
    [diff(f, x,2).evalf(subs={x:a[0], y:a[1]}),
     diff(f, x, y).evalf(subs={x:a[0], y:a[1]})],
    [diff(f, y, x).evalf(subs={x:a[0], y:a[1]}),
     diff(f,y,2).evalf(subs={x:a[0], y:a[1]})]])

crit_inside=solve([Eq(diff(f, x),0), Eq(diff(f, y),0)], x, y)
```

(continues on next page)

(continued from previous page)

```
print(crit_inside)
lag_boundary= solve([Eq(diff(h, x),0),Eq(diff(h, y),0), Eq(g,0)],
                    x, y, lamb, solution_dict=True )
print(lag_boundary)
```

```
{x: 0, y: 0}
[(-sqrt(2)/2, sqrt(2)/2, -1/2), (sqrt(2)/2, -sqrt(2)/2, -1/2), (-
↪sqrt(2)/2, -sqrt(2)/2, 1/2), (sqrt(2)/2, sqrt(2)/2, 1/2)]
```

```
k = lambda a, b : f.evalf(subs={x:a, y:b})
lst=[k(0,0), k(-sqrt(2)/2, -sqrt(2)/2),
     k(-sqrt(2)/2, sqrt(2)/2), k(sqrt(2)/2, -sqrt(2)/2),
     k(sqrt(2)/2, sqrt(2)/2)]
print("최댓값 = ",max(lst), "최솟값 =", min(lst) )
```

```
최댓값 = 0.500000000000000 최솟값 = -0.500000000000000
```

3.3.3 연습문제

1번. $f(x,y) = x\sin y$에 대해 $\nabla f(0,0)$을 구하고 $(0,0)$에서 f의 일차근사식과 2차근사식을 구하시오.

2번. $z = xy$위의 점 $(0,0,0)$에서 이 함수의 그래프의 접평면을 구하시오.

3번. $f(x,y) = y^2 + xy + 3y + 2x + 3$의 임계점을 모두 구하고 각각이 극대점, 극소점, 안장점 중 어디에 해당하는지 판정하시오.

4번. 주어진 영역 $D = \{(x,y) \mid x^2+y^2 \leq 4\}$에서 $f(x,y) = x^2+2y^2-x$의 최댓값과 최솟값을 구하시오.

5번. 점 $P(x_0, 0)$에서 타원 $4x^2 + 9y^2 = 36$까지의 최단거리를 구하시오.

3.4 데이터분석에서 활용되는 다변수 함수의 미분

3.4.1 최소제곱법

정의 3.14 최소제곱법

실험에 의해 다음과 같은 (x, y) 데이터가 취합되었다고 하자. (단, x_k 들은 모두 다르다고 가정한다.)

$x:$	x_1	x_2	x_3	$\cdots$	x_n
$y:$	y_1	y_2	y_3	$\cdots$	y_n

이때, 데이터 점들이 놓인 관계를 근사적으로 가장 잘 표현해 주는 직선 $y = mx + b$ 를 선택하는 기준으로

$$g(m, b) = \sum_{k=1}^{n}(mx_k + b - y_k)^2$$

의 값을 최소화하는 것으로 정하여, m 과 b 를 찾는 방법을 **최소제곱법(least square method)** 이라 한다.

이제 이변수함수 $g(m, b)$ 가 갖고 있는 성질을 살펴보자.

$$\lim_{\|(m,b)\|\to\infty} g(m, b) = +\infty$$

이므로, 이 함수는 최댓값을 갖지는 않는다. 따라서 $g(m, b)$ 의 **임계점** 은 최소점이 될 것이다.

$$\nabla g(m, b) = \left(\sum_{k=1}^{n} 2(mx_k + b - y_k)x_k, \sum_{k=1}^{n} 2(mx_k + b - y_k)\right) = (0, 0)$$

을 만족하는 최소점 (m, b) 는

$$\begin{aligned} m\sum_{k=1}^{n} x_k x_k \quad &+ \quad b\sum_{k=1}^{n} x_k \quad &= \quad \sum_{k=1}^{n} x_k y_k \\ m\sum_{k=1}^{n} x_k \quad &+ \quad b\sum_{k=1}^{n} 1 \quad &= \quad \sum_{k=1}^{n} y_k \end{aligned}$$

을 만족하여야 한다. 이 연립방정식을 행렬로 나타내어보자. 먼저,

$$A = \begin{bmatrix} x_1 & 1 \\ x_2 & 1 \\ \vdots & \vdots \\ x_n & 1 \end{bmatrix}, \qquad Y = \begin{bmatrix} y_1 \\ y_2 \\ \vdots \\ y_n \end{bmatrix}$$

라고 두면,

$$A^TA = \begin{bmatrix} x_1 & x_2 & \cdots & x_n \\ 1 & 1 & \cdots & 1 \end{bmatrix} \begin{bmatrix} x_1 & 1 \\ x_2 & 1 \\ \vdots & \vdots \\ x_n & 1 \end{bmatrix} = \begin{bmatrix} \sum_{k=1}^{n} x_k x_k & \sum_{k=1}^{n} x_k \\ \sum_{k=1}^{n} x_k & \sum_{k=1}^{n} 1 \end{bmatrix}$$

이다.

정리 3.8

위의 연립방정식을 행렬로 표현하여 풀면

$$A^TA \begin{bmatrix} m \\ b \end{bmatrix} = A^TY, \qquad \text{즉,} \quad \begin{bmatrix} m \\ b \end{bmatrix} = \left(A^TA\right)^{-1} A^TY$$

를 얻게 되어, $g(m,b)$를 최소로 하는 직선 $y = mx + b$를 구할 수 있다.

참고 3.9

행렬을 이용하는 방법 대신, 연립방정식을 직접 풀어서 m과 b를 구하는 공식을 유도할 수도 있다.

$$\begin{cases} m\sum_{k=1}^{n} x_k^2 + b\sum_{k=1}^{n} x_k - \sum_{k=0}^{n} x_k y_k = 0 \\ m\sum_{k=1}^{n} x_k + nb - \sum_{k=1}^{n} y_k = 0 \end{cases}$$

를 연립하여, 먼저 m을 구하면 다음과 같이 정리된다.

$$m = \frac{n\sum_{k=1}^{n} x_k y_k - \left(\sum_{k=1}^{n} x_k\right)\left(\sum_{k=1}^{n} y_k\right)}{n\sum_{k=1}^{n} x_k^2 - \left(\sum_{k=1}^{n} x_k\right)^2} = \frac{\sum_{k=1}^{n} x_k y_k - \frac{1}{n}\left(\sum_{k=1}^{n} x_k\right)\left(\sum_{k=1}^{n} y_k\right)}{\sum_{k=1}^{n} x_k^2 - \frac{1}{n}\left(\sum_{k=1}^{n} x_k\right)^2}$$

그리고

$$\bar{x} = \frac{1}{n}\sum_{k=1}^{n} x_k, \qquad \bar{y} = \frac{1}{n}\sum_{k=1}^{n} y_k$$

이라 두면

$$m = \frac{\displaystyle\sum_{k=1}^{n} x_k y_k - n\bar{x}\bar{y}}{\displaystyle\sum_{k=1}^{n} x_k^2 - n\bar{x}^2}$$

이고, 연립방정식의 두번째 식으로부터

$$b = \bar{y} - m\bar{x}$$

이므로, 앞서 구한 m을 대입하여 b의 값을 구할 수 있다.

참고 3.10

예를 들어, 어묵가게 주인이 그날의 온도와 어묵판매량 사이의 관계를 알아 보기 위해 매일 온도와 판매량을 기록하였다. 그리고 이 자료를 분석하여 다음날의 판매량을 예측하기로 하였다. 모은 자료를 분석하였더니 일차식 형태의 함수를 얻게 되었고, 다음날의 일기예보를 활용하여 판매량을 예측하고 재료를 구입하여 신선한 재료로 재고 부담 없이 장사할 수 있었다. 이와 같은 예가 최소제곱법 활용의 가장 기초적인 예이고, 뒤에서 설명할 **선형회귀법**의 가장 단순한 형태이다.

참고 3.11

기계학습에서는 최소제곱법으로 얻어진 최적의 직선 $y = mx + b$를 $H(x) = wx + b$ 형태로 표현하고, $H(x)$를 비용함수(cost function), w를 가중치(weight), b를 편향(bias)라 한다.
그리고 위에 정의한 $g(m, b)$를 **손실함수** 라 한다. (계산의 편의를 위해 $\dfrac{g(m,b)}{n}$를 손실함수라 하기도 한다.)

예제 3.17

다음에 주어진 데이터가 만족하는 최적의 직선을 최소제곱법을 이용하여 구하시오.

x :	0	1	2	3
y :	-3	-1	0	2

풀이 – 예제 3.17

$$A = \begin{bmatrix} 0 & 1 \\ 1 & 1 \\ 2 & 1 \\ 3 & 1 \end{bmatrix}, \qquad Y = \begin{bmatrix} -3 \\ -1 \\ 0 \\ 2 \end{bmatrix}$$

이고,

$$A^T A = \begin{bmatrix} 0 & 1 & 2 & 3 \\ 1 & 1 & 1 & 1 \end{bmatrix} \begin{bmatrix} 0 & 1 \\ 1 & 1 \\ 2 & 1 \\ 3 & 1 \end{bmatrix} = \begin{bmatrix} 14 & 6 \\ 6 & 4 \end{bmatrix}, \qquad (A^T A)^{-1} = \frac{1}{10} \begin{bmatrix} 2 & -3 \\ -3 & 7 \end{bmatrix}$$

이다. 따라서

$$\begin{bmatrix} m \\ b \end{bmatrix} = (A^T A)^{-1} A^T Y = \frac{1}{10} \begin{bmatrix} 2 & -3 \\ -3 & 7 \end{bmatrix} \begin{bmatrix} 0 & 1 & 2 & 3 \\ 1 & 1 & 1 & 1 \end{bmatrix} \begin{bmatrix} -3 \\ -1 \\ 0 \\ 2 \end{bmatrix}$$

$$= \frac{1}{10} \begin{bmatrix} 2 & -3 \\ -3 & 7 \end{bmatrix} \begin{bmatrix} 5 \\ -2 \end{bmatrix} = \frac{1}{10} \begin{bmatrix} 16 \\ -29 \end{bmatrix}$$

즉, $m = \dfrac{16}{10} = 1.6$ 이고, $b = -\dfrac{29}{10} = 2.9$ 이므로, 최적의 직선은

$$y = 1.6x - 2.9$$

이다.

참고 3.12

행렬을 이용하는 방법 대신, 연립방정식을 직접 풀어서 유도한 공식을 사용할 수도 있다.
$n = 4,\ \bar{x} = \dfrac{0+1+2+3}{4} = \dfrac{3}{2},\ \bar{y} = \dfrac{(-3)+(-1)+0+2}{4} = -\dfrac{1}{2},\ \displaystyle\sum_{k=1}^{4} x_k y_k = 5,$
$\displaystyle\sum_{k=1}^{4} x_k^2 = 14$ 이므로

$$m = \frac{\sum_{k=1}^{n} x_k y_k - n\bar{x}\bar{y}}{\sum_{k=1}^{n} x_k^2 - n\bar{x}^2} = \frac{5 - 4 \cdot \frac{3}{2} \cdot \left(-\frac{1}{2}\right)}{14 - 4 \cdot \left(\frac{3}{2}\right)^2} = \frac{8}{5} \text{ 이고,}$$

$$b = \bar{y} - m\bar{x} = \left(-\frac{1}{2}\right) - \left(\frac{8}{5}\right)\left(\frac{3}{2}\right) = -\frac{29}{10} \text{ 이다.}$$

Python 예제 3.9

Python을 이용해 최소제곱법의 m과 b를 구하는 방법은 다음과 같다.

(1) numpy 라이브러리의 LinearRegression을 사용

(2) linalg 모듈의 lstsq를 이용

먼저, numpy 라이브러리의 LinearRegression을 사용하여 최소제곱법의 m과 b를 구할 수 있다.

```
import numpy as np
from sklearn.linear_model import LinearRegression
x = np.array([0, 1, 2, 3]).reshape((-1, 1))
y = np.array([-3, -1, 0, 2])
model = LinearRegression().fit(x, y)
print('slope: m=', model.coef_,
      'intercept: b=', model.intercept_)
```

```
slope: m= [1.6] intercept: b= -2.8999999999999995
```

또한, linalg 모듈의 lstsq를 이용하여 최소제곱법의 m과 b를 구할 수도 있다.

```
import numpy as np
import matplotlib.pyplot as plt

fig = plt.figure(figsize=(2,2))

x = np.array([0, 1, 2, 3])
y = np.array([-3, -1, 0, 2])

A = np.vstack([x, np.ones(len(x))]).T
```

(continues on next page)

(continued from previous page)

```
m, b = np.linalg.lstsq(A, y, rcond=None)[0]

print('m=',m, ',   b=',b, "\n")

plt.plot(x, y, 'o', label='Original data', markersize=3)
plt.plot(x, m*x + b, 'r', label='Fitted line')
plt.legend(fontsize=7)
plt.show()
```

```
m= 1.5999999999999994 ,   b= -2.899999999999998
```

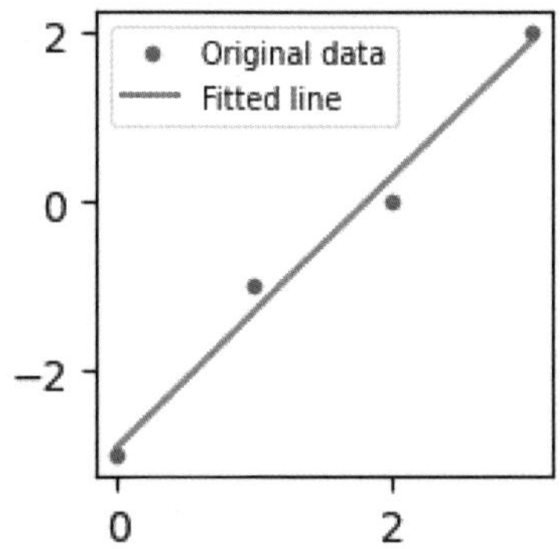

예제 3.18

파이썬의 numpy 라이브러리의 linalg 모듈의 lstsq를 이용하여 최소제곱법의 m과 b를 구해보자.

(1) 여자 3~13세 키(cm) 표준점수 중앙값 데이터가 다음 표와 같다고 할 때, 나이 x와 키 y에 대한 최적의 직선을 구해보자.

x:	3	4	5	6	7	8	9	10	11	12	13
y:	95.4	101.9	108.4	114.7	120.8	126.7	132.6	139.1	145.8	151.7	155.9

(2) 남자 3~15세 키(cm) 표준점수 중앙값 데이터가 다음 표와 같다고 할 때, 나이 x와 키 y에 대한 최적의 직선을 구해보자.

x:	3	4	5	6	7	8	9	10	11	12	13	14	15
y:	96.5	103.1	109.6	115.9	122.1	127.9	133.4	138.8	144.7	151.4	158.6	165.0	169.2

풀이 – 예제 3.18

(1) 여자 3~13세 키(cm)

```
import numpy as np
import matplotlib.pyplot as plt

plt.figure(figsize=(2,2))

x = np.array([3, 4, 5, 6, 7, 8, 9, 10, 11, 12, 13])
y = np.array([95.4, 101.9, 108.4, 114.7, 120.8,126.7,
              132.6, 139.1, 145.8, 151.7, 155.9])

A = np.vstack([x, np.ones(len(x))]).T

m, b = np.linalg.lstsq(A, y, rcond=None)[0]

print('m=',m, ',    b=',b, "\n")

plt.plot(x, y, 'o', label='Original data', markersize=3)
plt.plot(x, m*x + b, 'r', label='Fitted line')
plt.legend(fontsize=7)
plt.show()
```

```
m= 6.131818181818181 ,    b= 77.58181818181819
```

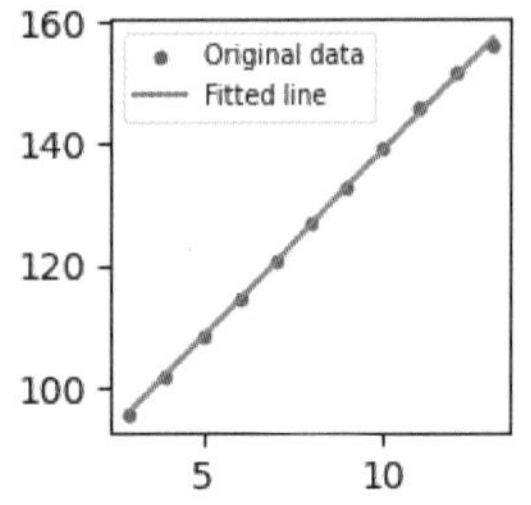

(2) 남자 3~15세 키(cm)

```
import numpy as np
import matplotlib.pyplot as plt

plt.figure(figsize=(2,2))

x = np.array([3, 4, 5, 6, 7, 8, 9, 10, 11, 12, 13, 14, 15])
y = np.array([96.5, 103.1, 109.6, 115.9, 122.1, 127.9, 133.4,
              138.8, 144.7, 151.4, 158.6, 165.0, 169.2])

A = np.vstack([x, np.ones(len(x))]).T

m, b = np.linalg.lstsq(A, y, rcond=None)[0]

print('m=',m, ',    b=',b, "\n")

plt.plot(x, y, 'o', label='Original data', markersize=3)
plt.plot(x, m*x + b, 'r', label='Fitted line')
plt.legend(fontsize=7)
plt.show()
```

```
m= 6.0675824175824165 ,    b= 78.94560439560442
```

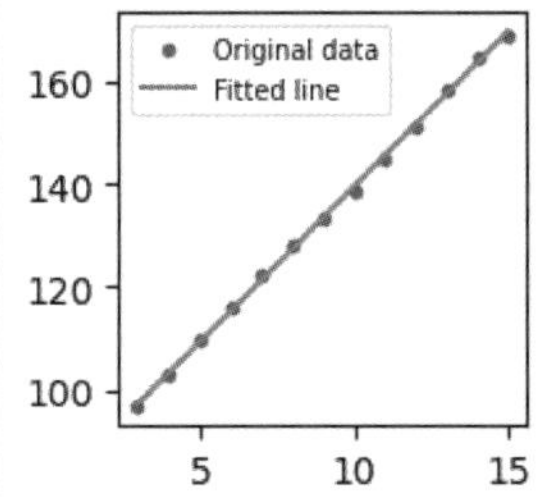

3.4.2 선형회귀법(linear regression)

선형회귀(linear regression)는 종속변수 y와 한 개 이상의 독립변수 $X = (x_1, x_2, \cdots, x_d)$와의 선형 상관관계를 모델링하는 기법이다. X의 차원이 $d = 1$인 경우는 **단순 선형 회귀**라고 하고, $d \geq 2$인 경우는 **다중 선형 회귀**라고 한다. 앞에서 다룬 **최소제곱법**이 대표적인 **단순 선형 회귀**의 예이다. 어떤 경우는 종속변수가 2차원 이상인 경우도 있는데, 이런 경우를 **다변량 다중 선형회귀**라 한다.

참고 3.13

아파트의 가격은 아파트의 면적과 아파트가 지어진 후 얼마나 지났는지에 따라 가격이 결정된다고 할 수 있다. 따라서

$$\text{가격} = w_{\text{면적}} \times \text{면적} + w_{\text{년수}} \times \text{년수} + b$$

형태로 표현할 수 있다. 이 경우 독립변수로 '면적' 과 '년수' 가 사용되고 있고 종속변수로 '가격' 이 사용되고 있으므로 단변량 다중 선형회귀이다.

일반적으로, 독립변수 $X = (x_1, x_2, \cdots, x_d)$와 이에 따르는 종속변수 y에 대하여 (X_1, y_1), (X_2, y_2), ⋯, (X_n, y_n)과 같이 n개의 데이터가 주어졌을 때 (여기서 $X_k = (x_{k1}, x_{k2}, \cdots, x_{kd})$), 이 데이터들이 놓인 관계를 근사적으로 가장 잘 표현해주는 선형함수(비용함수)

$$\begin{aligned} y = H(X) &= w_1x_1 + w_2x_2 + \cdots w_dx_d + b \\ &= W \cdot X + b, \qquad\qquad (\text{여기에서 } W = (w_1, w_2, \cdots, w_d)) \end{aligned}$$

를 선택하는 기준으로, 손실함수

$$g(w_1, w_2, \cdots, w_d, b) = \sum_{k=1}^{n}(H(X_k) - y_k)^2 = \sum_{k=1}^{n}(W \cdot X_k + b - y_k)^2$$

의 값을 최소화하는 것으로 정하여, $w_1, w_2, \cdots, w_d, b$ 를 구한다.

따라서 g의 **임계점**, 즉 $\nabla g(w_1, \cdots, w_d, b) = \mathbb{0}$ 을 만족하는 $w_1, w_2, \cdots, w_d, b$를 다음 연립방정식을 풀어 구하면 된다.

$$\begin{aligned} \frac{\partial g}{\partial w_1} &= 2\sum_{k=1}^{n}(w_1x_{k1} + \cdots + w_dx_{kd} + b - y_k)x_{k1} &= 0 \\ \frac{\partial g}{\partial w_2} &= 2\sum_{k=1}^{n}(w_1x_{k1} + \cdots + w_dx_{kd} + b - y_k)x_{k2} &= 0 \\ &\vdots & \vdots \\ \frac{\partial g}{\partial w_d} &= 2\sum_{k=1}^{n}(w_1x_{k1} + \cdots + w_dx_{kd} + b - y_k)x_{kd} &= 0 \\ \frac{\partial g}{\partial b} &= 2\sum_{k=1}^{n}(w_1x_{k1} + \cdots + w_dx_{kd} + b - y_k) &= 0 \end{aligned}$$

정리 3.9 다중선형회귀

독립변수 $X = (x_1, x_2, \cdots, x_d)$와 이에 따르는 종속변수 y에 대하여 (X_1, y_1), (X_2, y_2), ⋯, (X_n, y_n)과 같이 n개의 데이터가 주어졌을 때 (여기서 $X_k = (x_{k1}, x_{k2}, \cdots, x_{kd})$), 이

데이터들이 놓인 관계를 근사적으로 가장 잘 표현해주는 선형함수(비용함수)

$$\begin{aligned} y = H(X) &= w_1x_1 + w_2x_2 + \cdots w_dx_d + b \\ &= W \cdot X + b, \qquad (\text{여기에서 } W = (w_1, w_2, \cdots, w_d)) \end{aligned}$$

는

$$A = \begin{bmatrix} x_{11} & x_{12} & \cdots & x_{1d} & 1 \\ x_{21} & x_{22} & \cdots & x_{2d} & 1 \\ \vdots & \vdots & \cdots & \vdots & \vdots \\ x_{n1} & x_{n2} & \cdots & x_{nd} & 1 \end{bmatrix}, \qquad Y = \begin{bmatrix} y_1 \\ y_2 \\ \vdots \\ y_n \end{bmatrix}$$

라고 두면,

$$A^TA \begin{bmatrix} w_1 \\ w_2 \\ \vdots \\ w_d \\ b \end{bmatrix} = A^TY, \qquad \text{즉, } \begin{bmatrix} w_1 \\ w_2 \\ \vdots \\ w_d \\ b \end{bmatrix} = \left(A^TA\right)^{-1} A^TY$$

참고 3.14

위 연립방정식에는 $d+1$개의 미지수 $w_1, w_2, \cdots, w_d, b$에 대한 $d+1$개의 방정식이 있으므로, 일반적으로는 해를 구할 수 있다. 그러나 d가 커지면, 계산과정이 앞서 살펴보았던 $d=1$인 최소제곱법에서와 같이 간단하게 계산되지는 않는다.
행렬의 크기가 커지면 역행렬이 존재한다 하더라도 그것을 구하는 계산량이 너무 많아진다. 더 단순한 가우스 소거법 등의 방법으로 행렬방정식을 푸는 것도 행렬의 크기가 커지면 어려워진다.
따라서 행렬의 크기가 커지면 손실함수 $g(w_1, w_2, \cdots, w_d, b)$의 극소점을 수치적(근사적)으로 계산할 필요가 있고, 이때, 뒤에서 소개할 경사하강법을 이용할 수 있다.

Python 예제 3.10

$d=2$인 다중 선형회귀에서 데이터가 다음과 같이 주어졌다.

가격 (y)	10	12	13	15	18
무게 (x_1)	5	3	7	9	8
부피 (x_2)	1	3	2	5	4

이 데이터를 선형함수로 근사할 때, Python을 이용해 비용함수를 구해보자.
그리고 최적 선형함수 $y = w_1x_1 + w_2x_2 + b$ 를 이용하여 무게가 4, 부피가 6 일 때 가격은 대략 얼마인지 알아보자.

```
import numpy as np
from sklearn.linear_model import LinearRegression

x = [[5, 1], [3, 3], [7, 2], [9, 5], [8, 4]]
y = [10, 12, 13, 15, 18]
x, y = np.array(x), np.array(y)
model = LinearRegression().fit(x, y)
print('slope: (w1, w2)=', model.coef_,
      'intercept: b=', model.intercept_)
```

```
slope: (w1, w2)= [0.48344371 1.06490066] intercept: b= 7.311258278145694
```

```
import numpy as np
import matplotlib.pyplot as plt

x1 = np.array([5, 3, 7, 9, 8])
x2 = np.array([1, 3, 2, 5, 4])
y = np.array([10, 12, 13, 15, 18])

A = np.vstack([x1, x2, np.ones(len(x1))]).T

w1, w2, b = np.linalg.lstsq(A, y, rcond=None)[0]

print('w1=',w1, ', w2=',w2, ',  b=',b)
print('무게가 4, 부피가 6 일 때 가격은 약',w1*4+w2*6+b)
```

```
w1= 0.48344370860927327 , w2= 1.0649006622516515 ,  b= 7.311258278145695
무게가 4, 부피가 6 일 때 가격은 약 15.634437086092698
```

Python 예제 3.11

파이썬으로 3차원 그래프 애니메이션을 그려 위 예제에 주어진 데이터 집합과 그에 대한 최적 선형함수 $y = w_1x_1 + w_2x_2 + b$ 가 놓인 모양을 살펴보자.

```
import numpy as np
import matplotlib.pyplot as plt
from mpl_toolkits.mplot3d import Axes3D
from matplotlib import cm

import matplotlib.animation as animation
from IPython.display import HTML

x1 = np.array([5, 3, 7, 9, 8])
x2 = np.array([1, 3, 2, 5, 4])
y = np.array([10, 12, 13, 15, 18])
x = np.arange(0, 9, 0.1)
yy = np.arange(0, 9, 0.1)
x, yy = np.meshgrid(x, yy)

fig = plt.figure(figsize=(3,3))
ax = plt.axes(projection='3d')

ax.scatter(x1, x2, y, color='b', s=10)

def init():
    ax.plot_surface(x, yy, w1*x + w2*yy + b, alpha=0.3,
                    color='orange',label='Fitted plane')
    return fig,

def animate(i):
    ax.view_init(elev=(i-45)*4, azim=30)
    return fig,

anim_3d_surface = animation.FuncAnimation(fig, animate, init_func=init,
 ↪ frames=50, interval=80, blit=True)
HTML(anim_3d_surface.to_jshtml())
```

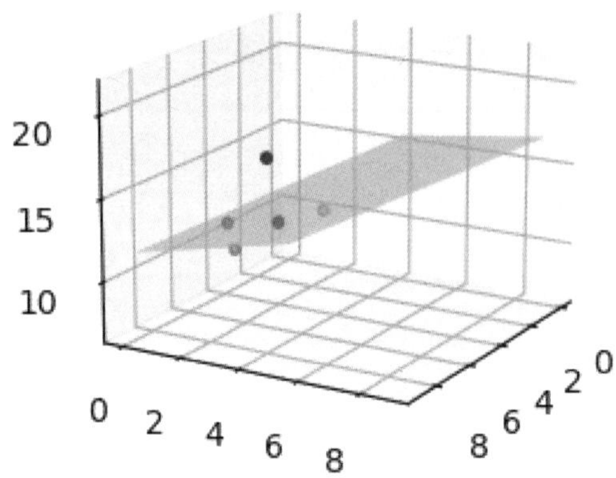

3.4.3 경사하강법(gradient descent)

머신러닝 뿐만아니라 인공신경망 모델의 가장 기초가 되는 경사하강법을 소개한다.

경사하강법은 주어진 점 X 에서 다변수 함수 $f(X)$ 의 값이 가장 급격히 감소하는 방향인 $-\nabla f(X)$ 방향으로이동해가면서 주어진 다변수함수의 극소점을 찾는 방법이다.(스키를 타고 경사면을 가장 빨리 내려가고 싶으면 경사가 가장 급격한 방향으로 직할강하면 되는 원리)

시작점을 X_0 로 두고, 다음과 같은 점화식으로 점들을 차례로 정한다.

$$X_{i+1} = X_i - \gamma_i \nabla f(X_i), \qquad i = 0, 1, 2, \cdots$$

여기에서 이동할 거리(step size)를 조절하는 매개변수 $\gamma_i > 0$ 를 적당히 선택하여 (보통은 $\gamma_i = \gamma$ 로 매 단계 똑같이 둔다)

$$f(X_i) \geq f(X_{i+1})$$

이 되도록 X_{i+1} 을 잡을 수 있다. 이 때 만약 주어진 함수가 최솟값 $\min f$ 를 가지면

$$f(X_0) \geq f(X_1) \geq \cdots \geq f(X_i) \geq f(X_{i+1}) \geq \cdots \geq \min f$$

이 성립하므로, 이 수열은 수렴한다.

그리고 X_0 와 γ_i $(i = 0, 1, 2, \cdots)$를 적절하게 잡으면 $f(X_i)$ 의 극한이 $\min f$ 가 되도록 할 수 있어서, $\lim_{i \to \infty} X_i$ 가 다변수 함수 $f(X)$ 의 극소점이 된다.

```
import numpy as np
import matplotlib.pyplot as plt
from mpl_toolkits.mplot3d import Axes3D
from matplotlib import cm
```

(continues on next page)

(continued from previous page)

```
x = np.arange(-2, 2, 0.05)
y = np.arange(-2, 2, 0.05)
x, y = np.meshgrid(x, y)

z = x**2+y**2

plt.figure(figsize=(8,8))
ax = plt.axes(projection='3d')
ax.set_box_aspect(aspect = (1,1,1))
ax.set_zlim(0,4)

ax.scatter(2, 2, 4, color='b', s=10)
ax.scatter(1, 1, 2, color='b', s=10)
ax.scatter(1/2, 1/2, 1/2, color='b', s=10)
ax.scatter(1/4, 1/4, 1/8, color='b', s=10)
ax.scatter(1/8, 1/8, 1/32, color='b', s=10)

ax.quiver(2, 2, 4, -1, -1, -2, linewidths=1)
ax.quiver(1, 1, 2, -1/2, -1/2, -3/2, linewidths=1)
ax.quiver(1/2, 1/2, 1/2, -1/4, -1/4, -3/8, linewidths=1)
ax.quiver(1/4, 1/4, 1/8, -1/8, -1/8, -3/32, linewidths=1)

ax.scatter(2, 2, 0, color='b', s=10)
ax.scatter(1, 1, 0, color='b', s=10)
ax.scatter(1/2, 1/2, 0, color='b', s=10)
ax.scatter(1/4, 1/4, 0, color='b', s=10)
ax.scatter(1/8, 1/8, 0, color='b', s=10)

ax.quiver(2, 2, 0, -1, -1, 0, linewidths=1)
ax.quiver(1, 1, 0, -1/2, -1/2, 0, linewidths=1)
ax.quiver(1/2, 1/2, 0, -1/4, -1/4, 0, linewidths=1)
ax.quiver(1/4, 1/4, 0, -1/8, -1/8, 0, linewidths=1)

ax.plot_surface(x, y, z, alpha=0.3, cmap=cm.gist_earth)

ax.view_init(10, 20)
```

(continues on next page)

(continued from previous page)

```
plt.show()
```

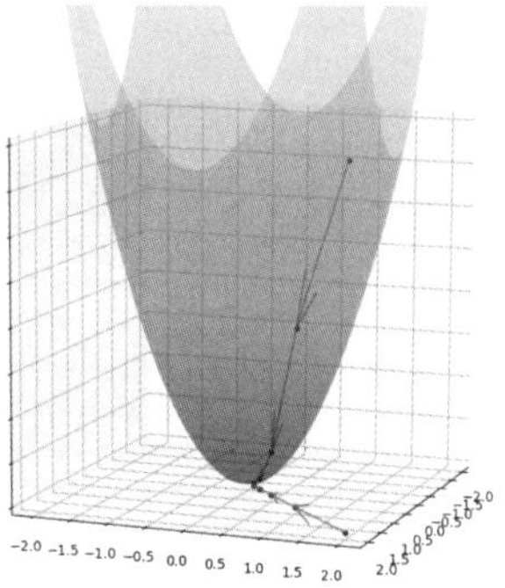

예제 3.19

이변수함수 $f(x,y) = x^2 + y^2$ 과 $X_0 = (2,2)$ 에 대해 $\gamma_i = \frac{1}{4}$ 로 하는 경사하강법을 사용하여 점 $X_i\ (i = 1,2,3,4)$ 를 구하고, 이 점들이 $f(x,y)$ 의 최소점으로 다가가는 지 확인하시오.

풀이 – 예제 3.19

$\nabla f(x,y) = (2x, 2y)$, $X_0 = (2,2)$ 이므로 $\gamma_i = \frac{1}{4}$ 라 하면

$$
\begin{aligned}
X_1 &= (2,2) - \tfrac{1}{4}(4,4) = (1,1), && f(X_1) = 2 < f(X_0) \\
X_2 &= (1,1) - \tfrac{1}{4}(2,2) = (1/2,1/2), && f(X_3) = 1/2 < f(X_1) \\
X_3 &= (1/2,1/2) - \tfrac{1}{4}(1,1) = (1/4,1/4), && f(X_3) = 1/8 < f(X_2) \\
X_4 &= (1/4,1/4) - \tfrac{1}{4}(1/2,1/2) = (1/8,1/8), && f(X_4) = 1/32 < f(X_3)
\end{aligned}
$$

이고, 일반항을 구해보면 $X_i = \left(\frac{1}{2^{i-1}}, \frac{1}{2^{i-1}}\right)$ 이 되어 $\lim_{i\to\infty} X_i = (0,0)$ 이 된다.
이 극한점 $(0,0)$ 은 주어진 함수 $f(x,y) = x^2 + y^2$ 의 유일한 극소점이므로, 최소점이다.

Python 예제 3.12

파이썬으로 위 경사하강법 예제의 손실함수 $g(m,b)$ 의 최소점을 구하는 점화식을 원하는 오차의 한계를 설정하여 실행시켜보자. 학습 진행 단계(i)에 따른 함수 f 의 값의 변화 그래프도 그려보자.

```python
num_i = 100          # 최대 반복 횟수
learning_rate = 0.25     # 학습율

fs = []

a = 2                    # x_i, y_i 의 초기값을 선택
b = 2

for i in range(num_i):
    f = a**2+b**2

    if i % 1 == 0:
        print("{0:2}: a = {1:.5f}, b = {2:.5f}, f = {3:.5f}".format(i,
↪a, b, f))

    if f < 0.00005:
        break

    a = b - learning_rate * 2*a
    b = b - learning_rate * 2*b

    fs.append(f)
```

```
0: a = 2.00000, b = 2.00000, f = 8.00000
1: a = 1.00000, b = 1.00000, f = 2.00000
2: a = 0.50000, b = 0.50000, f = 0.50000
3: a = 0.25000, b = 0.25000, f = 0.12500
4: a = 0.12500, b = 0.12500, f = 0.03125
5: a = 0.06250, b = 0.06250, f = 0.00781
6: a = 0.03125, b = 0.03125, f = 0.00195
7: a = 0.01562, b = 0.01562, f = 0.00049
8: a = 0.00781, b = 0.00781, f = 0.00012
9: a = 0.00391, b = 0.00391, f = 0.00003
```

```python
plt.figure(figsize=(3, 1.5))
plt.plot(fs)
plt.xlabel('i')
```

(continues on next page)

(continued from previous page)

```
plt.ylabel('f')
plt.show()
```

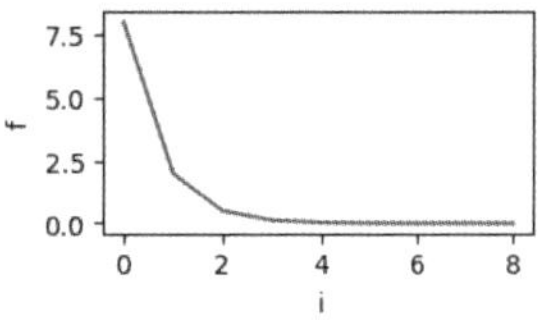

경사하강법으로 단순선형회기 모형의 근사해 찾기

경사하강법을 **손실함수** $g(m, b)$ 에 적용하면 이 함수의 극소점 (m, b) 를 근사적으로 구할 수 있고, 이를 이용해 단순선형회귀의 비용함수(선형함수) $y = mx + b$ 를 구할 수 있다.

주어진 n 개의 (x, y) 데이터 집합

$x:$	x_1	x_2	x_3	$\cdots$	x_n
$y:$	y_1	y_2	y_3	$\cdots$	y_n

에 가장 적합한 직선 $y = mx + b$ 의 m 값과 b 값은 다음과 같은 손실함수의 최소점이다. (계산의 편의를 위해 n 으로 나눔.)

$$g(m, b) = \frac{1}{n}\sum_{k=1}^{n}(mx_k + b - y_k)^2$$

이 함수에 대하여

$$\nabla g(m, b) = (g_m(m, b),\, g_b(m, b)) = \frac{2}{n}\left(\sum_{k=1}^{n}(mx_k + b - y_k)x_k,\, \sum_{k=1}^{n}(mx_k + b - y_k)\right)$$

이므로, 시작점을 (m_0, b_0) 로 두고, 경사하강법의 점화식

$$m_{i+1} = m_i - \frac{2\gamma_i}{n}\sum_{k=1}^{n}(mx_k + b - y_k)x_k, \quad b_{i+1} = b_i - \frac{2\gamma_i}{n}\sum_{k=1}^{n}(mx_k + b - y_k), \quad (i \geq 0)$$

을 원하는 횟수만큼 반복하여, 극소점 $(m, b) = \left(\lim_{i\to\infty} m_i,\, \lim_{i\to\infty} b_i\right)$ 에 아주 가까운 근삿값을 구할 수 있다.

Python 예제 3.13

파이썬의 numpy 라이브러리의 random.rand를 이용하여 x, y 값의 데이터 집합을 무작위로 생성한 후, 이 데이터 집합에 대한 최적의 선형함수 $y = mx + b$를 경사하강법으로 구해보자.

먼저, x 값을 0에서 1 사이에서 무작위로 여러 개(100개 정도) 선택하고, y 값은 어떤 직선 $y = mx + b$을 기준으로 noise를 작은 상한(0.01~0.1) 안에서 무작위로 주어 만들어보자. 아래 코드를 실행시킬 때마다 매번 랜덤 데이터 집합이 다르게 나타나는 것을 확인할 수 있다.

```
import numpy as np
import matplotlib.pyplot as plt

def make_random_linear(m, b, size, noise):
    x = np.random.rand(size)
    y = m*x + b
    noise = np.random.uniform(-abs(noise), abs(noise),
                              size=y.shape)
    yy = y + noise
    plt.figure(figsize=(4, 3))
    plt.plot(x, y, color='r', label='y = {m}*x + {b}')
    plt.scatter(x, yy, s=7, label='data')
    plt.legend(fontsize=7)
    plt.show()
    return x, yy

x, y = make_random_linear(m=0.3, b=0.5, size=100, noise=0.01)

plt.show()
```

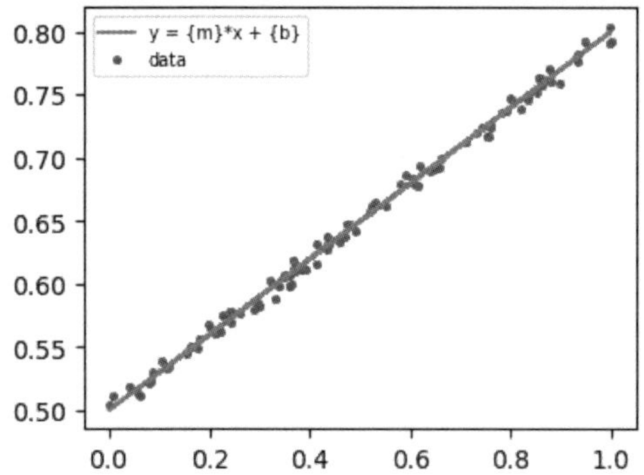

이제 경사하강법으로 손실함수 $g(m, b)$의 최소점을 구하는 점화식을 원하는 오차의 한계를 설정하여 실행시켜보자.

```
num_i = 1000            # 최대 반복 횟수
learning_rate = 0.5       # 학습율
```

(continues on next page)

(continued from previous page)

```
gs = []

m = 0.6                        # m, b 의 초기값을 임의로 선택
b = 0.2

for i in range(num_i):
    g = ((m*x + b - y)**2).mean()

    if i % 5 == 0:
        print("{0:2}: m = {1:.5f}, b = {2:.5f}, g = {3:.5f}".format(i,␣
↪m, b, g))

    if g < 0.00005:
        break

    m = m - learning_rate * 2*((m*x + b - y) * x).mean()
    b = b - learning_rate * 2*(m*x + b - y).mean()

    gs.append(g)

print("----" * 10)
print("{0:2}: m = {1:.5f}, b = {2:.5f}, g = {3:.5f}".format(i, m, b,␣
↪g))
```

```
 0: m = 0.60000, b = 0.20000, g = 0.03089
 5: m = 0.55731, b = 0.37560, g = 0.00507
10: m = 0.47363, b = 0.41600, g = 0.00234
15: m = 0.41697, b = 0.44336, g = 0.00109
20: m = 0.37860, b = 0.46189, g = 0.00051
25: m = 0.35262, b = 0.47443, g = 0.00025
30: m = 0.33503, b = 0.48292, g = 0.00013
35: m = 0.32311, b = 0.48868, g = 0.00008
40: m = 0.31505, b = 0.49257, g = 0.00005
----------------------------------------
41: m = 0.31378, b = 0.49318, g = 0.00005
```

학습 진행(i)에 따른 g 값의 변화를 그래프로 나타내어보자.

```
plt.figure(figsize=(3, 1.5))
plt.plot(gs)
plt.xlabel('i')
plt.ylabel('g')
plt.show()
```

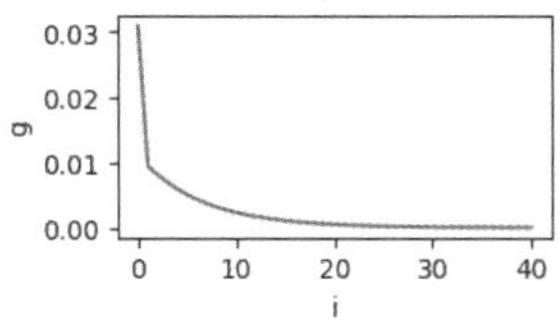

참고 3.15

처음에 무작위 데이터를 잡을 때, 직선 $y = mx + b$을 기준으로 y 값 데이터의 무작위 noise의 상한을 작게 잡은 경우에는 m, b의 값이 빨리 수렴하는 것을 확인할 수 있다. noise의 상한을 좀 더 크게 잡으면 실행 횟수가 더 많아질 것이다.

경사하강법으로 다중선형회기 모형의 근사해 찾기

경사하강법을 손실함수 $g(w_1, \cdots, w_d, b)$에 적용하면 이 함수의 극소점을 수치적으로 구할 수 있고, 이를 이용해 다중 선형회귀의 비용함수(선형함수)를 구할 수 있다.

$d = 2$인 다중선형회기모형의 손실함수 $g(w_1, w_2, b)$의 최소점을 경사하강법을 이용하여 근사적으로 구해보자.

주어진 n개의 (x_1, x_2, y) 데이터 집합

x_1:	x_{11}	x_{21}	x_{31}	$\cdots$	x_{n1}
x_2:	x_{12}	x_{22}	x_{32}	$\cdots$	x_{n2}
y:	y_1	y_2	y_3	$\cdots$	y_n

에 가장 적합한 평면의 방정식 $y = w_1x_1 + w_2x_2 + b$의 w_1, w_2, b값은 다음과 같은 손실함수의 최소점이다.(계산의 편의를 위해 n으로 나눔.)

$$g(w_1, w_2, b) = \frac{1}{n}\sum_{k=1}^{n}(w_1x_{k1} + w_2x_{k2} + b - y_k)^2$$

이 함수에 대하여

$$\nabla g(w_1, w_2, b)$$
$$= \frac{2}{n}(\textstyle\sum_{k=1}^{n}(w_1x_{k1}+w_2x_{k2}+b-y_k)x_{k1}, \sum_{k=1}^{n}(w_1x_{k1}+w_2x_{k2}+b-y_k)x_{k2}, \sum_{k=1}^{n}(w_1x_{k1}+w_2x_{k2}+b-y_k))$$

이므로, 시작점을 $(w_{1,0}, w_{2,0}, b_0)$ 로 두고, 경사하강법의 점화식

$$w_{1,i+1} = w_{1,i} - \frac{2\gamma_i}{n}\sum_{k=1}^{n}(w_1 x_{k1} + w_2 x_{k2} + b - y_k)x_{k1}$$

$$w_{2,i+1} = w_{2,i} - \frac{2\gamma_i}{n}\sum_{k=1}^{n}(w_1 x_{k1} + w_2 x_{k2} + b - y_k)x_{k2}$$

$$b_{i+1} = b_i - \frac{2\gamma_i}{n}\sum_{k=1}^{n}(w_1 x_{k1} + w_2 x_{k2} + b - y_k), \qquad i = 0, 1, 2, \cdots$$

을 원하는 횟수만큼 반복하여,극소점 $(w_1, w_2, b) = \left(\lim_{i\to\infty} w_{1,i}, \lim_{i\to\infty} w_{2,i}, \lim_{i\to\infty} b_i\right)$ 에 아주 가까운 근삿값을 구할 수 있다.

Python 예제 3.14

파이썬의 numpy 라이브러리의 random.rand를 이용하여 x_1, x_2, y 값의 데이터 집합을 무작위로 생성한 후, 이 데이터 집합에 대한 최적의 선형함수 $y = w_1x_1 + w_2x_2 + b$ 를 경사하강법을 이용하여 구해보자.

먼저, x_1, x_2 값을 0에서 1 사이에서 무작위로 여러 개(100개 정도) 선택하고,y 값은 어떤 선형식 $y = w_1x_1 + w_2x_2 + b$ 를 기준으로 noise를 작은 상한(0.01~0.1) 안에서 무작위로 주어 만들어보자.아래 코드를 실행시킬 때마다 매번 랜덤 데이터 집합이 다르게 나타는 것을 확인할 수 있다.

```
import numpy as np
import matplotlib.pyplot as plt
from mpl_toolkits.mplot3d import Axes3D

def make_random_linear(w1, w2, b, size, noise):
    xx1 = np.arange(0, 1, 0.001)
    xx2 = np.arange(0, 1, 0.001)
    xx1, xx2 = np.meshgrid(xx1, xx2)

    fig = plt.figure(figsize=(5, 5))
    ax = plt.axes(projection='3d')
    yyy = w1*xx1 + w2*xx2 + b
    ax.plot_surface(xx1,xx2, yyy, alpha=0.5, color='orange')

    x1 = np.random.rand(size)
```

(continues on next page)

(continued from previous page)

```
    x2 = np.random.rand(size)
    y = w1*x1 + w2*x2 + b
    noise = np.random.uniform(-abs(noise), abs(noise), size=y.shape)
    yy = y + noise
    ax.scatter(x1, x2, yy, s=5)
    ax.view_init(30, 10)
    plt.show()
    return x1, x2, yy

x1, x2, y = make_random_linear(w1=0.3, w2=0.4, b=0.5, size=100,
                               noise=0.01)

plt.show()
```

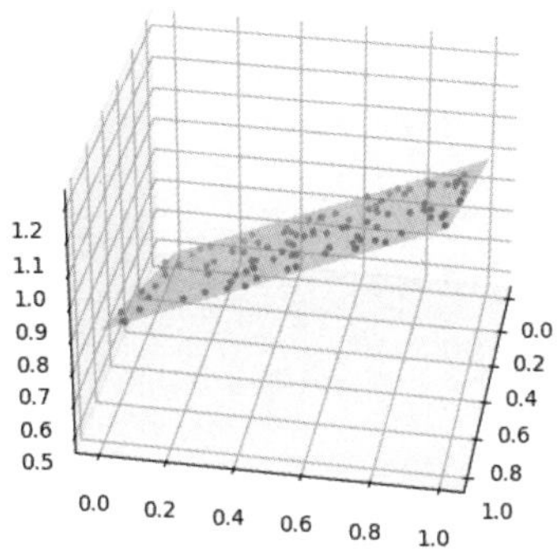

이제 경사하강법으로 손실함수 $g(w_1, w_2, b)$의 최소점을 구하는 점화식을 원하는 오차의 한계를 설정하여 실행시켜보자.

```
num_i = 1000            # 최대 반복 횟수
learning_rate = 0.5        # 학습율 (learning_rate)

gs = []

w1 = 0.7                      # w1. w2, b 의 초기값을 임의로 선택
w2 = 0.6
b = 0.5

for i in range(num_i):
```
(continues on next page)

(continued from previous page)

```
    g = ((w1*x1 + w2*x2 + b - y)**2).mean()
    if i % 5 == 0:
        print("{0:2}: w1 = {1:.5f}, w2 = {2:.5f}, b = {3:.5f}, g = {4:.
↪5f}".format(i, w1, w2, b, g))

    if g < 0.00005:
        break

    w1 = w1 - learning_rate * 2*((w1*x1 + w2*x2 + b - y) * x1).mean()
    w2 = w2 - learning_rate * 2*((w1*x1 + w2*x2 + b - y) * x2).mean()
    b = b - learning_rate * 2*(w1*x1 + w2*x2 + b - y).mean()

    gs.append(g)

print("----" * 14)
print("{0:2}: w1 = {1:.5f}, w2 = {2:.5f}, b = {3:.5f}, g = {4:.5f}".
↪format(i, w1, w2, b, g))
```

```
 0: w1 = 0.70000, w2 = 0.60000, b = 0.50000, g = 0.10866
 5: w1 = 0.45885, w2 = 0.46326, b = 0.38766, g = 0.00221
10: w1 = 0.40759, w2 = 0.45310, b = 0.41863, g = 0.00109
15: w1 = 0.37315, w2 = 0.44269, b = 0.44136, g = 0.00055
20: w1 = 0.35000, w2 = 0.43335, b = 0.45788, g = 0.00029
25: w1 = 0.33445, w2 = 0.42554, b = 0.46980, g = 0.00016
30: w1 = 0.32399, w2 = 0.41929, b = 0.47834, g = 0.00009
35: w1 = 0.31697, w2 = 0.41443, b = 0.48444, g = 0.00006
--------------------------------------------------------
38: w1 = 0.31392, w2 = 0.41209, b = 0.48721, g = 0.00005
```

학습 진행(i)에 따른 g 값의 변화를 그래프로 나타내어보자.

```
plt.figure(figsize=(3, 1.5))
plt.plot(gs)
plt.xlabel('i')
plt.ylabel('g')
plt.show()
```

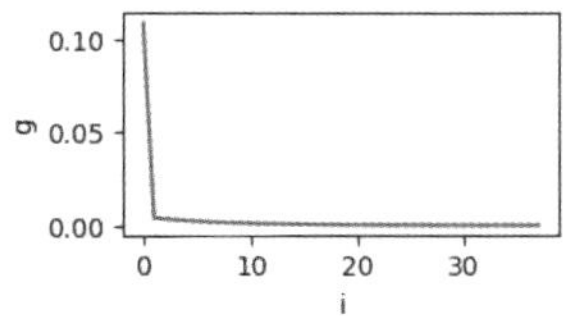

3.4.4 연습문제

1번. 학습시간과 성적간의 관계를 조사하였더니 다음과 같은 데이터를 얻게 되었다. 최소제곱법을 사용하여 비용함수를 구하고, 이 함수를 이용하여 10시간 학습하였을 때 얻을 성적을 유추하시오.

성적	35	50	45	64	66	70
학습시간	3	4	5	6	7	8

2번. 성적은 학습시간과 통학거리와 관계가 있을 것으로 예상하고 다음과 같은 데이터를 취합하였다. Python을 이용하여 비용함수를 구하고, 이 함수를 이용하여 이 학생이 매일 4.5시간 학습하고 통학시간이 1시간일 때 기대하는 성적을 유추하시오.

성적	40	60	55	75	80	70
학습시간	2	3	4	5	6	7
통학시간	1	1.5	1	2	1	2

3번. 2변수 함수 $f(x,y) = 4xy - x^4 - y^4$에 대하여 시작점을 $X_0 = (\frac{1}{2}, \frac{1}{2})$, $\gamma_i = \frac{1}{4}$로 하는 경사하강법을 적용할 때, X_1, X_2의 좌표를 구하시오. 그리고 이렇게 구하는 X_i가 $i \to \infty$일 때 $f(x,y)$의 어느 극점으로 가까이 가는지 추측하시오.

4번. 2변수 함수 $f(x,y) = \frac{1}{2}x^2 + \frac{1}{8}y^2$의 극소점을 찾기위하여 경사하강법을 적용할 때, 시작점을 $X_0 = (1,1)$로 하고, $\gamma_i = \gamma\ (i = 0,1,2,\cdots)$를 다음과 같이 잡을 때, $X_i = (x_i, y_i)$의 일반항을 구하고, 어느 점으로 수렴하는 지 살펴보시오.

(1) $\gamma = \frac{1}{4}$

(2) $\gamma = \frac{3}{4}$

제 4 장
연습문제의 답

4.1 1 장의 연습문제

1.1 데이터의 형식과 기본 연산

1번.

```
# 1 번

import numpy as np
A= np.array([[7,-3,4],[-5,2,1]])
B=np.array([[2,0,-1],[3, -5,-2]])
C=np.array([[0,1,-4],[-2,1,0]])
D=np.array([[1, -4], [-7,4], [0,3]])
E=np.array([[-9,3], [5,2], [-4,1]])
u=np.array([[2.5],[1],[-0.5]])
v=np.array([[1], [3], [-1]])
w=np.array([[-4], [-1], [0]])
print(A.shape)
print(D.shape)
```

```
(2, 3)
(3, 2)
```

2번.

```
# 2 번

print(A[1,0])
```

```
-5
```

3번.

```python
# 3 번

A + 2*B + 3*C
```

```
array([[ 11,   0, -10],
       [ -5,  -5,  -3]])
```

4번.

```python
# 4 번

D + 2*E -2*D -E
```

```
array([[-10,   7],
       [ 12,  -2],
       [ -4,  -2]])
```

5번.

```python
# 5 번

2*u  - v - w
```

```
array([[8.],
       [0.],
       [0.]])
```

6번.

```python
# 6 번

import numpy as np
T=np.zeros((3,2,4,5))
for l in range(3):
    for k in range(2):
        for i in range(4):
            for j in range(5):
                T[l,k,i,j] = i + j + k + l + 4
print(T.shape)
```

```
(3, 2, 4, 5)
```

7번.

```
# 7 번

import numpy as np
T=np.zeros((3,2,4,5))
for l in range(3):
    for k in range(2):
        for i in range(4):
            for j in range(5):
                T[l,k,i,j] = i + j + k + l + 4
print("T=", T)
print("sum=", np.sum(T))
```

```
T= [[[[ 4.  5.  6.  7.  8.]
   [ 5.  6.  7.  8.  9.]
   [ 6.  7.  8.  9. 10.]
   [ 7.  8.  9. 10. 11.]]

  [[ 5.  6.  7.  8.  9.]
   [ 6.  7.  8.  9. 10.]
   [ 7.  8.  9. 10. 11.]
   [ 8.  9. 10. 11. 12.]]]
 [[[ 5.  6.  7.  8.  9.]
   [ 6.  7.  8.  9. 10.]
   [ 7.  8.  9. 10. 11.]
   [ 8.  9. 10. 11. 12.]]

  [[ 6.  7.  8.  9. 10.]
   [ 7.  8.  9. 10. 11.]
   [ 8.  9. 10. 11. 12.]
   [ 9. 10. 11. 12. 13.]]]
 [[[ 6.  7.  8.  9. 10.]
   [ 7.  8.  9. 10. 11.]
   [ 8.  9. 10. 11. 12.]
   [ 9. 10. 11. 12. 13.]]
```

(continues on next page)

(continued from previous page)

```
 [[ 7.  8.  9. 10. 11.]
  [ 8.  9. 10. 11. 12.]
  [ 9. 10. 11. 12. 13.]
  [10. 11. 12. 13. 14.]]]]
sum= 1080.0
```

```
import numpy as np
temp=0
for l in range(1,4):
    for k in range(1,3):
        for i in range(1,5):
            for j in range(1,6):
                temp = temp + i + j + k + l
print(temp)
```

```
1080
```

```
total_0_axis= np.sum(T, axis=(0,1,2,3))
total_0_axis
```

```
1080.0
```

1.2 벡터와 벡터 공간

1번.

```
# 1 번

import numpy as np
import matplotlib.pyplot as plt

plt.figure(figsize=(2,2))
plt.quiver([0, 0 , 0], [0, 0, 0], [-2, 4, 2], [-2, 0, -1], angles=
↪'xy', scale_units='xy', scale=1)
plt.xticks(range(-3, 5, 1))
plt.yticks(range(-3, 4, 1))
plt.grid()
```

(continues on next page)

(continued from previous page)

```
plt.xlim(-3, 5)
plt.ylim(-3, 3)
plt.text(-2, -0.5, r'$-2u$')
plt.text(2,0.5, r'$u+v+w$')
plt.text(1, -2, r'$u -\frac{1}{2}v + 2w$')
plt.show()
```

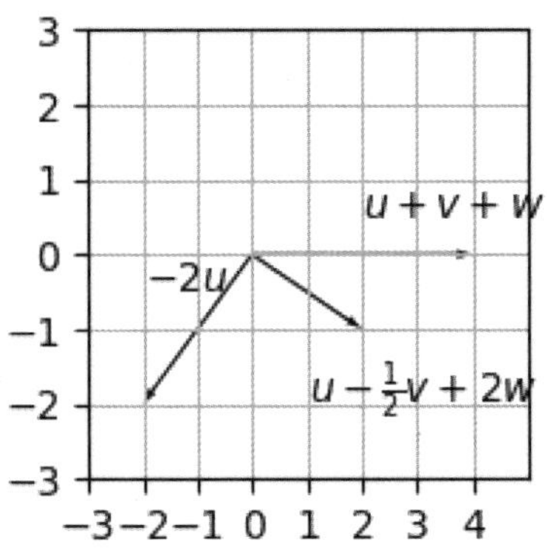

2번. $\frac{1}{13}[3, -4, 12]$

3번. $\|\mathbf{v}\| = \sqrt{6}$ 이므로, $2 = \sqrt{6}\cos\alpha$, $1 = \sqrt{6}\cos\beta$, $-1 = \sqrt{6}\cos\gamma$ 이다. 따라서 $\cos\alpha = \frac{2}{\sqrt{6}}$, $\cos\beta = \frac{1}{\sqrt{6}}$, $\cos\gamma = \frac{-1}{\sqrt{6}}$ 이고, 이때 $\cos^2\alpha + \cos^2\beta + \cos^2\gamma = \frac{4}{6} + \frac{1}{6} + \frac{1}{6} = 1$ 이 성립한다.

4번. $\frac{\sqrt{10}}{5}$

5번. $\|v\|\cos\theta = \sqrt{2}\cdot\frac{\sqrt{10}}{5} = \frac{2\sqrt{5}}{5}$

6번. $[\frac{4}{5}, 0, \frac{2}{5}]$

7번. $[\frac{1}{5}, -1, -\frac{2}{5}]$

8번. 일차종속

9번. 기저: $\{\mathbf{u}, \mathbf{v}\}$, 2차원

1.3 행렬과 일차연립방정식

1번. (1) 정의되지 않음 (7) $[-7]$

2번. $\begin{bmatrix} 24 & -6 \\ -95 & 107 \end{bmatrix}$

4번. $\begin{bmatrix} -16 & -6 \\ 168 & -170 \end{bmatrix}$

5번. (1) $[\ 0 \quad \frac{1}{3} \quad \frac{1}{3} \quad \frac{1}{3}\ ]^T$ (2) $[\ \frac{2}{9} \quad \frac{2}{9} \quad \frac{2}{9} \quad \frac{1}{3}\ ]^T$

8번. $x = 28, y = 25, z = 20$

9번. (1) $\det A = 0$, (2) $x = \frac{1}{4}z + \frac{7}{12}, y = -\frac{5}{4}z + \frac{1}{12}$

1.4 행렬과 일차변환

1번. $f(\mathbf{b}_1) = f([1,0,-1]) = [2,0] = [1,1] + [1,-1] = a_{11}\mathbf{c}_1 + a_{21}\mathbf{c}_2$, $f(\mathbf{b}_2) = f([1,1,0]) = [0,2] = [1,1] - [1,-1] = a_{12}\mathbf{c}_1 + a_{22}\mathbf{c}_2$, $f(\mathbf{b}_3) = f([1,0,1]) = [3,1] = 2\,[1,1] + [1,-1] = a_{13}\mathbf{c}_1 + a_{23}\mathbf{c}_2$ 로부터 $A = \begin{bmatrix} 1 & 1 & 2 \\ 1 & -1 & 1 \end{bmatrix}$ 이다.

2번. $f(\mathbf{b}_1) = f([1,0]) = [1,1] = 2\,[0,1] + [1,-1] = a_{11}\mathbf{c}_1 + a_{21}\mathbf{c}_2$, $f(\mathbf{b}_2) = f([1,1]) = [2,0] = 2\,[0,1] + 2\,[1,-1] = a_{12}\mathbf{c}_1 + a_{22}\mathbf{c}_2$ 로부터 $A = \begin{bmatrix} 2 & 2 \\ 1 & 2 \end{bmatrix}$ 이다.

3번. 임의의 실수 $a, b \in \mathbb{R}$과 벡터 $[x_1, y_1], [x_2, y_2]$에 대하여

$$\begin{aligned} f(a[x_1,y_1] + b[x_2,y_2]) &= f([ax_1 + bx_2, ay_1 + by_2]) \\ &= [(ax_1 + bx_2) + (ay_1 + by_2), 2(ax_1 + bx_2) + 3(ay_1 + by_2)] \\ &= a[x_1 + y_1, 2x_1 + 3y_1] + b[x_2 + y_2, 2x_2 + 3y_2] \\ &= af([x_1, y_1]) + bf([x_2, y_2]) \end{aligned}$$

이므로 f는 선형사상이다. 이 선형사상의 행렬표현은

$$\begin{bmatrix} f([1,0])^T & f([0,1])^T \end{bmatrix} = \begin{bmatrix} 1 & 1 \\ 2 & 3 \end{bmatrix}$$

이다.

4번. $f([0,0] + [0,0]) = f([0,0]) + f([0,0])$으로부터 $f([0,0]) = 0$이다. 원점을 지나는 직선 $\ell : ax + by = 0$의 그래프는 $\{t\,[b,-a] \mid t \in \mathbb{R}\}$로 생각할 수 있고, 이 그래프의 선형사상 f에 의한 상 $\{f(t[b,-a]) \mid t \in \mathbb{R}\} = \{t\,f([b,-a]) \mid t \in \mathbb{R}\}$는 하나의 위치벡터 $f([b,-a])$에 임의의 실수 t를 곱하여 만든 벡터들의 집합이므로, 원점을 지나는 직선을 이룬다. 따라서 선형사상은 원점을 지나는 직선을 또 다른 원점을 지나는 직선으로 보낸다.

5번. $f([x,y]) = [ax + by, cx + dy]$

6번.

$$\begin{aligned} R_{\theta_2}\circ R_{\theta_1} &= \begin{bmatrix}\cos\theta_2 & -\sin\theta_2\\ \sin\theta_2 & \cos\theta_2\end{bmatrix}\begin{bmatrix}\cos\theta_1 & -\sin\theta_1\\ \sin\theta_1 & \cos\theta_1\end{bmatrix}\\ &= \begin{bmatrix}\cos\theta_2\cos\theta_1-\sin\theta_2\sin\theta_1 & -\cos\theta_2\sin\theta_1-\sin\theta_2\cos\theta_1\\ \sin\theta_2\cos\theta_1+\cos\theta_2\sin\theta_1 & -\sin\theta_2\sin\theta_1+\cos\theta_2\cos\theta_1\end{bmatrix}\\ &= \begin{bmatrix}\cos(\theta_1+\theta_2) & -\sin(\theta_1+\theta_2)\\ \sin(\theta_1+\theta_2) & \cos(\theta_1+\theta_2)\end{bmatrix} = R_{\theta_1+\theta_2}\end{aligned}$$

7번.

$$\begin{aligned} T_y\circ T_x &= \begin{bmatrix}-1 & 0\\ 0 & 1\end{bmatrix}\begin{bmatrix}1 & 0\\ 0 & -1\end{bmatrix}\\ &= \begin{bmatrix}-1 & 0\\ 0 & -1\end{bmatrix} = R_\pi\end{aligned}$$

8번. $(A\begin{bmatrix}a\\ b\end{bmatrix})^T(A\begin{bmatrix}x\\ y\end{bmatrix}) = \begin{bmatrix}a & b\end{bmatrix}A^TA\begin{bmatrix}x\\ y\end{bmatrix} = \begin{bmatrix}a & b\end{bmatrix}\begin{bmatrix}x\\ y\end{bmatrix}$

9번.

$$\begin{aligned} f_{A_2,\mathbf{v}_2}\circ f_{A_1,\mathbf{v}_1}(\mathbf{x}) &= f_{A_2,\mathbf{v}_2}(A_1\mathbf{x}+\mathbf{v}_1)\\ &= A_2(A_1\mathbf{x}+\mathbf{v}_1)+\mathbf{v}_2\\ &= A_2A_1\mathbf{x}+A_2\mathbf{v}_1+\mathbf{v}_2\\ &= f_{A_2A_1,A_2\mathbf{v}_1+\mathbf{v}_2}(\mathbf{x})\end{aligned}$$

10번. $\mathbf{u}=[1,1,1]$ 방향의 단위벡터는 $\frac{[1,1,1]}{\sqrt{3}}$ 이므로

$$R_{[1/\sqrt{3},1/\sqrt{3},1/\sqrt{3}],\pi/3} = \begin{bmatrix}\frac{4}{6} & \frac{(1-\sqrt{3})}{6} & \frac{4}{6}\\ \frac{4}{6} & \frac{4}{6} & \frac{-2}{6}\\ \frac{-2}{6} & \frac{4}{6} & \frac{4}{6}\end{bmatrix}$$

이고, 이 회전변환에 의한 $[1,0,0]$의 상은 $[\frac{2}{3},\frac{2}{3},\frac{-1}{3}]$이다.

11번.

$$\begin{bmatrix}-1 & 0 & 0\\ 0 & 1 & 0\\ 0 & 0 & 1\end{bmatrix}\begin{bmatrix}1 & 0 & 0\\ 0 & -1 & 0\\ 0 & 0 & -1\end{bmatrix} = \begin{bmatrix}-1 & 0 & 0\\ 0 & -1 & 0\\ 0 & 0 & -1\end{bmatrix}$$

12번.

$$\text{null}(A) = \{[0,0]\}$$
$$\text{col}(A) = \text{Span}\left\{\begin{bmatrix}2\\1\end{bmatrix}, \begin{bmatrix}3\\2\end{bmatrix}\right\} = \mathbb{R}^2$$
$$\text{row}(A) = \text{Span}\{[2,3],[1,2]\} = \mathbb{R}^2$$

13번. $\text{row}(A) = \text{Span}\{[1,2]\}$ 이고 $\text{null}(A) = \text{Span}\{\begin{bmatrix}-2\\1\end{bmatrix}\}$ 이므로 $[a, 2a]\begin{bmatrix}-2b\\b\end{bmatrix} = [0]$ 이다.

```
# 14 번

from sympy import *

A= Matrix([[1, -1, 3], [5, -4, -4], [7, -6, 2]])
print("열공간", A.columnspace())
print("행공간", A.rowspace())
print("영공간", A.nullspace())
```

```
열공간 [Matrix([
[1],
[5],
[7]]), Matrix([
[-1],
[-4],
[-6]])]
행공간 [Matrix([[1, -1, 3]]), Matrix([[0, 1, -19]])]
영공간 [Matrix([
[16],
[19],
[ 1]])]
```

```
# 15 번

import numpy as np

# 기본행연산 1
```

(continues on next page)

(continued from previous page)

```
def ER1(A, i, j):
    if (i >= len(A[0]) or j >= len(A[0])):
        print('wrong input')
    else:
        A[[i,j], :]=A[[j,i], :]
        return A

# 기본행연산 2

def ER2(A, i, c):
    if i>= len(A[0]):
        print('wrong input')
    else:
        A[[i],:]=c*A[[i],:]
        return A

# 기본행연산 3

def ER3(A, i, j, c):
    if (i >= len(A[0]) or j >= len(A[0])):
        print('wrong input')
    else:
        A[[j], :]=c*A[[i], :]+A[[j],:]
        return A

# i 번째 열의 n 번째 행 이후를 기본행연산을 통해 모두 0으로 만들기

def ERi(A,n):
    if n < A.shape[0]:
        for i in range(n, A.shape[0]):
            if A[i,i] !=0:
                A[[i],:]= (1/A[i,i])*A[[i],:]
                if (i+1 < A.shape[0]):
                    for j in range(i+1,A.shape[0]):
                        if A[j,i]!=0:
                            A[[j], :]= A[[j],:]- A[j,i]*A[[i],:]
```

(continues on next page)

(continued from previous page)

```
            return A
        else:
            for j in range(i+1,A.shape[0]):
                if A[j,i] != 0:
                    A[[i,j], :]=A[[j,i],:]
                    return ERi(A, n)

#  행공간구하기

def ER(A):
    for i in range(A.shape[1]):
        A= ERi(A, i)
    return A

ER(np.array([[0,1, 2], [0,1,2], [1,2,3], [2,3,1]]))
```

```
array([[1, 2, 3],
       [0, 1, 2],
       [0, 0, 1],
       [0, 0, 0]])
```

1.5 행렬의 고유벡터와 고유값

1번.

```
# 1 번

from sympy import *
A = Matrix([[1,3],[4,2]])
t=symbols('t')
print("특성방정식:", A.charpoly(t).as_expr(), '\n')
print("고유값:", A.eigenvals(), '\n')
print("고유벡터:", A.eigenvects(), '\n')
```

```
특성방정식: t**2 - 3*t - 10

고유값: {5: 1, -2: 1}
```

(continues on next page)

(continued from previous page)

```
고유벡터: [(-2, 1, [Matrix([
[-1],
[ 1]])]), (5, 1, [Matrix([
[3/4],
[  1]])])]
```

2번.

```
# 2 번

from sympy import *
A = Matrix([[0, -1, 0],[0,0,1], [-4, -17,8]])
t=symbols('t')
print("특성방정식:", A.charpoly(t).as_expr(), '\n')
print("고유값:", A.eigenvals(), '\n')
print("고유벡터:", A.eigenvects(), '\n')
```

```
특성방정식: t**3 - 8*t**2 + 17*t - 4

고유값: {4: 1, 2 - sqrt(3): 1, sqrt(3) + 2: 1}

고유벡터: [(4, 1, [Matrix([
[-1/16],
[  1/4],
[    1]])]), (2 - sqrt(3), 1, [Matrix([
[-7 - 4*sqrt(3)],
[   sqrt(3) + 2],
[             1]])]), (sqrt(3) + 2, 1, [Matrix([
[-7 + 4*sqrt(3)],
[   2 - sqrt(3)],
[             1]])])]
```

3번. 특성방정식은

$$p_A(t) = t^2 - (a+d)t + (ad - bc)$$

이고 이 이차방적식의 판별식은

$$D = (a+d)^2 - 4(ad - bc) = (\text{tr}(A)^2 - 4\det(A)$$

이므로 $(\mathrm{tr}(A)^2 - 4\det(A) > 0$ 이면 이 행렬은 서로 다른 두 고유값을 갖는다. 따라서 대각화가능하다.

4번. $D = (\mathrm{tr}(A)^2 - 4\det(A) = (a+c)^2 - 4(ac - b^2) = (a-c)^2 + 4b^2 \geq 0$ 이고, 만일 $a \neq c$ 이거나 $b \neq 0$ 이면 $D > 0$ 이므로 위의 연습문제 3으로 부터 대각화 가능하다. 만일 $a = c$ 이고 $b = 0$ 이면 주어진 행렬의 특성방정식은 $p_A(t) = (t-a)^2$ 이고 $\lambda = a$ 에 대응하는 고유공간은 R^2 이므로 서로 일차독립인 2개의 고유벡터를 잡을 수 있다. 따라서 대각화가 능하다.

5번.

```
# 5 번

from sympy import *
A = Matrix([[1,6],[0,5]])
t=symbols('t')
print("특성방정식:", A.charpoly(t).as_expr(), '\n')
print("고유값:", A.eigenvals(), '\n')
print("고유벡터:", A.eigenvects(), '\n')
```

```
특성방정식: t**2 - 6*t + 5

고유값: {5: 1, 1: 1}

고유벡터: [(1, 1, [Matrix([
[1],
[0]])]), (5, 1, [Matrix([
[3/2],
[  1]])])]
```

6번. $p_A(t) = (t-1)(t-b) - 6a = (t-4)(t+3)$ 으로부터 $b+1 = 1, b - 6a = -12$ 이다. 그러므로 $a = 2, b = 0$ 이다.

7번. $\begin{bmatrix} 0 & 0 & 0 \\ 0 & 1 & 0 \\ 0 & 0 & 2 \end{bmatrix}, \begin{bmatrix} 0 & 1 & 0 \\ 0 & 1 & 0 \\ 0 & 0 & 2 \end{bmatrix}$

8번. $D=P^{-1}AP$로 부터

$$A^{25}=PD^{25}P^{-1}=\begin{bmatrix}2&-1&-1\\-1&1&0\\1&0&1\end{bmatrix}\begin{bmatrix}-1&0&0\\0&1&0\\0&0&1\end{bmatrix}\begin{bmatrix}2&-1&-1\\-1&1&0\\1&0&1\end{bmatrix}^{-1}$$

$$=PDP^{-1}=A$$

```
from sympy import *
init_printing(use_unicode=True)
A = Matrix([[-1, -2, -2],[1, 2, 1], [-1, -1, 0]])
t=symbols('t')
print("특성방정식", A.charpoly(t).as_expr(), '\n')
print("고유벡터", A.eigenvects(), '\n')
P, D = A.diagonalize()
print("P=", P, "D=", D, '\n')
```

```
특성방정식 t**3 - t**2 - t + 1

고유벡터 [(-1, 1, [Matrix([
[ 2],
[-1],
[ 1]])]), (1, 2, [Matrix([
[-1],
[ 1],
[ 0]]), Matrix([
[-1],
[ 0],
[ 1]])])]

P= Matrix([[2, -1, -1], [-1, 1, 0], [1, 0, 1]]) D= Matrix([[-1, 0,␣
↪0], [0, 1, 0], [0, 0, 1]])
```

9번.

```
# 9 번

from sympy import *
init_printing(use_unicode=True)
A = Matrix([[1,2],[2,4]])
```

(continues on next page)

(continued from previous page)

```
t=symbols('t')
print("특성방정식", A.charpoly(t).as_expr(), '\n')
print("고유벡터", A.eigenvects(), '\n')
P, D = A.diagonalize()
print("P=", P, "D=", D, '\n')
```

```
특성방정식 t**2 - 5*t

고유벡터 [(0, 1, [Matrix([
[-2],
[ 1]])]), (5, 1, [Matrix([
[1/2],
[  1]])])]

P= Matrix([[-2, 1], [1, 2]]) D= Matrix([[0, 0], [0, 5]])
```

10번. $f_{P^{-1}AP}(t) = \det(tI - P^{-1}AP) = \det(P^{-1}(tI - A)P) = \det(tI - A) = f_A(t)$

11번.

```
# 11 번

import numpy as np
def power_iteration(A, x, num_simulations: int):
    # A 는 주어진 정사각행렬, x는 초기벡터, num_simulations는 반복실행할 횟수
    x_k = x
    for _ in range(num_simulations):
        # Ax 를 계산합니다
        x_k1 = np.dot(A, x_k)
        # Ax 의 크기를 계산합니다
        x_k1_norm = np.linalg.norm(x_k1)
        # x_{k+1} 을 구합니다.
        x_k = x_k1 / x_k1_norm
    return x_k
def power_iteration_ev(A,x, num_simulations: int):
    x_k=x
    for _ in range(num_simulations):
        x_k1 = np.dot(A, x_k)
        x_k1_norm = np.linalg.norm(x_k1)
```

(continues on next page)

(continued from previous page)

```
        x_k = x_k1 / x_k1_norm
    return np.dot(np.transpose(x_k), np.dot(A, x_k))
print("우세한 고유벡터:",
      power_iteration(np.array([[1, 2], [2, 1]]),
np.array([[1],[0]]), 100), '\n')
print("우세한 고유값:",
      power_iteration_ev(np.array([[1, 2], [2, 1]]),
np.array([[1],[0]]), 100), '\n')
```

```
우세한 고유벡터: [[0.70710678]
 [0.70710678]]

우세한 고유값: [[3.]]
```

12번. 인접행렬은

$$\begin{bmatrix} 0 & 1 & 0 & 1 & 0 \\ 1 & 0 & 0 & 1 & 1 \\ 0 & 1 & 0 & 0 & 1 \\ 0 & 0 & 1 & 0 & 1 \\ 0 & 0 & 1 & 0 & 0 \end{bmatrix}$$

이고 페이지랭크 알고리즘을 1000번 반복하여 이용하여 얻은 검색사이트의 권위 점수 순서는 다음과 같다.

```
import numpy as np
def PageRank(A, num_simulations: int):
    # A^T A 를 계산
    B = np.dot(np.transpose(A), A)
    # 행렬 A 의 열을 더하여 권한벡터를 구한다.
    a_k=np.sum(A, axis=0)
    # PageRank algorithm 을 적용
    for _ in range(num_simulations):
        a_k1 = np.dot(B, a_k)
        a_k1_norm = np.linalg.norm(a_k1)
        a_k = a_k1 / a_k1_norm
        # k 번째 a_k 를 인쇄
```

(continues on next page)

(continued from previous page)

```
    return a_k
print("검색사이트의 권한:",
PageRank(np.array([[0,1, 0, 1, 0], [1,0,0,1,1], [0,1,0,0,1],
[0,0,1,0,1], [0,0,1,0,0]]), 1000))
```

```
검색사이트의 권한: [0.29284432 0.39120217 0.2350792  0.46483044 0.69990964]
```

4.2 2 장의 연습문제

2.1 여러 가지 함수

1번. (3) $x \neq 0, x \neq 2$

2번. (5) $4\pi + \frac{\pi}{2}$

3번. (4) 450°

4번. $l = \frac{\pi}{2}, \qquad S = \frac{3\pi}{2}$

5번. (5) $\sqrt{2}$, (6) -1

6번. e^2

7번. (1) $0 \leq x \leq 9$, (2) $x \neq -2, x \neq -4$

9번. $f^{-1}(x) = \sqrt{x^3 - 1}$, 또는 $f^{-1}(x) = -\sqrt{x^3 - 1}$. 정의역은 $x \geq 1$

10번. (3) $x = \ln\left(2 \pm \sqrt{3}\right)$

11번. (5) $\cos^{-1}(\cos(\frac{5\pi}{2})) = \cos^{-1} 0 = \frac{\pi}{2}$, (6) $-\frac{1}{2}$

2.2 일변수 함수의 미분

1번. (1) $y = -\frac{1}{2}x + \frac{3}{2}$, (2) $y = \frac{1}{4}x + 1$

2번. $y = 4x - 3$

3번. $f'(x) = 3x^2 - 1$

4번. $f'(x) = \frac{1}{2\sqrt{x}}$,

$x = 9$ 에서의 접선: $y = \frac{1}{6}x + \frac{3}{2}$.

$\lim_{x \to 0^+} f'(x) = \infty$, $\lim_{x \to \infty} f'(x) = 0$

5번. (1) $f'(t) = \frac{1}{2t}(3t+1)\sqrt{t}$, (2) $f'(x) = \frac{2x^3+17x^2+20x+1}{(x+5)^2}$

6번. $\frac{ds}{d\theta}\Big|_{\theta=45^\circ} = -100$

7번. $\cos x$

8번. $\sec^2 y$

9번. (2) $\frac{8(x^5\csc^2 x - 5x^4\cot x)}{(1+x^5\cot x)^9}$

10번. $y' = \frac{2x}{y}, y'' = \frac{2}{y} - \frac{4x^2}{y^3}$

11번. $\frac{dy}{dx} = \frac{y-x^2}{y^2-x}$, $(3/2, 3/2)$ 에서의 접선: $y = -x+3$, $\frac{dy}{dx} = 0$ at $(\sqrt[3]{2}, \sqrt[3]{4})$

12번. $\frac{dy}{dx} = y\left(\frac{2}{x} - \frac{1}{3(2-x)} - \frac{8x}{1+x^2}\right)$, $(1, \frac{1}{16})$ 에서의 접선: $y = -\frac{7}{48}(x-1) + \frac{1}{16} = -\frac{7}{48}x + \frac{5}{24}$

13번. $\frac{dy}{dx} = \frac{1}{x\ln x}$

14번. $\frac{dy}{dx} = -\frac{2}{\ln 2}\tan x$

15번. e^{-2}

16번. $\frac{1}{6}$

17번. (3) $\frac{1}{|x|\sqrt{x^2-1}(\csc^{-1}x)^2}$

18번. (3) $x^x\left((\ln x)^2 + \ln x + \frac{1}{x}\right)x^{x^x}$

2.3 미분의 활용

1번. 2루에서의 거리를 변수 t, 이 주자의 시간 t 에서 2루로 부터의 거리를 $s(t)$, 홈으로 부터의 거리를 $\ell(t)$ 라 두면 $\ell(t) = \sqrt{(90-s(t))^2 + 90^2}$ 이고 $\frac{ds}{dt} = 30$ 이므로, $s(t) = 70$ 일 때

$$\frac{d\ell}{dt} = \frac{-(90-s(t))ds/st}{\sqrt{(90-s(t))^2+90^2}} = \frac{-(20)\cdot(30)}{\sqrt{8500}} = -\frac{60}{\sqrt{85}}\mathrm{ft}/sec$$

2번. 시간 t 에서 로켓의 고도를 $h(t)$, 카메라의 각도를 $\theta(t)$ 라 두면 $\tan\theta(t) = \frac{h(t)}{300}$ 으로부터 $\theta(t) = \arctan(h(t)/300)$ 이고 이를 미분하면

$$\frac{d\theta(t)}{dt} = \frac{h'(t)/300}{1+(h(t)/300)^2} = \frac{880/300}{1+(400/300)^2} = \frac{132}{125}\mathrm{rad}/sec$$

3번. 시간 t 일 때, 용액의 깊이를 $h(t)$, 용액의 부피를 $V(t)$ 라 두면 $V(t) = \frac{1}{3}\frac{h(t)^3}{16}\pi$ 이고 $V(t) = 16^2\pi - 2t$ 이므로 $-2 = h(t)^2 h'(t)\pi/16$ 이고 $h(t) = 8$ 일 때, $\frac{dh}{dt} = -\frac{32}{64\pi} = -\frac{1}{2\pi}$

4번.

```
# 4 번
import sympy as sy
from sympy import *

x=sy.symbols('x')
f=sy.sin(x)

print("1 차 근사다항식:", series(f, x, x0=0, n=2) )
g=series(f, x, x0=0, n=2).removeO()
print(g.subs(x, pi/90))
```

```
1 차 근사다항식: x + O(x**2)
pi/90
```

5번. $18\pi\ \mathrm{cm}^3$

6번.

```
# 6 번
import sympy as sy
from sympy import *
x=sy.symbols('x')
f=3*x**4 + 4*x**3 -12*x**2 + 2
print("증가구간:", solve(diff(f,x)>0, x))
print("감소구간:", solve(diff(f,x)<0, x))
```

```
증가구간: ((-2 < x) & (x < 0)) | ((1 < x) & (x < oo))
감소구간: ((-oo < x) & (x < -2)) | ((0 < x) & (x < 1))
```

7번.

```
# 7 번
import sympy as sy
import matplotlib.pyplot as plt
from sympy import *
x=sy.symbols('x')
f=x + 2*sin(x)
g=x**4
h= 1/(1+sy.exp(-x))
```

(continues on next page)

(continued from previous page)

```
# plot(f, (x, -2*pi, 2*pi))
print("(1) 위로 오목인 구간:", solve(diff(f,x, 2)>0, x))
print("(1) 아래로 오목인 구간:", solve(diff(f,x, 2)<0, x))

# plot(g, (x, -1, 1))
print("(2) 위로 오목인 구간:", solve(diff(g,x, 2)>0, x))
print("(2) 아래로 오목인 구간:", solve(diff(g,x, 2)<0, x))

# plot(h, (x, -1, 1))
print("(3) 위로 오목인 구간:", solve(diff(h,x, 2)>0, x))
print("(3) 아래로 오목인 구간:", solve(diff(h,x, 2)<0, x))
```

```
(1) 위로 오목인 구간: (pi < x) & (x < 2*pi)
(1) 아래로 오목인 구간: (0 < x) & (x < pi)
(2) 위로 오목인 구간: (x > -oo) & (x < oo) & Ne(x, 0)
(2) 아래로 오목인 구간: False
(3) 위로 오목인 구간: (-oo < x) & (x < 0)
(3) 아래로 오목인 구간: (0 < x) & (x < oo)
```

7번. (1)의 python 계산 결과의 해석에 주의해야 함. 위로 오목인 구간과 아래로 오목인 구간은 주기성을 갖고 있고 답은 임의의 정수 n에 대하여 $((2n+1)\pi, (2n+2)\pi)$에서 위로 오목, $(2n\pi, (2n+1)\pi)$에서 아래로 오목임. 변곡점은 $n\pi$

(2)의 변곡점은 없다.

(3) 변곡점 $t = \frac{1}{K}\ln A$, 위로 오목 $t < \frac{1}{K}\ln A$, 아래로 오목 $t > \frac{1}{K}\ln A$

8번. 극댓값 $f(-1) = 2$, 극솟값 $f(1) = -2$

9번.

```
#9 번

import sympy as sy
from sympy import *
import matplotlib.pyplot as plt
x=sy.symbols('x')
f=x**3 * (3*x - 4) * (x+2)**2
# plot(f, (x, -2.5, 1.5))
print("임계점:", solve([diff(f, x)], x))
```

(continues on next page)

(continued from previous page)

```
print("극대:", solve([diff(f, x), diff(f, x, 2)<0], x))
print("극소:", solve([diff(f, x), diff(f, x, 2)>0], x))
print("위로 오목인 구간:", solve(diff(f,x, 2)>0, x))
print("아래로 오목인 구간:", solve(diff(f,x, 2)<0, x))
```

```
임계점: [(-2,), (0,), (-1/9 + sqrt(109)/9,), (-sqrt(109)/9 - 1/9,)]
극대: Eq(x, -sqrt(109)/9 - 1/9)
극소: Eq(x, -2) | Eq(x, -1/9 + sqrt(109)/9)
위로 오목인 구간: ((-oo < x) & (x < 2*CRootOf(45*x**3 + 40*x**2 - 6*x - 6, 0))) | ((x < 0) &
↪ (2*CRootOf(45*x**3 + 40*x**2 - 6*x - 6, 1) < x)) | ((x < oo) & (2*CRootOf(45*x**3 +␣
↪40*x**2 - 6*x - 6, 2) < x))
아래로 오목인 구간: ((0 < x) & (x < 2*CRootOf(45*x**3 + 40*x**2 - 6*x - 6, 2))) | ((x <␣
↪2*CRootOf(45*x**3 + 40*x**2 - 6*x - 6, 1)) & (2*CRootOf(45*x**3 + 40*x**2 - 6*x -
↪ 6, 0) < x))
```

10번. 최댓값 $f(\frac{3}{2}) = \frac{27}{8e^3}$, 최솟값 $f(4) = \frac{64}{e^8}$

11번.

```
# 11 번
import sympy as sy
from sympy import *
import matplotlib.pyplot as plt

x=sy.symbols('x')
f=200*x - (500000 + 80*x + 0.003 * x**2)
# plot(f, (x, 0, 30000))
print("임계점:", solve([diff(f, x)], x))
print("극대:", solve([diff(f, x), diff(f, x, 2)<0], x))
print("극소:", solve([diff(f, x), diff(f, x, 2)>0], x))
```

```
임계점: {x: 20000.0000000000}
극대: {x: 20000.0000000000}
극소: []
```

12번.

```
#12 번
import sympy as sy
from sympy import *
```

(continues on next page)

(continued from previous page)

```
import matplotlib.pyplot as plt

x=sy.symbols('x')
f=5000*(25 +x* exp(-x/20))
# plot(f, (x, 0, 100))
print("임계점:", solve([diff(f, x)], x))
print("극대:", solve([diff(f, x), diff(f, x, 2)<0], x))
print("극소:", solve([diff(f, x), diff(f, x, 2)>0], x))
print("최소값:",min([f.subs(x, 0),f.subs(x, 100)]))
g=diff(f, x)
print("일계미분의 극소:", solve([diff(g, x), diff(g, x, 2)>0], x))
```

```
임계점: {x: 20}
극대: Eq(x, 20) & (x < 40)
극소: Eq(x, 20) & (40 < x) & (x < oo)
최소값: 125000
일계미분의 극소: Eq(x, 40) & (x < 60)
```

2.4 일변수 함수의 적분

1번. 주어진 구간 $[0,1]$을 n등분하고 $x_k^* = \frac{k}{n}$이라 두면 구분구적법에 의하여

$$\sum_{k=1}^{n} \frac{k^2}{n^3} = \frac{n(n+1)(2n+1)}{6n^3}$$

이므로

$$\lim_{n\to\infty} \sum_{k=1}^{n} \frac{k^2}{n^3} = \frac{1}{3}$$

이다.

2번. $[0,3]$을 n등분하면 한 구간의 길이 $\Delta x = \frac{3}{n}$이고 x_k^*를 각 구간의 중점으로 생각하면 $x_k^* = \frac{k-1}{n} + \frac{3}{2n}$이다. 이를 구분구적법 공식에 넣고 계산하면 된다.

코드는 2.5절에서 사용할 중점법 코드를 사용하여 계산하면 된다.

3번. (1) 6, (2) $\frac{15}{2}$, (3) 0

4번. (1) $-\pi$, (2) $1-\frac{\pi}{2}$

5번.

```
# 5 번

import sympy as sy
from sympy import *

x=sy.symbols('x')
print(integrate(cos(x)/(sin(x)**2), x))
print(integrate((x**2 - 2*x**4 )/x**4, x))
print(integrate(x**2/(x**2 + 1), x))
```

```
-1/sin(x)
-2*x - 1/x
x - atan(x)
```

6번. (1) $u = 3 - 5t^5$ 로 치환하면 $-\frac{1}{\sin x} + C$

(2) $u = \sqrt{x}$로 치환

(3) 두 개의 적분으로 나누고 $u = \pi x$ 로 치환하면 $x - \tan^{-1} x + C$

(4) $u = \sin x$ 로 치환

(5) $u = x - 1$로 치환

(6) $u = 9 - 4x^2$ 로 치환

(7) $u = 5x$ 로 치환

(8) $u = x^2 + 1$ 로 치환

(9) $u = 2 - x^2$ 으로 치환

(10) $\cos^3 x = (1 - \sin^2 x) \cos x$ 로 변경하고 $u = \sin x$ 로 치환

(11) $u = e^x$ 로 치환

(12) $u = 1/x$ 로 치환

7번. (1) $u = \ln x, dv = dx$

(2) $u = t^2, dv = e^t$ 로 놓고 계산 후 한번 더 반복

(3) $u = \arctan x, dv = dx$ 로 놓고 계산하면 $x \tan^{-1} x - \frac{1}{2} \ln(1 + x^2) + C$

(4) $u = \sin x, dv = \sin x dx$ 로 놓고 계산 후 식을 다시 정리

8번. (2) -1 (3) 0

9번. (2) $u = 1 + e^x$ 로 치환하고 계산하면 $\frac{16}{3} - \frac{4\sqrt{2}}{3}$

2.5 적분의 활용

1번.

```
# 1 번
import sympy as sy
from sympy import *
import matplotlib.pyplot as plt

x=sy.symbols('x')
# plot(x + 6,x**2, (x, -3, 4) )

print(solve(Eq(x + 6, x**2), x))
```

```
[-2, 3]
```

```
print(integrate(x + 6 - x**2, (x, -2, 3)))
```

```
125/6
```

2번.

```
# 2 번

import sympy as sy
from sympy import *
import matplotlib.pyplot as plt
x,y=sy.symbols('x y')
# p=plot_implicit(Eq(y**2, x),xlim=[-3,3], ylim=[-3,3], show=False)
# p.extend(plot_implicit(Eq(y, x-2), show=False))
# p.show()

solve([Eq(y**2, x), Eq(y, x-2)], x, y)
```

```
[(1, -1), (4, 2)]
```

```
print(integrate(y+2 - y**2, (y, -1, 2)))
```

```
9/2
```

3번.

```
# 3 번
import sympy as sy
from sympy import *
import matplotlib.pyplot as plt

x=sy.symbols('x')
f= x**2
g = diff(f, x).subs(x, 2)*(x-2) + 4
# 그래프를 보기 원하면 아래 코멘트를 지우고 실행
# p=plot(f,xlim=[-0.1, 3], ylim=[-1, 5], show=False )
# p.extend(plot(g, xlim=[-0.1, 3],ylim=[-1, 5],show=False))
# p.show()
solve(g, x)
```

```
[1]
```

```
print(integrate(f, (x, 0, 1)) + integrate(f-g, (x, 1, 2)))
```

```
2/3
```

4번.

```
# 4 번

import sympy as sy
from sympy import *

# y 축 둘레로 회전한 입체

print(integrate(2*pi* x* (8-x**3), (x, 0, 2)))
```

```
96*pi/5
```

```
# x 축 둘레로 회전한 입체

print(integrate(pi*(8**2 - (x**3)**2), (x, 0, 2)))
```

```
768*pi/7
```

5번. $\sqrt{1+(f'(x))^2} = 2x + \frac{1}{8x}$ 이므로 곡선의 길이는

$$\int_1^e (2x + \frac{1}{8x})dx = \left[x^2 + \frac{\ln(x)}{8}\right]_1^e = e^2 - \frac{7}{8}$$

6번.

$$\int_0^1 \sqrt{(6t)^2 + (6t^2)^2}dt = \int_0^1 6t\sqrt{1+t^2}dt = 2(2\sqrt{2}-1)$$

7번.

```
# 7 번

import numpy as np
from math import *
from tabulate import tabulate

def midp(f,a,b,N=50):
    '''함수 f(x)의 a부터 b까지의 정적분을 중점법으로 계산

    변수의 의미
    ----------
    f : 함수
    a , b : 적분구간 [a,b]
    N : 구간을 분할하는 수

    입력 방법
    ---------
    >>> midp(lambda x : 3*x**2,0,1,10)
    0.9975000000000002
    '''
    dx = (b-a)/N
    x = np.linspace(a,b,2*N+1)
    y = f(x)
```

(continues on next page)

(continued from previous page)

```
    S = dx * np.sum(y[1::2])
    return S

def trap(f,a,b,N=50):
    '''함수 f(x)의 a부터 b까지의 정적분을 사다리꼴법으로 계산

    변수의 의미
    ----------
    f : 함수
    a , b : 적분구간 [a,b]
    N : 구간을 분할하는 수

    입력 방법
    --------
    >>> trap(lambda x : 3*x**2,0,1,10)
    1.0050000000000001
    '''
    dx = (b-a)/N
    x = np.linspace(a,b,N+1)
    y = f(x)
    S = dx*(1/2) * (np.sum(y[0::1]) + np.sum(y[1:N:1]))
    return S

def simps(f,a,b,N=50):
    '''함수 f(x)의 a부터 b까지의 정적분을 심슨법으로 계산

    변수의 의미
    ----------
    f : 함수
    a , b : 적분구간 [a,b]
    N : 구간을 분할하는 수

    입력 방법
    --------
    >>> simps(lambda x : 3*x**2,0,1,10)
    1.0000000000000002
    '''
```

(continues on next page)

(continued from previous page)

```
    if N % 2 == 1:
        raise ValueError("N 은 짝수이어야 함.")
    dx = (b-a)/N
    x = np.linspace(a,b,N+1)
    y = f(x)
    S = dx*(1/3) * (np.sum(y[0:-1:2]) + 4*np.sum(y[1::2]) + np.
↪sum(y[2::2]))
    return S

f= lambda x: 2*x
print("중점법:", midp(f, 0, 1, 4))

print("사다리꼴법:", trap(f, 0, 1, 4))

print("심슨법:", simps(f, 0, 1, 4))
```

```
중점법: 1.0
사다리꼴법: 1.0
심슨법: 1.0
```

8번.

```
# 8 번

from sympy import *
import sympy as sy

# y' -y = e^{2x}

x=symbols('x')
y=Function("y")(x)
print(dsolve(Derivative(y,x)-y - exp(2*x), y))
```

```
Eq(y(x), (C1 + exp(x))*exp(x))
```

```
print(dsolve(Derivative(y,x)-y - exp(2*x), y, ics={y.subs(x,0): 3}
↪))
```

```
Eq(y(x), (exp(x) + 2)*exp(x))
```

9번. (2) 변수분리법을 이용하여 $(4y-\cos y)\,dy = 3x^2\,dx$로 두고 양변에 적분을 취하면 일반해 $2y^2 - \sin y = x^3 + C$,를 얻는다. 여기에 주어진 초기값을 대입하면 $c = 0$이다. 따라서 초기값 문제의 해는 $2y^2 - \sin y = x^3$이다.

(3) 변수분리법을 이용하여 $\frac{1}{y^2}\,dy = -4x\,dx$로 두고 양변에 적분을 취하면 일반해 $-\frac{1}{y} = -2x^2 + C$를 얻는다. 여기에 주어진 초기값을 대입하면 $C = -1$이다. 따라서 초기값 문제의 해는 $y = \frac{1}{2x^2+1}$이다.

10번. 주어진 미분방정식을 다음과 같이 양변에 변수를 분리하여 나타낸다.

$$\frac{3y^3+2}{y}\,dy = e^x\,dx, \qquad \text{즉,} \quad \left(3y^2 + \frac{2}{y}\right)dy = e^x\,dx.$$

이제 양변에 적분을 취하여 계산하면

$$y^3 + 2\ln|y| = e^x + C$$

로 일반해를 얻는다.

(1) 일반해에 주어진 초기조건을 대입하면 $1 + 0 = 1 + C$로부터 $C = 0$이므로, 특수해는 $y^3 + 2\ln|y| = e^x$이다.

(2) 일반해에 주어진 초기조건을 대입하면 $-1+0 = 1+C$로부터 $C = 2$이므로, 특수해는 $y^3 + 2\ln|y| = e^x + 2$이다.

4.3 3 장의 연습문제

3.1 벡터함수와 다변수 함수

1번. (1) $\frac{1}{2}\|\overrightarrow{PQ} \times \overrightarrow{PR}\| = \frac{1}{2}\|(-1,0,1) \times (0,-1,1)\| = \frac{\sqrt{3}}{2}$

(2) $\frac{1}{6}|\overrightarrow{OP} \cdot (\overrightarrow{OQ} \times \overrightarrow{OR}| = \frac{1}{3}$

(3) $\ell(t) = Q + t(R-Q) = (0,1,1) + t(1,-1,0) = (t, 1-t, 1), t \in \mathbb{R}$

(4) $\mathrm{Proj}_{\overrightarrow{OP}\times\overrightarrow{QR}}(\overrightarrow{OQ}) = \mathrm{Proj}_{(0,0,-2)}(0,1,1) = |\frac{(0,0,-2)\cdot(0,1,1)}{(0,0,-2)\cdot(0,0,-2)}| = \frac{1}{2}$

(5) 법벡터 $N = \overrightarrow{PQ} \times \overrightarrow{PR} = (1,1,1)$이고 $P(1,1,0)$을 지나는 평면이므로 $(1,1,1)\cdot(x-1, y-1, z) = 0$으로부터 $x + y + z = 2$이다.

(6) $|\mathrm{Proj}_{\overrightarrow{PQ}\times\overrightarrow{PR}}(\overrightarrow{OP})| = |\frac{(1,1,1)\cdot(1,1,0)}{(1,1,1)\cdot(1,1,1)}| = \frac{2}{3}$

2번. 식을 변형하면

(1) $(x/3)^2 + (y/3)^2 - (z/3)^2 = 1$이므로 일엽쌍곡면

(2) $z = (y/2)^2 - (y/2 - x)^2$ 이므로 쌍곡포물면

(3) $(z-2)^2 = (2x+2)^2 + (y-1)^2 - 1$ 이므로 일엽쌍곡면

(4) $(x/2)^2 - (y/4)^2 + (z/2)^2 = 1$ 이므로 일엽쌍곡면

참고: 음함수꼴로 표현된 함수의 3차원 그래프는 sagemath를 사용하면 쉽게 그릴 수 있다.

3번. 원기둥 $x^2 + y^2 = 1$ 을 매개화하면 $(\cos\theta, \sin\theta, z)$ 이 되고 이 점들이 $z = x^2 - y^2$ 을 만족해야 하므로 $z = \cos^2\theta - \sin^2\theta = \cos 2\theta$ 이다. 따라서 이 곡선의 매개화는

$$\ell(\theta) = (\cos\theta, \sin\theta, \cos 2\theta), \quad 0 \leq \theta < 2\pi$$

4번. 공간의 구면 $x^2 + y^2 + z^2 = r^2$ 위의 점 $(x(t), y(t), z(t))$ 를 생각하면 $(x(t), y(t), z(t)) \cdot (x(t), y(t), z(t)) = r^2$ 을 만족한다. 주어진 매개화가 t 에 대해 미분가능하다고 하고 이를 미분하면

$$2(x'(t), y'(t), z'(t)) \cdot (x(t), y(t), z(t)) = 0$$

이다. 즉 구면 위의 한 점에서의 접선과 위치벡터는 항상 서로 수직하다.

3.2 다변수함수의 미분

1번.

```
# 1 번
from sympy import *
import numpy as np
import math
from sympy.plotting.plot import Plot, ContourSeries
import matplotlib.pyplot as plt

x = np.linspace(-3, 3, 100)
y = x.reshape(-1, 1)
h = np.sin(x)*np.cos(y)
lev = np.linspace(-1, 1, 10)

cs = plt.contourf(h, levels=lev, extend='both')
cs.changed()
```

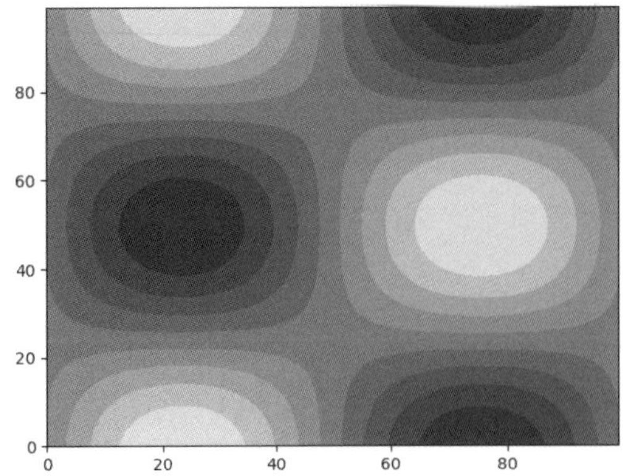

2번. $f_x(0,0)=0, f_y(0,0)=1, f_{xx}(0,0)=0, f_{xy}(0,0)=1, f_{yy}(0,0)=0$

3번. $\nabla f(x,y)=(e^{-y}, -xe^{-y}+5)$ 이므로

$$D_{\mathrm{v}}f(0,0)=\nabla f(0,0)\cdot \mathrm{v}=(1,5)\cdot(1,1)=6$$

3.3 이차판별법과 라그랑쥬 승수법

1번.

```
# 1 번
from sympy import *
x, y = symbols('x y')
f=x*sin(y)

print("기울기벡터:",(diff(f, x).evalf(subs={x:0, y:0}),
                      diff(f, y).evalf(subs={x:0, y:0})))
print("일차근사식:", f.series(x, 0, 1).removeO().series(y, 0, 1).
↪removeO())
print("이차근사식:", f.series(x, 0, 2).removeO().series(y, 0, 2).
↪removeO())
```

```
기울기벡터: (0, 0)
일차근사식: 0
이차근사식: x*y
```

2번. $f(x,y,z)=xy-z$ 이라 두면 $\nabla f=(y,x,-1)$ 이므로 접평면의 법벡터는 $\nabla f(0,0,0)=(0,0,-1)$ 이고 이 평면은 $(0,0,0)$ 을 지나므로 평면의 방정식은 $z=0$ 이다.

3번. 임계점은 $(1,-2)$ 뿐이고 이 점에서 $H_f(1,-2)=\begin{bmatrix}0 & 1\\ 1 & 2\end{bmatrix}$ 이므로 이 점은 안장점이다.

4번. $\nabla f(x,y) = (2x-1, 4y) = (0,0)$ 으로 부터 주어진 영역에 놓인 임계점은 $(1/2, 0)$ 뿐이고 이 점에서의 함수값은 $f(1/2,0) = -1/4$ 이다. 이제 제약조건 $x^2+y^2 = 4$ 일 때 함수 $f(x,y)$ 의 최대값과 최소값을 구하자. $\nabla g(x,y) = (2x, 2y) \parallel \nabla f(x,y)$ 로 부터 $(2x-1, 4y) = \lambda(2x, 2y)$ 이고 이를 풀면 $2y(2-\lambda) = 0$ 으로부터 $y=0$ 이든지 $\lambda = 2$ 이다. $y=0$ 이면 제약조건으로부터 $x = \pm 2$ 가 된다. $\lambda = 2$ 이면 $x = \frac{1}{2}, y = \pm\frac{\sqrt{15}}{2}$ 이다. 그러므로 라그랑즈승수법을 만족하는 점은 $(\pm 2, 0), (\frac{1}{2}, \pm\frac{\sqrt{15}}{2})$ 등 4개이다. $f(2,0) = 2, f(-2,0) = 6$, $f(\frac{1}{2}, \pm\frac{\sqrt{15}}{2}) = 1/4 + 15/2 - 1/2 = 29/4$ 이므로 최댓값은 $(\frac{1}{2}, \pm\frac{\sqrt{15}}{2})$ 에서 $29/4$, 최솟값은 $(1/2, 0)$ 에서 $-1/4$ 이다.

```
# 4 번

from sympy import *

x, y, lamb= symbols('x y lamb', real=True)
g = x**2 + y**2 -4
f=  x**2 + 2*y**2 - x
h= f - lamb*g
crit_inside=solve([Eq(diff(f, x),0), Eq(diff(f, y),0)], x, y)
print(crit_inside)
lag_boundary= solve([Eq(diff(h, x),0),Eq(diff(h, y),0), Eq(g,0)],
↪x, y, lamb, solution_dict=True )
print(lag_boundary)

k = lambda a, b : f.evalf(subs={x:a, y:b})
lst=[k(1/2,0),k(-2,0), k(1/2, -sqrt(15)/2),
    k(1/2, sqrt(15)/2), k(2,0) ]
print("최댓값 = ",max(lst), "최솟값 =", min(lst) )
```

```
{x: 1/2, y: 0}
[(2, 0, 3/4), (-2, 0, 5/4), (-1/2, -sqrt(15)/2, 2), (-1/2,
↪sqrt(15)/2, 2)]
최댓값 = 7.25000000000000 최솟값 = -0.250000000000000
```

5번. $P(x_0, 0)$ 에서 타원 위의 점 (x,y) 까지의 거리의 제곱을 $f(x,y)$ 라 두면 $f(x,y) = (x-x_0)^2 + y^2$ 이 되고 주어진 문제는 제약조건 $4x^2+9y^2 = 36$ 일 때 함수 $f(x,y)$ 의 최솟값을 구하는 것이다. 따라서 답은 x_0 의 범위에 따라 달라진다.

3.4 데이터분석에서 활용되는 다변수 함수의 미분

1번.

```
# 1 번
import numpy as np
from sklearn.linear_model import LinearRegression
x = np.array([3, 4, 5, 6, 7, 8]).reshape((-1, 1))
y = np.array([35, 50, 45, 64, 66, 70])
model = LinearRegression().fit(x, y)
print('slope: m=', model.coef_, 'intercept: b=', model.intercept_,
↪'\n')
print("10 시간 공부한 경우 성적 예측:", 10* model.coef_ + model.
↪intercept_, '\n')
```

```
slope: m= [6.91428571] intercept: b= 16.971428571428575

10 시간 공부한 경우 성적 예측: [86.11428571]
```

2번.

```
# 2 번
import numpy as np
from sklearn.linear_model import LinearRegression

x = [[2, 1], [3, 1.5], [4, 1], [5, 2], [6, 1], [7,2]]
y = [40, 60, 55, 75, 80,70]
x, y = np.array(x), np.array(y)
model = LinearRegression().fit(x, y)
print('slope: (w1, w2)=', model.coef_, 'intercept: b=', model.
↪intercept_)
```

```
slope: (w1, w2)= [6.30829016 2.04663212] intercept: b= 32.
↪04663212435231
```

저자와의
합의하에
인지를
생략합니다

미적분과 벡터해석 기초 with Python 제3판

지은이 심성아 · 윤기헌
펴낸이 조경희
펴낸곳 경문사
펴낸날 2020년 3월 2일 1판 1쇄
2022년 2월 28일 2판 1쇄
2024년 8월 30일 3판 1쇄
등 록 1979년 11월 9일 제1979-000023호
주 소 04057, 서울특별시 마포구 와우산로 174
전 화 (02)332-2004 팩스 (02)336-5193
이메일 kyungmoon@kyungmoon.com

값 19,000원

ISBN 979-11-6073-730-1